全局光照算法技术（第2版）

[美] 菲利普·特瑞（Philip·Dutré）等　著

黄　刚　译

清华大学出版社

北京

内容简介

本书详细阐述了与全局光照算法技术相关的基本解决方案,主要包括光传输物理学、蒙特卡罗方法、计算光传输的策略、随机路径追踪算法、随机辐射度算法、混合算法、真实感和渲染速度等内容。此外,本书还提供了相应的示例,以帮助读者进一步理解相关方案的实现过程。

本书适合作为高等院校计算机及相关专业的教材和教学参考书,也可作为相关开发人员的自学教材和参考手册。

北京市版权局著作权合同登记号 图字:01-2012-1347

版权所有,侵权必究。举报:010-62782989,beiqinquan@tup.tsinghua.edu.cn。

图书在版编目(CIP)数据

全局光照算法技术:第2版 /(美)菲利普·特瑞(Philip Dutré)等著;黄刚译. — 北京:清华大学出版社,2019(2023.1重印)
ISBN 978-7-302-52246-1

Ⅰ. ①全… Ⅱ. ①菲… ②黄… Ⅲ. ①计算机图形学 Ⅳ. ①TP391.411

中国版本图书馆 CIP 数据核字(2019)第 019489 号

责任编辑:贾小红
封面设计:刘 超
版式设计:文森时代
责任校对:马军令
责任印制:朱雨萌

出版发行:清华大学出版社
　　　　　网　　址:http://www.tup.com.cn,http://www.wqbook.com
　　　　　地　　址:北京清华大学学研大厦 A 座　　　邮　　编:100084
　　　　　社 总 机:010-83470000　　　　　　　　邮　　购:010-62786544
　　　　　投稿与读者服务:010-62776969,c-service@tup.tsinghua.edu.cn
　　　　　质量反馈:010-62772015,zhiliang@tup.tsinghua.edu.cn
印 装 者:小森印刷霸州有限公司
经　　销:全国新华书店
开　　本:185mm×230mm　　印　张:21　　字　数:430 千字
版　　次:2019 年 11 月第 1 版　　印　次:2023 年 1 月第 3 次印刷
定　　价:109.00 元

产品编号:045524-01

译 者 序

2018 年 4 月 16 日晚,美国商务部发布公告称,美国政府在未来 7 年内禁止中兴通信向美国企业购买敏感产品。一纸"封杀令",迅速在国内掀起了轩然大波,严酷的事实让国人意识到,虽然我国在科技领域已经取得了长足进步,但是和国际先进水平相比,仍然有不小的差距,尚未摆脱受制于人的局面。这件事情告诉国人,一方面,我们仍然需要以谦虚诚恳的心态,学习国际上先进的科学技术;另外一方面,我们也要以戒骄戒躁的精神,加强在基础科学领域的创新性研究。这两点精神与本书的翻译出版可谓不谋而合。

自从 1980 年怀特·迪提出光线追踪算法以来,计算机图形渲染取得了飞速发展,目前的计算机图形艺术在照片级真实感渲染、实时模拟、三维沉浸式体验等方面都取得了惊人的进步,而这一切都离不开对基础光照算法的研究。按照本书作者的观点,"基础"的就是"高级"的,只有掌握了底层的基础光照算法,才能开发出更多的高级渲染技巧和程序,这正是译者认为本书的翻译出版和中国科技发展应该抱持的精神相契合的原因。

本书是对计算机图形艺术中先进光照渲染算法的深度阐释,是集大成性质的研究和总结,包含大量算法分析和对各种研究成果的介绍,涉及众多的专业术语,有些方法简单而不实用,有些术语甚至是互相冲突的,本书的贡献在于全面性地梳理了这些方法和术语,并保持了各种术语和符号的一致性。相对应地,在翻译本书的过程中,译者为了保持这种一致性,也做出了精心的挑选和努力。例如,Noise 在有些中文文献中,被称为图像"噪声",而在另外一些文献中,又称它们为"噪点";Radiosity 在有些中文文献中,被称为"辐射度",而在另外一些文献中,又被称为"光能传递"。译者对这些术语的翻译进行了统一处理,以保持一致性,同时又提供了相应的英文对照,消除了读者的阅读理解障碍。例如,某位一直接受"光能传递"概念的读者,在看到术语"辐射度"时可能会产生困惑,但是当他看到辐射度(Radiosity)这样的中英文对照形式的术语时就会恍然大悟。除此之外,译者也鼓励读者多接受以中英文对照的形式了解专业术语,因为计算机图形艺术的发展日新月异,中文对大量新出现的术语的翻译缺乏标准和统一,这也是客观事实,了解更多的英文术语原文,有助于对各种理论和算法的准确理解,也便于和国外同行一起学习和交流。

  本书是适用于计算机图形艺术专业本科生或研究生水平的教材。作者有丰富的计算机图形艺术授课经历,在治学态度上也非常严谨和细致,在翻译本书的过程中,译者也力争做到认真求证、准确表述,并希望藉此能将这种严谨治学的精神传递给国内的读者,促进我国计算机图形艺术向更高层次的创新性方面发展。

  本书由黄刚翻译,马宏华、陈凯、黄进青、熊爱华、黄永强也参与了本书的翻译工作。由于译者水平有限,错漏之处在所难免,在此诚挚欢迎读者提出宝贵意见和建议。

译 者

目　　录

第1章 导　言

1.1　关于真实感图像合成

真实感图像合成(Realistic Image Synthesis)是计算机图形领域(Field)中的一个子领域(Domain),它可以从其他数据生成新图像。通常情况下,将从三维场景的完整描述开始,指定对象的大小和位置、场景中固体对象的所有表面的材质属性,以及光源的位置和辐射特性。从这些数据中,即可生成新图片,就好像在场景中放置了一个虚拟相机,然后从该虚拟相机中看到结果一样。合成的目标是使这些图片尽可能达到照片级真实感,使其与真实照片(如果在现实中构建了虚拟场景)的差异很不明显。要达成这个目标,就需要进行底层物理处理,即在精确建模和模拟时考虑材质和光线表现。只有通过准确了解试图模拟的内容,才有可能知道在模拟中哪些地方可以引入简化,以及这将如何影响结果图像。

生成照片级真实感图片是一个雄心勃勃的目标,并且在过去几十年中它一直是计算机图形学的主要驱动力之一。视觉现实主义(Visual Realism)一直是该领域研究的强大动力,它是许多与图形相关的商用产品的卖点。预计这种趋势将在未来若干年持续下去,照片现实主义(Photorealism)仍将是渲染的核心领域之一。

照片级真实感渲染(Photorealistic Rendering)并不是计算机图形中使用的唯一渲染范例,也不是所有渲染应用程序的最佳解决方案。特别是在最近几年,非照片级真实感渲染(Non-Photorealistic Rendering)本身已成为一个领域,为照片级真实感渲染风格提供了可行的替代方案。非照片级真实感渲染(通常被称为NPR)使用各种绘图风格,适合更具艺术性、技术性或教育性的方法。NPR 涵盖的绘图风格包括钢笔画、卡通风格的绘画、技术插图、水彩画和各种艺术风格(例如印象派、点画派等),其可能性几乎是无限的。NPR 的算法是通过尝试重新创建某种风格而不是试图模拟自然界中发现的物理过程来驱动的。不过,虽然 NPR 有很明显的发展空间,但仍然有大量的应用程序对实际的物理模拟更感兴趣。

1.1.1　真实感图像合成的重要性

照片级真实感渲染是一种渲染风格,在各种领域都有许多应用。早期的应用程序受限于计算单个图像所花费的时间(通常以小时为单位),但最近,交互式技术大大拓宽了照片级真实感图像合成的范围。

1. 电影和视觉效果

电影行业的视觉效果一直是新计算机图形技术发展的推动力。根据所使用的渲染风格,各种特性的动画都可以从全局照明渲染中获益,虽然这可能仅限于使用更复杂照明配置的几个场景。另外,全局照明对于带有实时素材的电影也很有用,特别是在添加了虚拟元素时。在这种情况下,需要在同一镜头中实现真实和虚拟元素之间的一致照明,以避免出现不合情理的照明效果,让人一眼看出破绽。对于计算这些不同元素之间的光相互作用,全局照明显得尤其重要。

2. 建筑设计

建筑设计经常被引用为照片级真实感渲染的最有用的应用之一。计算机程序可以对尚未构建的建筑物进行可视化处理,无论它们是静止图像还是要实现交互式漫游。程序不仅可以模拟室内灯光引起的室内照明,还可以考虑到户外照明。例如,建筑物可以在一年中的不同时间使用各种大气条件照明,甚至可以模拟一天中的不同时间段照明。

3. 建筑物和办公室的人类环境改造学设计

办公室或工厂大厅的人类环境改造学设计(Ergonomic Design)虽然不是严格意义上的计算机图形应用程序,但是同样与全局照明高度相关。在进行建筑物的设计时,可以计算建筑物内不同组成部分(例如桌子、操作工位等)的不同照明层次,并且可以进行必要的调整,例如改变墙壁上油漆的颜色、重新定位窗户,甚至更换墙纸等,以达到对工作环境的最低法定要求或满足更高的舒适性需要等。

4. 计算机游戏

绝大多数计算机游戏都围绕着快速渲染和交互操作而展开,玩家对虚拟世界持不相信的态度,但也会有所迁就。因此,如果能在游戏中实现照片级真实感渲染图像,那么这将强烈吸引玩家进入虚拟环境,增强其所扮演的虚拟角色的代入感。由于交互性在游戏环境中比图像的真实感更重要,而如果在游戏中大量使用全局照明的话将消耗大量的计算资源,导致产生游戏卡顿等不良体验,所以,目前在游戏中使用全局照明仍然有所限制,但毫无疑问的是,随着软硬件技术的发展,在不久的将来,游戏中的全局照明将越来越普遍,也将变得越来越重要。

5. 照明工程

灯光设计和光源固定设置也可以从全局照明算法中获益。计算机程序可以在虚拟环境中模拟特定设计,从而可以研究灯泡辐射模式的影响和效果。这需要对光源辐射特性进行精确测量和建模,这是一个独立而完整的研究领域。

6. 预测模拟

预测模拟(Predictive Simulation)不仅仅包括前文所介绍的模拟建筑物的外观,它在其他设计领域也很重要。例如汽车设计、电器、消费类电子产品、家具等。这一切都涉及设计一个物体,然后模拟它在真实或虚拟环境中的外观。

7. 飞行模拟器和汽车模拟器

用于训练的模拟器,例如飞行模拟器和汽车模拟器,也可以从尽可能准确的视觉模拟中受益。例如,街道照明的各个角度在汽车模拟器中很重要,准确的大气视觉模拟在设计飞行模拟器时很重要。此外,还有其他类型的训练模拟器将来也会使用或可能使用真实感图像合成系统,例如武装战斗、船舶导航和体育运动等。

8. 广告制作

对于广告业务而言,为尚无成品的产品制作准确而精良的图像可能是推广产品的一项绝佳利器。在使用照片级真实感渲染技术生成产品时,客户不仅能够看到产品的外观,而且还可以设想将虚拟产品放置在已知的现实环境中,并看到最终的效果。例如,可以采用一致性的照明布置,将一套虚拟家具摆放在客户真实的起居室环境中。

1.1.2　照片级真实感渲染的历史

本节简要介绍了照片级真实感渲染算法以及对视觉真实感的追求。有关特定算法的更广泛的背景和历史,也可以在本书相关章节中找到。

1. 前计算机时代的照片级写实绘画

照片级真实感渲染的历史,或对视觉现实主义的追求可以追溯到整个艺术史中。虽然本书主要讨论的是以计算机驱动的照片级真实感渲染程序,但是了解一下在艺术史过程中人们对真实感渲染的理解,可能也会大有裨益。这里所说的"前计算机时代",就是指计算机尚未出现的时代。在中世纪和中世纪之前,艺术在本质上是非常粗糙的:人像和物体均以简单化的形式来呈现(通常是二维形式的)。通过人像和物体的大小与外形,即可反映人物的重要程度、场景中各个物体的相对位置或其他属性。

真实感渲染可能始于透视图的首次使用和研究,特别是在文艺复兴时期的意大利,许多艺术家都参与了透视法则的发现,这其中以其贡献而闻名于世者,包括布鲁内列斯基(Brunelleschi,1377—1446 年,佛罗伦萨建筑师)、达·芬奇(da Vinci,1452—1519 年,意大利学者,文艺复兴三杰之一)和丢勒(Dürer,1471—1528 年,德国艺术大师)等(仅举几例,未全部列出)。后来,画家们也开始关注有关着色方面的知识。通过仔细研究阴影和光线反射,人们发现可以使用传统的艺术材质制作出非常精确的真实场景渲染。

有关照片级写实绘画的大部分知识都是由约瑟夫·特纳(Joseph Turner,1775—1851 年,英国风景画家)收集的,他被任命为伦敦皇家艺术学院有关透视知识方面的教授。他设计了 6 门课程,涵盖了准确绘制光线、反射和折射等原理知识。他的一些草图显示了镜像和透明球体的反射,这是近 300 年后光线追踪算法的真正滥觞。大卫·霍克尼(David Hockney,英国艺术家)[73]在其著作《隐秘的知识》(原版书名:*Secret Knowledge*)中提出了一个有趣的观点:从 15 世纪开始,艺术家们开始使用光学工具非常准确地展示现实。他们大多使用描像器(Camera Lucida),先将图像投影到画布上,然后非常仔细地描摹剪影和轮廓。完成之后,再按同样的方式绘制其他内容,从而组合成一幅更大型的画作,这样就解释了为什么当时很多著名的画作中却可以发现不同的透视关系。

在绘画艺术不断朝照片级写实主义前进和发展时,却在某一刻突然停了下来。这当然并非巧合,而是因为在 19 世纪初,尼瑟福·尼埃普斯(Nicéphore Niépce,1765—1833 年,法国发明家)发明了摄影技术,这使得准确捕捉图像突然不再是一个困难的过程。在摄影技术被发明之后,艺术即演变成了现代艺术,它具有各种新颖的方式,而不再执着于反映真实,也不一定非得是照片级写实主义,而是发展出很多流派,例如点画派(Pointillism)、印象派(Impressionism)和立体派(Cubism)等。

2. 原始着色算法

计算机图形学的诞生通常被认为是肇始于美国麻省理工学院(Massachusetts Institute of Technology,M. I. T.)的萨瑟兰(Ivan Sutherland)于 1963 年 1 月撰写的博士论文 Sketch-Pad [188]。早期的计算机图形主要是线条图,但随着光栅图形的出现,着色算法变得广泛可用。原始着色算法通常将单个颜色归因于单个多边形,颜色由表面上的光入射角确定。这种类型的着色给出了一些关于形状和方向的提示,但与真实照亮的物体相比还有很大的差距。

Henri Gouraud 和 Bui Tui Phong 两人在这方面取得了突破,他们意识到通过插值方案,可以轻松实现更加具有真实感的着色。高洛德着色(Gouraud Shading)[58]将计算顶点处的照明值,并在多边形区域上插入这些值。冯氏着色(Phong Shading)[147]将在多边形区域内插入法向量,然后计算照度值,从而更好地保留由非漫射反射函数引起的高光。这两种技术都是计算机图形学中的常见着色算法,并且仍然被广泛使用。

在计算机图像生成技术中,朝着更具有真实感的方向迈进的另一个重大突破是使用纹理贴图(Texture Mapping)。在对象上使用局部二维坐标系,可以建立纹理贴图索引,并将颜色属性设置为局部坐标。渲染过程中的集成涉及从对象上的局部坐标系到纹理贴图的局部坐标系的二维坐标变换。一旦纹理贴图能够改变表面上的点的颜色,那么就也可以相当直接地更改其他属性。因此,该项突破又另外增加了凹凸贴图(Bump Mapping)、位移贴图(Displacement Mapping)和环境贴图(Environment Mapping)等技术。到目前为止,纹理(Texturing)仍然是一般渲染的构建块之一。

此外,在光源建模方面,也出现了更多的研究。在最早的渲染算法中,刚开始仅使用了点光源或定向光源,但很快就引入了聚光灯、方向灯和其他类型的光源,有时还会模拟照明设计中的光源。与光源建模一起受到关注的,还有对阴影的准确描绘。当使用点光源时,就可以从单个点的视角出发,将阴影的计算削减为简单的可见度问题,但此时的阴影将是锐利而坚硬(不柔和)的。在一些有名的算法中会使用到阴影体和阴影贴图,并且它们仍然受到关注并寻求改进。

3. 光线追踪

1980 年,特纳·怀特迪(Turner Whitted)[194]介绍了光线追踪(Ray Tracing)算法,这可能是在渲染中最流行的算法。虽然在传统艺术中曾经使用跟踪光线的原理来产生正确的透视和阴影,但是,计算机图形中的光线追踪却是产生各种照片级真实感渲染效果的主要思想。特纳·怀特迪在论文中提出使用光线来确定单个像素的可见性,这也就是所谓的光线投射(Ray Casting);另外,还提出了使用光线来计算直接照明和完美的镜面和折射照明效果。因此,这篇开创性的论文描述了一种生成图像的重要新工具。

在过去的二十年中,光线追踪算法已经被广泛研究和实施。最初,人们将很多注意力都集中在效率上,往往使用诸如空间细分和包围体等众所周知的技术;但是到后来,也有越来越多的焦点集中到灯光效果本身。通过将光线追踪视为计算积分的工具,人们发现,有很多效果(例如漫反射、折射、运动模式和镜头效果等)都可以在单个框架内计算出来。有关光线追踪算法更详细的介绍,请参阅本书末尾提供的参考文献[52]。

最初的论文并没有解决整个全局照明的问题,但对后来的发展有很大的影响。为了区分更现代的光线追踪算法,第一种算法有时也被称为怀特迪式光线追踪(Whitted-Style Ray Tracing)或经典光线追踪(Classic Ray Tracing)。目前许多全局照明算法的核心都是光线追踪程序(Ray Tracer),从某种意义上说,其基本工具仍然是通过三维场景追踪光线的过程。

由于基本的光线追踪程序很容易实现,因此它是一种非常流行的算法,可以作为照片级真实感渲染的第一步。在许多计算机图形学课程中,传统上都会要求本科学生实现一个光线追踪程序。此外,也有很多计算机图形爱好者在互联网上发布他们的光线追踪程序,而许多很流行的渲染包也都有光线追踪算法的渊源。

4. 辐射度算法

在 20 世纪 80 年代前半期,光线追踪算法已经成为真实感渲染的首选算法,随着应用的日渐增多,人们也很清楚地发现,光线追踪也有严重的局限性,使用它很难模拟间接照明的效果,例如色彩混合(Color Bleeding)和漫反射(Diffuse Reflection)。很明显,如果想要生成具有照片级真实感渲染的图片,就需要找到该问题的解决方案。答案来自一种称为辐射度算法(Radiosity)的有限元方法,采用该命名是因为它需要计算辐射量(Radiometric Quantity)。该算法最初是在康奈尔大学开发的(详见参考文献[56]),但与光线追踪的情况一样,该算法产生了大量的研究论文并受到了很多关注。

辐射度算法的早期优势之一,它是一种基于场景的方法,这和光线追踪不同,光线追踪是一种基于图像的方法。在辐射度算法中,通过将场景细分为表面元素并为每个元素计算正确的辐射值来计算光的分布。一旦已知每个表面元素的辐射度值,就可以使用现有图形硬件显示解决方案,使用高洛德着色(Gouraud Shading)来平滑在每个顶点或多边形处计算的辐射度值。这使得辐射度算法成为交互式应用(如场景漫游)的首选算法。

早期的辐射度算法研究主要围绕计算线性方程组的更快解决方案,该线性方程组表达了场景中光分布的平衡。为此人们引入了若干种松弛(Relaxation)技术,或多或少地将辐射度算法解算器细分为采集(Gathering)和发射(Shooting)算法。

辐射度算法的应用早期仅限于漫反射表面,并且该方法的准确性由对表面元素所做出的选择决定。如果以高于初始网格的频率着色,那么它将无法显示更精致的细节。分层辐射度算法(Hierarchical Radiosity)被证明是向前迈出的重要一步,因为该算法现在能够使其底层解决方案网格适应这些表面上的实际着色值。不连续性网格化(Discontinuity Meshing)被类似地用于预先计算的精确网格,该网格遵循由面光源(Area Light Source)引起的本影(Umbra)和半影(Penumbra)区域之间的不连续线。此外,该算法还通过在网格中的表面周围细分半球(Hemisphere)而进行了扩展,从而使它也可以处理光泽表面。和分层辐射度算法相对应,人们也引入了聚类算法(Clustering Algorithm)来计算单个聚类中的分离物体(Distinct Object)的照明。总之,辐射度算法已经得到了与光线追踪相当的广泛关注,但由于基础数学的复杂程度稍高,因此并不那么流行。

5. 渲染方程

全局照明算法最重要的概念之一,即渲染方程(Rendering Equation),它是由 Kajiya 于 1986 年引入的[85],虽然其形式与今天我们所使用的形式有所不同。在这篇开创性的论文中,首次提出了在计算机图形学背景下描述场景中光分布的完整传输方程。渲染方程的重要性在于使用递归积分方程描述所有光传输机制,其内核包含各种材质属性和可见度函数。

将全局照明问题公式化为渲染方程具有非常重要的意义,它使得程序在计算图像时可以采用统一的方法。现在可以应用任何类型的积分机制来以数字形式评估渲染方程。此外,由于渲染方程的递归性质需要递归算法,因此终止条件将被限定于特定深度,即哪些连续光反射将被忽略,等等。此外,光线追踪和辐射度算法现在可以被认为是试图解算渲染方程的不同整合程序。光线追踪基本上可以写成一系列的递归求积法则,而辐射度算法则可以表示为对同一方程的有限元解决方案。

渲染方程的最大影响之一是随机光线追踪(Stochastic Ray Tracing)或蒙特卡罗光线追踪(Monte Carlo Ray Tracing)的发展。蒙特卡罗积分方案使用随机数来评估积分,但它们具有良好的属性,即结果的期望值等于积分的精确值。因此,假设算法运行得足够长,那么理论上就可以通过计算渲染出正确的照片级真实感图像。

6. 多通道方法

在 20 世纪 80 年代末,有两大系列的全局照明算法。一个系列是使用光线追踪方法,为屏幕上的每个像素计算单一颜色;而另外一个系列则是基于辐射度算法,计算基于场景的解决方案,仅生成图像作为后续处理元素。第一类算法适用于大多数镜面和折射间接照明,而第二类算法更适合计算漫反射,并且允许交互式操作。

因此,在同一算法中既使用光线追踪方法又使用辐射度算法,就可以开发出一种“两全其美”的方法。这样的算法通常由多个通道组成,因此被称为多通道方法(Multipass Method)。目前已经出现了许多种不同的变体(例如本书末尾列出的参考文献[24]、[209]、[171])。多通道方法通常包括计算间接漫反射照明的辐射度算法通道,然后是计算镜面光传输的光线跟踪通道,同时从第一个通道获取辐射度值。必须注意,某些光传输模式不会被计算两次,否则图像在某些区域会太亮。另外,使用两个以上的通道也是可能的,只要让每个通道专用于计算总体光传输的特定方面即可。

存储场景中光分布的部分解的算法,例如 RADIANCE 算法[219]或光子映射(Photon

Mapping),也可以被认为是多通道算法。光子映射算法尤其受到研究文献的广泛关注,被普遍认为是解决全局光照问题的一种有效且准确的算法。

7. 当前的发展

目前,使用全局照明算法的交互式应用程序受到很多关注。这些程序通常涉及部分解决方案的存储和重用,以及多通道算法的巧妙组合等。

此外,人们越来越多地使用真实物体或场景的照片,并希望将这些照片集成到虚拟环境中,那么由此产生的问题就是要保持照明的一致性,而基于图像的照明技术已经提出了一些不错的解决方案。

就作者目前所见,全局照明和照片级真实感渲染可能仍然是未来计算机图形学发展的重要因素。

1.1.3　全局照明算法框架

在研究过去 20 年全局照明算法的发展时,人们会看到一系列差异较大的方法,并且这些方法还有各自的变体。特别是对于光传输模拟,人们可以区分不同的范例:面向像素对比面向场景;漫反射对比镜面反射;确定性对比蒙特卡罗积分(随机性);发射算法对比采集算法等。这些差异很重要,因为它们将影响最终图像的精度,但完整的全局照明管道有更广泛的框架,并且也涉及其他方面,例如数据采集和图像显示。

在 Greenberg 等人的论文(详见参考文献[59])中,结合了上述各个方面,对真实感图像合成框架进行了详细描述。该论文介绍的框架涵盖了完整照片级真实感渲染系统的不同方面,并对照片级真实感渲染算法的演变历史做了综合概述。

照片级真实感渲染系统可以被认为由 3 个主要阶段组成:场景数据的测量和获取、光传输模拟和视觉显示。

1. 测量和采集

对于真实感图像合成框架来说,本部分包括测量虚拟场景中使用的材质的双向反射分布函数(Bidirectional Reflectance Distribution Function,BRDF)以及光源的发射特性,并且进行建模。通过比较测角数据,可以验证模型和测量的准确性。

2. 光传输

光传输阶段采用描述场景、材质和光源的几何数据,并计算场景中光的分布。这就是一般所谓"全局照明算法"的主要部分。其结果是图像平面中的辐射测量值,它可以通过某种方法(例如将实际照片与计算获得的图像进行比较)来验证。

3.视觉显示

辐射值矩阵需要显示在屏幕或打印机上。要将原始的辐射值数据转换为像素颜色,则需要使用色调映射运算符。这种转换可以使用人类视觉系统的模型,使得在查看转换后获得的图片时,所产生的视觉效果和观看真实场景所获得的视觉效果基本相同。

如果知道在最后阶段可以容忍多大的误差,则该误差可以转换为光传输阶段的容差,并由此转换到测量阶段。对于真实感图像合成框架来说,关键要满足的是人类观察者的感知准确性,而不是辐射测量精度,这应该是在设计算法时的原动力。

1.2　本书的结构

如前所述,本书旨在介绍全局照明算法的基本原理,书中章节内容的安排也是为了这一宗旨而服务的。我们坚信,只有彻底掌握了相关基础知识和基本构建块,才能真正理解照片级真实感渲染的框架和实现方法。

本书章节安排如下。

- 第 1 章简要介绍了全局照明,阐述了全局照明在计算机图形领域的重要性,并回顾了全局照明算法的简短历史。
- 第 2 章介绍了辐射测量(Radiometry)和渲染方程。要理解全局照明算法,首先需要深入理解辐射测量。本书只讨论辐射测量中与设计全局照明软件相关的知识。本章详细介绍了双向反射分布函数(Bidirectional Reflectance Distribution Function,BRDF)的特性和性质,以及如何由 BRDF 的定义推导出渲染方程。
- 第 3 章阐述了蒙特卡罗积分的原理,这是一种通用技术,几乎所有最近发布的全局照明算法都使用到它。本章解释了其关键概念,但同样仅限于本书所需要理解的水平。本章知识对理解后面章节的内容也很重要。
- 第 4 章在一个更为广阔的背景下讨论了渲染方程,并对有关设计全局照明算法的若干种策略提供一些通俗易懂的见解。
- 第 5 章给出了关于随机光线追踪的所有细节。从渲染方程开始,并使用了蒙特卡罗积分作为工具,推导出若干种算法来计算各种照明效果。这里特别要注意的是直接照明的计算。
- 第 6 章介绍了随机辐射度算法,并补充完善了第 5 章的内容。它对最近才成熟的各种蒙特卡罗辐射度算法进行了非常深刻的阐述。

- 第 7 章介绍了混合方法。该方法基于随机光线追踪和辐射度算法的原理。本章还详细解释了各种算法,并提供了进一步研究的参考。
- 第 8 章涵盖了当前研究中受到关注的一些主题,包括参与介质(Participating Media)、次表面散射(SubSurface Scattering, SSS)、色调映射(Tone Mapping)、人类视觉感知以及非常快速地计算全局照明的策略。
- 附录 A 描述了一个用于全局照明的 API,这是一组对象类,它们封装和隐藏了材质和几何体表示以及光线投射的技术细节。该 API 使得本书中讨论的算法可以简洁而高效地实现。它还给出了一个光线追踪程序、一个路径追踪程序和一个双向路径追踪程序的实现示例。
- 附录 B 介绍了立体角和半球形几何形状。
- 附录 C 包含了第 6 章中省略的技术细节。

1.3　如何使用本书

　　本书是作者讲授的关于高级渲染算法的各种课程的结晶,我们认为如果将本书用作教科书,那么它应该是研究生水平的课程。

　　学生如果希望加入以本书作为教材的课程,则至少还需要参加一门其他的计算机图形课程作为基础。这门课程可以是对计算机图形学的一般性介绍,也可以是面向项目的,并侧重于动画、光线追踪或建模的某些方面。此外,学生还需要熟悉概率论和微积分,否则渲染方程和蒙特卡罗积分的概念将难以解释。最后,掌握关于物理学的一些知识也可能对本书的学习有所帮助,尽管我们通常发现它并非绝对必要。

　　我们在本版的每一章都添加了练习题。这些练习题是我们自己在给研究生阶段讲授这门课程时所使用的作业,所有练习题都已经仔细检查过,以确保它们具有适当的难度水平。

　　在我们为自己的课程布置作业时,我们给学生提供了基本的光线追踪框架。这种基础的光线追踪程序将保持非常简单,目的是让学生可以完全专注于实现物理上正确的算法。在我们看来,让学生自己从头开始实现一个(基本的)光线追踪程序,这并不是一项好作业,因为学生很可能受到其他方面的干扰,例如光线和物体交叉的细节、解析输入文件以及图像查看问题等。

　　如果教师想要整理给出他们自己的家庭作业,则以下是一些基于我们经验的建议:

- 家庭作业 1 可以包含一些辐射测量方面的问题,使学生熟悉辐射测量的概念,并让他们思考有关辐射的定义。典型的练习可以是计算从太阳到达地球的辐射,或者在各种条件下入射在方形表面上的辐射值。

- 家庭作业 2 可以是一项编程练习。首先需要为学生提供基本的光线追踪程序,然后学生可以添加特定的 BRDF 模型并渲染一些图片。
- 家庭作业 3 需要沿用家庭作业 2 的光线追踪程序。可以让学生添加特定的照明效果,例如计算直接照明的各种方式。此外,还可以要求学生尝试不同的采样技术,看一看最终生成图像的效果如何。
- 家庭作业 4 的主题可以是有关在特定情况下使用哪一种全局照明算法的问题。例如,可以给出具有大量光源、很多镜面材质,以及一些不寻常的几何形状的场景。这可以是书面练习,学生不一定要实现他们的想法,而只是在纸面上将它们画出来。因此,学生可以设计他们想要的任何算法,而无须担心实际实施的问题。
- 家庭作业 5 的主题可以是研讨和提交最近的研究论文,这也是对整个课程的一个很好的总结。

此外,本书各章节中讨论的不同问题也可以用作家庭作业,或者作为课堂讨论的问题。

第 2 章　光传输物理学

渲染算法的目标是创建准确表示场景中物体外观的图像。对于图像中的每个像素，这些算法必须找到在该像素处可见的对象，然后向用户显示它们的外观(Appearance)。这里的术语"外观"是什么意思？必须测量多少光能(Light Energy)才能捕获"外观"？这个光能是如何计算的？这些都是本章将要解决的问题。

本章将介绍一些关键概念和定义，这些概念和定义都是在设计全局照明算法时，为了求解各种算法问题而必须理解和熟悉的。在 2.1 节中，简单回顾了一下光学的发展历史，以帮助学生理解渲染算法对光的表现的基本假设(在 2.2 节中有详细介绍)；在 2.3 节中，定义了和辐射度测量相关的术语及其相互之间的关系；在 2.4 节中，描述了场景中的光源；在 2.5 节中，介绍了双向分布函数，它可以捕获光与表面的相互作用；在 2.6 节中，利用双向分布函数的定义，提出了渲染方程，这是一组有关场景中光能平衡分布问题的数学公式；在 2.7 节中，阐述了渲染方程的重要性；最后，在 2.8 节中，提出了测量方程，它是全局照明算法必须求解的计算图像的方程。本书后面的章节将讨论全局照明算法如何求解测量方程。

2.1　光学发展简史

光学发展的历史跨越了大约 3000 年的人类历史。根据 Hecht 和 Zajac 在其《光学》(原版书名：*Optics*)一书中所记叙的历史(详见参考文献[68])，可以简要回顾一下相关的历史人物和事件。公元前 350 年左右，包括毕达哥拉斯(Pythagoras)、德谟克利特(Democritus)、恩培多克勒(Empedocles)、柏拉图(Plato)和亚里士多德(Aristotle)等人在内的古希腊哲学家即提出了光的本质理论。事实上，亚里士多德的理论与 19 世纪的以太理论(Ether Theory)非常相似。然而，希腊人错误地认为，视觉是从眼睛发射到被感知的对象的。到公元前 300 年，光的直线传播规律已经广为人知，欧几里得(Euclid)还描述了光的反射定律。克莱奥迈季斯(Cleomedes，公元 50 年)和托勒密(Ptolemy，公元 130 年)还进行了对折射现象的早期研究。

　　除了海什木(Ibn - al - Haitham,也叫 Al - hazen,阿拉伯学者)的贡献之外,在中世纪的黑暗时代,光学领域几乎处于休眠状态。Al-hazen 重新确定了反射定律,指出入射角和反射角位于与界面垂直的同一平面内。事实上,除了罗伯特·格罗塞特(Robert Grosseteste,1175—1253 年,英国学者)和罗杰·培根(Roger Bacon,1215—1294 年,英国哲学家)的贡献之外,光学领域直到 17 世纪才开始出现重大进展。

　　随着 17 世纪初望远镜和显微镜的发明,光学成为一个令人兴奋的研究领域。1611 年,约翰内斯·开普勒(Johannes Kepler,1571—1630 年,德国天文学家)发现了全内反射,并描述了折射定律的小角度近似。1621 年,威里布里德·斯涅尔(Willebrord Snell,1580—1626 年,荷兰数学家和物理学家)发表了一个重大发现:折射定律(Law of Refraction)。勒内·笛卡尔(René Descartes,1596—1650 年,法国哲学家、数学家和物理学家)对此从理论上进行了推导,即光的入射角与折射角的正弦之比为常数,由此奠定了几何光学的基础。1657 年,皮埃尔·德·费马(Pierre de Fermat,1601—1665 年,法国数学家)提出了他的最短时间原理(Principle of Least Time),该原理指出:光线移动的路径是需时最少的路径,由此他重新推导出了折射定律。

　　格里马尔迪(Grimaldi,1618—1683 年,意大利物理学家)和胡克(Hooke,1635—1703 年,英国博物学家)观察到光线在遇到障碍物时会偏离原来的直线传播而发生"弯曲"的衍射(Diffraction)现象。胡克首先提出了光的波动理论来解释这种现象。克里斯蒂安·惠更斯(Christian Huygens,1629—1695 年,荷兰物理学家、天文学家、数学家)对光的波动理论做出了极大的拓展。他能够利用这一理论推导出反射和折射的定律;另外,他还在实验中发现了光的偏振(Polarization)现象。

　　而就在这同一时期,艾萨克·牛顿(Isaac Newton,1642—1727 年,英国著名物理学家)观察到光的色散(Dispersion)现象,当白光通过棱镜时,白光分解为其组成颜色(光谱)。于是他得出结论:阳光是由不同颜色的光组成的,这些颜色被玻璃折射到不同的程度。随着研究的不断深入,牛顿倾向于接受光的发射理论(粒子说)而不是波动说。

　　因此,在 19 世纪初,出现了两种关于光的本性的冲突理论:牛顿的粒子(发射/微粒)说(Particle(Emission/Corpuscular)Theory)和惠更斯的波动说(Wave Theory)。1801 年,托马斯·杨(Thomas Young,1773—1829 年,英国物理学家)在他著名的双缝实验(Double-Slit Experiment)的基础上描述了他的干涉原理(Principle of Interference),从而为光的波动理论提供了实验支持。然而,由于牛顿的影响,他的理论并不受欢迎。1816 年,奥古斯汀·让·菲涅尔(Augustin Jean Fresnel,1788—1827 年)提出了严格的衍射和干涉现象论证,表明这些现象可以使用光的波动理论来解释。1821 年,菲涅耳提出了能够计算反射光和折射光的强度和偏振的定律。

　　1860 年,麦克斯韦(Maxwell,1831—1879 年,英国物理学家)建立了电磁学,他将光和电磁现象统一起来,总结并将相关主题的经验知识扩展为一组数学方程,即麦克斯韦方程组(Maxwell's Equations)。麦克斯韦得出结论,光是一种电磁波。然而,在 1887 年,赫兹(Hertz,1857—1894 年,德国物理学家)偶然发现了光电效应(Photoelectric Effect),即在光的照射下物体会释放出电子的现象。这种效应无法通过光的波动模型来解释。此外,在波动模型中,光的其他性质也是难以理解的。例如,黑体辐射(Black Body Radiation,指的是炽热的黑体会向外辐射电磁能量,按照经典电磁理论,辐射能量随着频率的增大而趋于无穷,但这与实际观测结果不符)、各种材质的光吸收对波长的依赖性、荧光①和磷光②等。因此,尽管有光的波动性质的所有支持证据,但科学家仍必须解释光的粒子性表现。

1900 年,马克斯·卡尔·普朗克(Max Karl Planck,1858—1947 年,德国物理学家)引入了一个称为普朗克常数(Planck's Constant)的通用常数,用于解释从炽热黑体发出的辐射光谱:黑体辐射。他的工作启发了阿尔伯特·爱因斯坦(Albert Einstein,1879—1955 年,著名犹太裔物理学家),他在 1905 年提出了光子假设,当光束与物质相互作用时,其能量流并不是像波动理论所想象的那样连续分布的,而是一份一份地集中在一些叫作光子的粒子上。光子只能被整个地吸收和发射。基于这个光子假设,爱因斯坦成功地解释了光电效应。每个量子(Quantum)后来被称为光子(Photon)。每个光子具有与其相关的频率 ν。与光子相关的能量是 $E = h\nu$,其中的 h 就是普朗克常数。

一方面,在与光的传播特性有关的一系列现象(例如干涉、衍射、偏振)中,光表现出波动的本性,并且可以由麦克斯韦的电磁理论完美地描述;另一方面,在光与物质作用并产生能量与动量交换的过程中,光又充分表现出分立的粒子特征,并且可以由爱因斯坦的光子理论加以描述。于是,光作为波和粒子流的这种看似冲突的表现只能通过建立量子力学(Quantum Mechanics)领域来协调。1905 年 3 月,爱因斯坦在德国《物理年报》上发表了题为《关于光的产生和转化的一个推测性观点》的论文,他认为对于时间的平均值,光表现为波动性;对于时间的瞬间值,光表现为粒子性。这是历史上第一次揭示微观客体波动性和粒子性的统一,即波粒二象性(Wave-Particle Duality)。这一科学理论最终得到了学术界的广泛接受。通过考虑亚微观现象,玻尔(Bohr)、波恩(Born)、海森堡(Heisenberg)、薛定谔(Schrödinger)、泡利(Pauli)、德布罗意(de Broglie)、迪拉克(Dirac)和其他研究人员已经能够解释光的波粒二象性特性。量子场论(Quantum Field Theory)和量子电动力学(Quantum Electro Dynamics,QED)进一步解释了高能现象,而由理查德·费曼(Richard Feynman,1918—1988 年,美籍犹太裔物理学家)撰写的关于量子电动力学的著作(详见参考文献[49])则给出了对该领域的直观描述。

---

① 荧光是指按一种频率吸收的光却以不同的频率发射的现象。
② 磷光是在某个时间以一种频率吸收的光却以不同的频率和时间发射的现象。

2.2　光的模型

在模拟中使用的光模型试图捕捉由波粒二象性特性而引起的光的不同表现。例如,对于衍射和干涉之类的现象,可以通过假设光是波来解释;而对于光电效应,则可以通过假设光由粒子流组成,而更好地解释其表现。

2.2.1　量子光学

量子光学(Quantum Optics)是光的基本模型,它解释了光的波粒二象性特性。量子光学模型可以解释亚微观级别(例如电子级别)的光的表现。然而,通常认为该模型对于典型计算机图形场景的图像生成的目的而言过于细微,所以并不常用。

2.2.2　波模型

波模型(Wave Model)是量子模型的简化,由麦克斯韦方程描述。该模型可捕获衍射、干涉和偏振之类的效应。这些效应可以在日常场景中观察到,例如,在漂浮于水面上的油膜或鸟类羽毛中常可以看到鲜艳的色彩。但是,对于计算机图形学中生成图像的目的来说,光的波动特性通常也是可以忽略掉的。

2.2.3　几何光学

几何光学模型(Geometric Optics Model)是计算机图形中最简单和最常用的光模型。在该模型中,假设光的波长(Wavelength)远小于光与之相互作用的物体的比例(Scale)。几何光学模型假设光会辐射、反射和透射。在这个模型中,对光的表现做了以下几个假设。

(1)光线是以直线传播的,即不考虑光线衍射时发生的"弯曲"效应。

(2)光线瞬间穿过介质。这种假设基本上要求光以无限的速度不切实际地行进。当然,这是一个实用的假设,因为它需要全局照明算法来计算场景中光能的稳态分布(Steady – State Distribution)。

(3)光线不受外部因素的影响,如重力场或磁场。

在本书的大部分内容中,忽略了光线由于穿透参与介质(例如大雾)传播而产生的影响,也不考虑介质具有不同折射率的情况。例如,不考虑由于空气中的温度差异引起的折射率变化而产生的类似海市蜃楼的影响。在本书 8.1 节中专门讨论了如何处理这些现象。

2.3　辐射测量

全局照明算法的目标是计算场景中光能的稳态分布。为了计算这种分布,需要了解代表光能的物理量。辐射测量(Radiometry)是涉及光物理测量的研究领域。本节简要概述了全局照明算法中使用的辐射测量单元(Radiometric Unit)。

考虑辐射测量和光度测量(Photometry)之间的关系是有用的。光度测量是处理光能感知量化的研究领域。人类视觉系统对 380~780 纳米的频率范围内的光敏感。人眼对这一可见光谱的敏感性已经标准化。光度测量项可以将此标准化响应考虑在内。由于光度测量的数量(Photometric Quantity)可以从相应的辐射测量项推导出来,因此全局照明算法将只针对辐射测量项操作。当然,在本书 8.2 节中将讨论由全局照明算法计算的辐射测量的数量(Radiometric Quantity)是如何显示给观察者的。

2.3.1　辐射量

1. 辐射功率或辐射通量

基本辐射量是辐射功率(Radiant Power),也称为辐射通量(Radiant Flux,符号为 F)。辐射功率通常表示为 Φ,单位为瓦(W),1W = 1J/s(焦耳/秒)。该数量表示每单位时间从某一表面发射或到达/通过某一表面的总能量流量。例如,可以说光源发射出 50 瓦的辐射功率,或者有 20 瓦的辐射功率入射到桌子上。请注意,这里的辐射通量没有指定光源或接收器(桌子)的大小,也不包括光源和接收器之间距离的说明。

2. 辐射通量密度

辐射通量密度(Radiation Flux Density,符号为 E)包含辐照度和辐射出射度两个概念。其中,辐照度(Irradiance,符号为 I)是每单位表面积的表面上的入射(Incident Radiant)辐射功率,即它表示的是物体接收的辐射。辐射通量密度以瓦特/平方米(W/m^2)表示:

$$E = \frac{d\Phi^{①}}{dA} \tag{2.1}$$

例如,如果有 50 瓦的辐射功率入射在面积为 1.25 平方米的表面上,则每个表面点处的辐射通量密度(更准确地说,就是辐照度)为 40 瓦特/平方米(假设入射功率均匀地分布在表面上)。

3. 辐射出射度或辐射度

辐射出射度(Radiant Exitance,符号为 M),也称为辐射度(Radiosity,符号为 B),是每单位表面积的出射(Exitant Radiant)辐射功率,即它表示的是物体发出的辐射。辐射度也以瓦特/平方米(W/m²)表示:

$$M = B = \frac{d\Phi}{dA} \tag{2.2}$$

例如,如果有一个面积为 0.1 平方米,发射功率为 100 瓦的光源,假设该功率在光源区域上均匀发射,则该光源的辐射出射度在其表面的每个点处为 1000W/m²。

4. 辐射亮度

辐射亮度(Radiance,符号为 L)是指辐射源在某一方向,每单位投影面积,每单位立体角内的辐射通量,其单位为瓦特/(球面度·平方米),即 W/(steradian·m²)。直观地说,辐射亮度表示每单位立体角和每单位投影面积有多少功率到达(或离开)表面上的某个点。附录 B 给出了有关立体角和半球几何形状的综述。

辐射亮度是一个五维量,随位置 x 和方向的向量(Vector)Θ 而变化,表示为 $L(x, \Theta)$(见图 2.1)。

$$L = \frac{d^2\Phi}{d\omega dA^{\perp}} = \frac{d^2\Phi}{d\omega dA\cos\theta} \tag{2.3}$$

辐射亮度可能是全局照明算法中最重要的数量指标,因为它是捕获场景中物体"外观"的数量。本章 2.3.3 节解释了与图像生成相关的辐射亮度属性。

对于余弦项的直观解释。投影面积 $A^{\perp}$ 是垂直于人们感兴趣的方向的投影表面面积。这样的计算公式源于一个事实,即到达掠射角的功率会在一个更大的表面上"涂抹"。由于此处明确希望表示每(单位)投影面积和每(单位)方向的功率,因此必须要把这个更大的区域也考虑进去,这就是余弦项的来源。此外,通过理解光的传输理论,也可以获得对于余弦项的另一个直观解释。

---

① 本书公式均参照原版书籍样式。

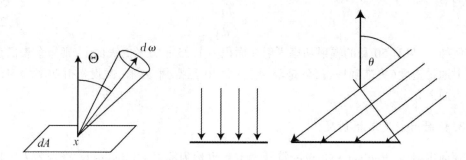

图 2.1 辐射亮度 $L(x, \Theta)$ 的定义：每单位立体角 $d\omega$ 的每单位投影面积 $dA^\perp$ 的辐射通量

5. 传输理论

本节使用传输理论中的概念直观地解释不同辐射测量术语之间的关系(详见参考文献[29]中的第 2 章)。传输理论涉及物理量(如能量、电荷和质量)的传输或流动。本节将使用传输理论，根据光粒子(Light Particle)或光子(Photon)的流动来用公式表示辐射量。

现在假设已经给出了光粒子的密度，即 $p(x)$，它定义了在某个位置 x 上的每单位体积的粒子数。那么，在一个很小的体积 dV 中的粒子数就是 $p(x)dV$。现在来考虑这些光粒子在时间 dt 内穿过一些不同的表面积 dA 的流动。假设光粒子的速度为 $\vec{c}$，其中 $|\vec{c}|$ 是光的速度，$\vec{c}$ 的方向是粒子所沿的方向。初始情况下，可以假设不同的表面积 dA 垂直于颗粒的流动。给定这些假设，在时间 dt 中，流过区域 dA 的粒子是体积 $cdtdA$ 中包含的所有粒子。穿过表面的粒子数量是 $p(x)cdtdA$。

现在来放松粒子流垂直于表面积 dA 的假设(见图 2.2)。如果粒子流与 dA 之间的角度为 θ，则粒子流过的垂直区域就是 $dA\cos\theta$。现在，通过该表面的粒子数量就是 $p(x)cdtdA\cos\theta$。

上面的推导假定了流动的固定方向。包括粒子可以沿着其流动的所有可能的方向(以及所有可能的波长)，给出以下数量的粒子 N，其流过区域 dA，

$$N = p(x, \omega, \lambda)cdtdA\cos\theta d\omega d\lambda$$

其中 $d\omega$ 是粒子流动的不同方向(或立体角)；密度函数 p 随位置和方向而发生变化。

辐射通量(Flux)被定义为每单位时间粒子的能量。在这里，辐射通量是通过将粒子数除以 dt 来计算的，并且按 dt 变为零来计算其极限值：

$$\Phi \propto p(x, \omega, \lambda)dA\cos\theta d\omega d\lambda$$

$$\frac{\Phi}{dA\cos\theta d\omega} \propto p(x, \omega, \lambda)d\lambda$$

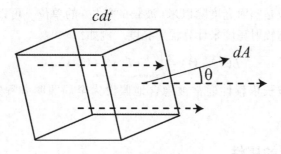

图 2.2　穿过表面的粒子流

现在可以假设这些粒子都是光子。每个光子具有的能量 $E = h\nu$。光的波长 λ 通过以下关系与其频率相关：$\lambda = c/\nu$，其中 c 是真空中的光速。因此，$E = \dfrac{h\nu}{\lambda}$。Nicodemus 将辐射亮度定义为每单位体积的辐射能量(详见参考文献[131])，如下所示。

$$L(x,\omega) = \int p(x,\omega,\lambda)\ \hbar\frac{c}{\lambda}d\lambda$$

将这个等式与上面 Φ 的定义联系起来，即可得到一个更直观的概念，即如何将辐射通量与辐射亮度相关联，以及为什么余弦项会出现在辐射亮度的定义中。

2.3.2　辐射测量项之间的关系

鉴于上述辐射测量项的定义，可以推导出以下不同辐射测量项之间的关系：

$$\Phi = \int_A \int_\Omega L(x \to \Theta)\cos\theta d\omega_\Theta dA_x \qquad (2.4)$$

$$E(x) = \int_\Omega L(x \leftarrow \Theta)\cos\theta d\omega_\Theta \qquad (2.5)$$

$$B(x) = \int_\Omega L(x \to \Theta)\cos\theta d\omega_\Theta \qquad (2.6)$$

其中 A 是总表面积；Ω 是表面上每个点的总立体角。

本书约定使用以下记号表示：$L(x \to \Theta)$ 表示在方向 Θ 中留下点 x 的辐射亮度。$L(x \leftarrow \Theta)$ 表示来自方向 Θ 的到达点 x 的辐射亮度。

波长依赖性

上述辐射测量项不仅取决于位置和方向，还取决于光能的波长。例如，对于辐射亮度来说，当明确指定波长时，其相应的辐射测量项被称为光谱辐射亮度(Spectral Radiance)。

光谱辐射亮度的单位是辐射亮度除以米(波长的单位)的单位。可以通过在覆盖可见光的波长域上积分光谱辐射亮度来计算辐射亮度。例如,

$$L(x \rightarrow \Theta) = \int_{spectrum} L(x \rightarrow \Theta, \lambda) d\lambda$$

辐射测量项的波长依赖性通常被隐含地假设为全局照明方程的一部分,并未明确提及。

2.3.3　辐射亮度的属性

辐射亮度是用于生成图像的基本辐射测量项。如式(2.4)~式(2.6)所示,其他的辐射测量项,例如辐射功率(Φ)、辐射通量密度(E)和辐射度(B)等,都可以从辐射亮度推导出来。辐射亮度的下列属性解释了为什么辐射亮度对于图像生成很重要。

1. 属性 1：辐射亮度沿直线路径不变

在数学上,辐射亮度不变性的属性表示为

$$L(x \rightarrow y) = L(y \leftarrow x)$$

这表示从点 x 离开朝向点 y 的辐射亮度等于从点 x 到达点 y 的辐射亮度。该属性假定光通过真空传播,即没有参与介质。

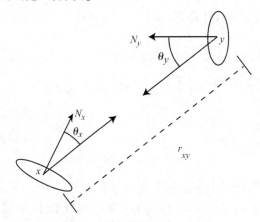

图 2.3　辐射亮度的不变性

这一重要特性来自于在 x 和 y 两个不同表面之间的一小束光线中的光能守恒。图 2.3 显示了这两个表面的几何形状。根据辐射亮度的定义,离开一个不同的表面积 dA_x 并到达一个不同的表面区域 dA_y,其总的(不相同)功率可以写作以下公式：

$$L(x \rightarrow y) = \frac{d^2\Phi}{(\cos\theta_x dA_x) d\omega_{x \leftarrow dA_y}} \tag{2.7}$$

$$d^2\Phi = L(x-y)\cos\theta_x d\omega_{x \leftarrow dA_y} dA_x \tag{2.8}$$

其中使用了符号 $d\omega_{x \leftarrow dA_y}$ 表示从 x 看到的 dA_y 对向的立体角。

从区域 dA_x 到达区域 dA_y 的功率可以用类似的方式表示：

$$L(y \leftarrow x) = \frac{d^2\Phi}{(\cos\theta_y dA_y) d\omega_y \leftarrow dA_x} \tag{2.9}$$

$$d^2\Phi = L(y \leftarrow x)\cos\theta_y d\omega_{y \leftarrow dA_x} dA_y \tag{2.10}$$

不同的立体角是：

$$d\omega_{x \leftarrow dA_y} = \frac{\cos\theta_y dA_y}{r_{xy}^2}$$

$$d\omega_{y \leftarrow dA_x} = \frac{\cos\theta_x dA_x}{r_{xy}^2}$$

假设没有外部光源增加到达 dA_y 的功率,同时还假设两个不同的表面都处于真空中；因此,由于不存在参与介质,也就没有能量损失。然后,根据能量守恒定律,所有离开 dA_x 朝向 dA_y 表面方向的能量都必须到达 dA_y,

$$L(x \rightarrow y)\cos\theta_x d\omega_{x \leftarrow dA_y} dA_x = L(y \leftarrow x)\cos\theta_y d\omega_{y \leftarrow dA_x} dA_y$$

$$L(x \rightarrow y)\cos\theta_x \frac{\cos\theta_y dA_y}{r_{xy}^2} dA_x = L(y \leftarrow x)\cos\theta_y \frac{\cos\theta_x dA_x}{r_{xy}^2} dA_y$$

也就是说,

$$L(x \rightarrow y) = L(y \leftarrow x) \tag{2.11}$$

因此,辐射亮度沿着直线路径行进时是不变的,并且不随距离而衰减。但需要注意的是,辐射亮度的这种属性仅在没有参与介质的情况下才有效,因为介质可以吸收和散射两个表面之间的能量。

从上面的观察结果可以看出,一旦已知所有表面点处的入射或出射辐射亮度,则三维场景中所有点的辐射亮度分布也是已知的。几乎所有在全局照明中使用的算法都限制自己计算表面点处的辐射亮度值(仍然假设没有任何参与介质)。表面点处的辐射亮度有时也称为表面辐射亮度(Surface Radiance),而三维空间中普通点的辐射亮度有时被称为场辐射亮度(Field Radiance)。

2. 属性 2：传感器(如相机和人眼)对辐射亮度敏感

传感器(如相机和人眼)的响应与入射到它们的辐射亮度成正比,其中比例常数取决于传感器的几何形状。

这两个属性解释了为什么物体的感知颜色或亮度不随距离而变化。鉴于这些属性，很明显，辐射亮度是全局照明算法必须计算并向观察者显示的量。

2.3.4　示例

本节给出了通常所见的不同辐射测量项之间关系的一些实际例子。

1. 示例（漫反射发射器）

现在来考虑使用漫反射发射器的例子。通过定义可知，漫反射发射器将从其所有表面点向所有方向发射相等的辐射（见图 2.4）。因此，

$$L(x \rightarrow \Theta) = L$$

漫反射发射器的功率可以推导为

$$\Phi = \int_A \int_\Omega L(x \rightarrow \Theta) \cos\theta d\omega_\Theta dA_x$$

$$= \int_A \int_\Omega L \cos\theta d\omega_\Theta dA_x$$

$$= L \left(\int_A dA_x \right) \left(\int_\Omega \cos\theta d\omega_\Theta \right)$$

$$= \pi L A$$

其中 A 是漫反射发射器的面积，A 上每个点的积分都在半球上，即 Ω 是每个点的半球（见附录 B）。

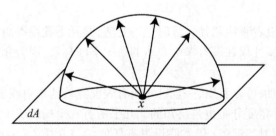

图 2.4　漫反射发射器

漫反射发射器的辐射亮度等于功率除以面积再除以 π。基于上述等式，可以知道在漫反射表面的功率、辐射亮度和辐射度之间存在以下关系：

$$\Phi = LA\pi = BA \qquad (2.12)$$

2. 示例(非漫反射发射器)

现在来考虑一个正方形区域光源,其表面积测量为$(10{\times}10)\,\mathrm{cm}^2$。光源上的每个点根据其半球上的以下分布发出辐射亮度:

$$L(x \rightarrow \Theta) = 6000\cos\theta\,(\mathrm{W/sr \cdot m^2})$$

请记住,辐射亮度函数是针对半球上的所有方向和表面上的所有点定义的。这种特定的分布对于光源上的所有点都是相同的。但是,对于每个表面点,由于方向在该表面点处远离法线,因此会存在衰减。

每个点的辐射度可以计算如下:

$$\begin{aligned}
B &= \int_{\Omega} L(x \rightarrow \Theta)\cos\theta d\omega_{\Theta} \\
&= \int_{\Omega} 6000\cos^2\theta d\omega_{\Theta} \\
&= 6000 \int_{0}^{2\pi} \int_{0}^{\pi/2} \cos^2\theta\sin\theta d\Theta d\phi \\
&= 6000 \cdot 2\pi \cdot \left[\frac{-\cos^3\theta}{3} \right]_{0}^{\pi/2} \\
&= 4000\pi\,\mathrm{W/m^2} \\
&= 12566\,\mathrm{W/m^2}
\end{aligned}$$

然后可以按如下公式计算整个光源的功率:

$$\begin{aligned}
\Phi &= \int_{A} \int_{\Omega} L(x \rightarrow \Theta)\cos\theta d\omega_{\Theta} dA_x \\
&= \int_{A} \left(\int_{\Omega} L\cos\theta d\omega_{\Theta} \right) dA_x \\
&= \int_{A} B(x) dA_x \\
&= 4000\pi\,\mathrm{W/m^2} \cdot 0.1\mathrm{m} \cdot 0.1\mathrm{m} \\
&= 125.66\,\mathrm{W}.
\end{aligned}$$

3. 示例(太阳、地球、火星)

现在不妨来考虑一个对我们人类来说非常重要的发射器示例:太阳。有人可能会提出这样一个问题,即如果太阳的辐射亮度与太阳的距离无关,那么为什么地球比火星更暖和呢?

如图 2.5 所示就是太阳分别到达地球和火星的辐射亮度输出。为简单起见,可以假设太阳是一个均匀的漫反射发射器。和以前一样,这里同样假设地球、太阳和火星之间的

介质是真空。前面已经介绍了式(2.12),

$$\Phi = \pi LA$$

鉴于太阳发射的总功率为 3.91×10^{26} 瓦,太阳的表面积为 6.07×10^{18} m^2,所以太阳的辐射亮度可以用以下公式计算:

$$L(Sun) = \frac{\Phi}{A\pi} = \frac{3.91 \times 10^{26}}{\pi 6.07 \times 10^{18}} = 2.05 \times 10^7 \text{W/sr} \cdot \text{m}^2$$

图 2.5   地球、火星和太阳之间的关系

现在来考虑在地球表面上的 (1×1) m^2 的小块土地,到达这块土地上的功率可计算如下。

$$P(Earth \leftarrow Sun) = \int_A \int_\Omega L\cos\theta d\omega dA$$

接下来假设太阳位于其顶点(即 $\cos \theta = 1$),并且太阳所对的立体角足够小,可以假设辐射亮度在这一小块土地上是恒定的:

$$P(Earth \leftarrow Sun) = A_{patch} L\omega$$

从地球上看,太阳所对的立体角 ω 是

$$\omega_{Earth \leftarrow Sun} = \frac{A_{Sun_{disk}}^{\perp}}{distance^2} = 6.7 \times 10^{-5} \text{sr}$$

注意,考虑计算太阳辐射的太阳面积是它的表面积,而计算立体角时太阳的面积是太阳圆形截面(圆盘)的面积。这个面积是太阳表面积的 1/4:

$$P(Earth \leftarrow Sun) = [(1 \times 1) \text{m}^2](2.05 \times 10^7 \text{W/(sr} \cdot \text{m}^2))(6.7 \times 10^{-5} \text{sr})$$
$$= 1373.5 \text{W}$$

类似地,可以考虑火星表面上的 (1×1) m^2 小块土地,到达该土地的功率可以按相同的方式计算。从火星看到的太阳所对的立体角是

$$\omega_{Mars \leftarrow Sun} = \frac{A_{Sun_{disk}}^{\perp}}{distance^2} = 2.92 \times 10^{-5} \text{sr}$$

这一小块火星土地上的总功率可由下式给出

$$P(Mars \leftarrow Sun) = [(1 \times 1) \text{m}^2](2.05 \times 10^7 \text{W/(sr} \cdot \text{m}^2))(2.92 \times 10^{-5} \text{sr})$$
$$= 598.6 \text{W}$$

因此,即使太阳的辐射亮度沿着光线传播时是不变的,并且从地球上看到的和从火星上看到的相同,立体角测量也可以保证:到达行星的功率会按距离的平方衰减(这就是人们所熟悉的平方反比定律)。所以,虽然太阳在地球和火星上看起来同样明亮,但它在地球上看起来比在火星上看起来更大,也更能温暖地球。

4. 示例(平板)

将一个平板放在珠穆朗玛峰顶部,正常朝上(见图 2.6)。假设今天是一个阴天,天空辐射亮度是均匀的,其值为 $1000\mathrm{W}/(\mathrm{sr}\cdot\mathrm{m}^2)$。则该平板中心的辐照度可以计算如下:

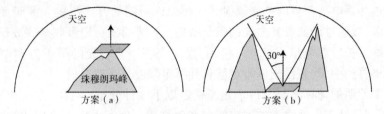

图 2.6　平板对进入的半球有不同的限制

方案 (a):平板放在峰顶; 方案 (b):平板放在 60°定点反射角的山谷中

$$E = \int L(x \leftarrow \Theta)\cos\theta d\omega$$

$$= 1000 \iint \cos\theta\sin\theta d\theta d\phi$$

$$= 1000 \int_0^{2\pi} d\phi \int_0^{\pi/2} \cos\theta\sin\theta d\theta$$

$$= 1000 \cdot 2\pi \cdot \left[-\frac{\cos^2\theta}{2} \right]_0^{\pi/2}$$

$$= 1000 \cdot 2\pi \cdot \frac{1}{2}$$

$$= 1000 \cdot \pi \mathrm{W}/\mathrm{m}^2$$

现在假设将平板带到相邻的山谷,周围的山脉径向对称,并阻挡 60°以下的所有光线。在这种情况下,该平板上的辐照度可以计算如下:

$$E = \int L(x \leftarrow \Theta)\cos\theta d\omega$$

$$= 1000 \iint \cos\theta\sin\theta d\theta d\phi$$

$$= 1000 \int_0^{2\pi} d\phi \int_0^{\pi/6} \cos\theta \sin\theta d\theta$$

$$= 1000 \cdot 2\pi \cdot \left[-\frac{\cos^2\theta}{2} \right]_0^{\pi/6}$$

$$= 1000 \cdot \pi \cdot \left(1 - \frac{3}{4} \right)$$

$$= 250 \cdot \pi \mathrm{W}/\mathrm{m}^2$$

2.4　发　　光

光是通过加速电荷产生的电磁辐射。光可以以不同的方式产生。例如,通过诸如太阳之类的热源,或通过诸如荧光之类的量子效应。荧光材质可以吸收某些波长的能量,然后以其他某些波长发射能量。如前几节所述,本书将不会对光的量子力学做过多解释。在大多数渲染算法中,均假设光以特定波长和特定强度从光源发射。

精确全局照明的计算需要为每个光源指定以下 3 种分布:空间、方向和光谱强度分布。例如,照明设计工程师之类的用户需要准确描述与现实世界中可用的物理灯泡匹配的光源分布。理想化的灯光空间分布假设灯光是点光源,更现实一点说,灯光被建模为区域灯光。典型灯具的定向分布由其相关灯光固定装置的形状决定。虽然光的光谱分布也可以精确地模拟,但全局照明算法通常会出于效率的原因模拟 RGB(或类似的 3 种颜色)。所有这些分布都可以指定为函数或表。

2.5　光与表面的相互作用

发射到场景中的光能通过在表面边界处反射或透射而与场景中的不同物体相互作用。一些光能也可以被表面吸收并作为热量消散,尽管这种现象通常在渲染算法中没有明确建模。

2.5.1　双向反射分布函数

材质以不同的方式与光相互作用,并且材质的外观即使是在相同的照明条件下也会有所不同。有些材质看起来像镜子,而另外一些材质则不够光滑,呈现为漫反射表面。表面的反射特性将影响物体的外观。在本书中,假设入射到表面的光以相同的波长和相同的时间出射。因此,本书将忽略诸如荧光和磷光之类的影响。

在最一般的情况下,光可以在点 p 和入射方向 Ψ 处进入一些表面,并且可以在一些其他点 q 和出射方向 Θ 处离开该表面。定义入射和反射之间这种关系的函数称为双向表面散射反射分布函数(Bidirectional Surface Scattering Reflectance Distribution Function, BSSRDF)[131]。在此可以做出额外的假设,即在某一点入射的光也将在同一点出射;因此,本书将不讨论次表面散射,因为次表面散射会导致光在物体表面的不同点处射出。

在给定这些假设之后,表面的反射属性将由被称为双向反射分布函数(Bidirectional Reflectance Distribution Function, BRDF)的反射函数描述。点 x 处的 BRDF 定义为在出射方向(Θ)上反射的相对辐射亮度与通过不同立体角($d\omega_\Psi$)入射的相对辐照度之比。BRDF 表示为 $f_r(x, \Psi \to \Theta)$:

$$f_r(x, \Psi \to \Theta) = \frac{dL(x \to \Theta)}{dE(x \leftarrow \Psi)} \tag{2.13}$$

$$= \frac{dL(x \to \Theta)}{L(x \leftarrow \Psi)\cos(N_x, \Psi)\, d\omega_\Psi} \tag{2.14}$$

其中,$\cos(N_x, \Psi)$ 是法线向量在点 x、N_x 和入射方向的向量 Ψ 处形成的角度的余弦。双向反射分布函数的示意图如图 2.7 所示。

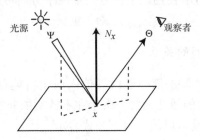

图 2.7　双向反射分布函数示意图

严格来说,BRDF 是在围绕表面点的整个球体方向(4π 球面度)上定义的。这对于透明表面很重要,因为这些表面可以在整个球体上“反射”光线。在大多数文章中,术语双向散射分布函数(Bidirectional Scattering Distribution Function, BSDF)用于表示反射和透明部分结合在一起。

2.5.2　双向反射分布函数的属性

双向反射分布函数有如下几个重要属性。

1. 范围

双向反射分布函数可以取任何正值,并且可以随波长变化。

2. 维度

双向反射分布函数是在表面上的每个点定义的四维函数:两个维度对应于进入方向,两个维度对应于传出方向。

一般而言,双向反射分布函数是各向异性的。也就是说,如果其表面围绕表面法线旋转,则 f_r 的值将发生变化。当然,也存在许多各向同性材质,其 f_r 的值不依赖于底层表面的特定取向。

3. 互反律

如果光的入射和出射方向互换,则双向反射分布函数的值保持不变。这个属性也称为亥姆霍兹互反律(Helmholtz Reciprocity)。直观地说,这意味着反转光的方向不会改变反射光的数量:

$$f_r(x, \Psi \rightarrow \Theta) = f_r(x, \Theta \rightarrow \Psi)$$

由于互反律的存在,BRDF 使用以下符号表示两个方向可以自由互换:

$$f_r(x, \Theta \leftrightarrow \Psi)$$

4. 入射与反射亮度之间的关系

特定入射方向的 BRDF 值不依赖于沿其他入射角可能存在的辐照度。因此,BRDF 表现为相对于所有入射方向的线性函数。由于在不透明的非发射表面点周围的半球上有一些辐照度分布,总反射亮度可以使用以下公式表示。

$$dL(x \rightarrow \Theta) = f_r(x, \Psi \rightarrow \Theta) dE(x \leftarrow \Psi) \tag{2.15}$$

$$L(x \rightarrow \Theta) = \int_{\Omega x} f_r(x, \Psi \rightarrow \Theta) dE(x \leftarrow \Psi) \tag{2.16}$$

$$L(x \rightarrow \Theta) = \int_{\Omega x} f_r(x, \Psi \rightarrow \Theta) L(x \leftarrow \Psi) \cos(N_x, \Psi) d\omega_\Psi \tag{2.17}$$

5. 能量守恒

能量守恒定律要求所有方向反射的总功率必须小于或等于入射到表面的总功率(过剩的能量转化为热能或其他形式的能量)。对于半球上任何入射辐射亮度 $L(x \leftarrow \Psi)$ 的分布,其每单位表面积的总入射功率是半球的总辐照度:

$$E = \int_{\Omega x} L(x \leftarrow \Psi) \cos(N_x, \Psi) d\omega_\Psi \tag{2.18}$$

总反射功率 M 是半球上的双重积分。假设在一个表面上有一个出射辐射亮度 $L(x \rightarrow \Theta)$ 的分布,则离开表面的每单位表面积的总功率 M 可以使用下面的公式计算。

$$M = \int_{\Omega x} L(x \rightarrow \Theta) \cos(N_x, \Theta) d\omega_\Theta \tag{2.19}$$

从 BRDF 的定义可知

$$dL(x \rightarrow \Theta) = f_r(x, \Psi \rightarrow \Theta) L(x \leftarrow \Psi) \cos(N_x, \Psi) d\omega_\Psi$$

对这个方程积分即可找到 $L(x \rightarrow \Theta)$ 的值, 而将其与计算 M 的表达式结合起来, 则可以得到以下公式。

$$M = \int_{\Omega x} \int_{\Omega x} f_r(x, \Psi \rightarrow \Theta) L(x \leftarrow \Psi) \cos(N_x, \Theta) \cos(N_x, \Psi) d\omega_\Psi d\omega_\Theta \qquad (2.20)$$

BRDF 满足表面点反射能量守恒约束的条件是: 对于所有可能的入射辐射亮度分布 $L(x \leftarrow \Psi)$, 以下不等式成立: $M \leqslant E$, 或者

$$\frac{\int_{\Omega x} \int_{\Omega x} f_r(x, \Psi \rightarrow \Theta) L(x \leftarrow \Psi) \cos(N_x, \Theta) \cos(N_x, \Psi) d\omega_\Psi d\omega_\Theta}{\int_{\Omega x} L(x \leftarrow \Psi) \cos(N_x, \Psi) d\omega_\Psi} \leqslant 1 \qquad (2.21)$$

对于任何入射辐射亮度函数, 这种不等式必须为真(true)。假设对入射辐射亮度分布采用适当的 δ 函数, 使积分成为简单的表达式:

$$L(x \leftarrow \Psi) = L_{in} \delta(\Psi - \Theta)$$

那么, 上面的等式可以简化为

$$\forall \Psi: \int_{\Omega x} f_r(x, \Psi \rightarrow \Theta) \cos(N_x, \Theta) d\omega_\Theta \leqslant 1 \qquad (2.22)$$

上述等式是能量守恒的必要条件, 因为它表示了特殊入射辐射亮度分布的不等式。这也是一个充分条件, 因为来自两个不同方向的入射辐射亮度并不会影响 BRDF 的值; 因此, 能量守恒对于任何入射辐射亮度值的组合都是有效的。如果 BRDF 的值取决于入射光的强度, 则式(2.21)中这个更复杂的不等式就是成立的。

全局照明算法通常使用经验模型来表征 BRDF。开发人员必须非常小心, 以确保这些经验模型是一个良好的和可接受的 BRDF。更具体地说, 就是必须满足能量守恒和亥姆霍兹互反律, 以使经验模型在物理上是合理的。

满足亥姆霍兹互反律是双向全局照明算法的一个特别重要的约束条件。这些算法通过考虑从光源开始的路径和同时从观察者开始的路径来计算光能的分布。这些算法明确假设光的路径可以反转, 因此, BRDF 的模型应该满足亥姆霍兹的互反律。

2.5.3　双向反射分布函数示例

根据 BRDF 的性质, 材质表面可以分成 3 种类型: 纯粹漫反射表面、纯粹镜面和光泽表面(见图 2.8)。下面列出了最常见的 BRDF 类型。

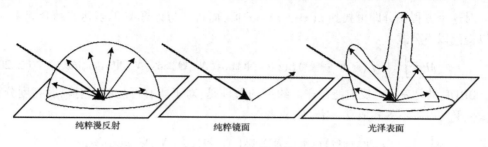

纯粹漫反射　　　　　　纯粹镜面　　　　　　光泽表面

图 2.8　BRDF 材质类型

1. 纯粹漫反射表面

有些材质在整个反射半球上均匀地反射光线。也就是说,在给定辐照度分布的情况下,反射辐射亮度与出射方向无关。这种材质被称为漫反射反射体(Reflector),并且它们的 BRDF 值对于 Θ 和 Ψ 的所有值都是恒定的。对于观察者来说,漫反射表面的点从所有可能的方向看起来都是相同的。对于理想的漫反射表面来说,

$$f_r(x, \ \Psi \leftrightarrow \Theta) = \frac{\rho_d}{\pi} \tag{2.23}$$

反射率 ρ_d 表示在表面反射的入射能量的分数。对于基于物理的材质,ρ_d 在 0 到 1 之间变化。漫反射表面的反射率可用于辐射度计算,详细信息请参阅本书第 6 章。

2. 纯粹镜面

完美的镜面只能在一个特定的方向上反射或折射光线。

(1) 镜面反射。镜面反射的反射方向可以通过反射定律找到,反射定律表明入射光和出射光方向与表面法线成相等的角度,并且与法线位于同一平面内。假定光沿着方向的向量 Ψ 入射到镜面,并且表面的法线是 N,则入射光沿着方向 R 反射:

$$R = 2 \ (N \cdot \Psi) \ N - \Psi \tag{2.24}$$

一个完美的镜面反射体只有一个出射方向,而且这个方向的 BRDF 不能是 0。这意味着 BRDF 沿着这个方向的值是有限的。这种完美的镜面反射体的 BRDF 可以通过正确使用 δ 函数来描述。真实材质可以非常接近地表现出这种行为,但仍然不是如上所述的理想反射体(Ideal Reflector)。

(2) 镜面折射。可以使用斯涅尔定律(Snell's Law)计算镜面折射的方向。假设光的方向为 T,从折射率为 η_1 的介质入射到折射率为 η_2 的介质。斯涅尔定律规定了入射角和折射率与介质折射率之间的以下不变量:

$$\eta_1 \sin\theta_1 = \eta_2 \sin\theta_2 \tag{2.25}$$

其中 θ_1 和 θ_2 是入射光线和透射光线与表面法线之间的角度。

透射光线 T 可以按如下公式计算。

$$T = -\frac{\eta_1}{\eta_2}\Psi + N\left(\frac{\eta_1}{\eta_2}\cos\theta_1 - \sqrt{1 - \left(\frac{\eta_1}{\eta_2}\right)^2(1 - \cos\theta_1^2)}\right)$$

$$= -\frac{\eta_1}{\eta_2}\Psi + N\left(\frac{\eta_1}{\eta_2}(N \cdot \Psi) - \sqrt{1 - \left(\frac{\eta_1}{\eta_2}\right)^2(1 - (N \cdot \Psi^2))}\right) \quad (2.26)$$

因为 $\cos\theta_1 = N \cdot \Psi$,是法线和进入方向的内积。

当光从稠密介质传播到稀疏介质时,它会被折射回到稠密介质中,这个过程称为全内反射(Total Internal Reflection,TIR)。它出现在临界角 θ_c,也被称为布鲁斯特角(Brewster's Angle),可以通过斯内尔定律计算:

$$\eta_1\sin\theta_c = \eta_2\sin\frac{\pi}{2}$$

$$\sin\theta_c = \frac{\eta_2}{\eta_1}$$

可以从式(2.26)中推导出相同的条件,在该公式中,全内反射在 $1 - \left(\frac{\eta_1}{\eta_2}\right)^2(1 - \cos\theta_1^2)$ 的平方根下,当它小于 0 时就会出现。

图 2.9 显示了完美镜面反射和折射的几何原理。

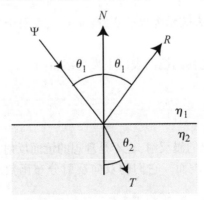

图 2.9　完美镜面反射和折射

(3) 透明表面的互反律。在假设有关 BSDF 透明面的属性时,必须要小心。这是因为透明表面可能不具有某些特性,例如互反律。当一束光线从密度较小(稀疏)的介质进入致密介质时,它会被压缩。这种表现是斯涅尔折射定律的直接结果(光线向法线方向

"弯曲")。因此,垂直于光束方向的每单位面积的光能变得更高,即辐射亮度更高。当一束光离开致密介质折射进入密度较小的介质时,会发生相反的过程。射线密度的变化是介质的折射率比的平方(详见参考文献[203、204]):$(\eta_2/\eta_1)^2$。在具有透明表面的场景中计算辐射亮度时,应考虑此加权因子。

(4) 菲涅耳方程。上述等式指定了到达完美光滑表面的光的反射和折射角度。法国物理学家菲涅耳推导出一组称为菲涅耳方程(Fresnel Equations)的方程,它指定了从完全光滑的表面反射和折射的光能量。

当光线照射到完美光滑的表面时,反射的光能取决于光的波长、表面的几何形状,以及光的入射方向。菲涅耳方程式指定了反射的光能的分数。这些方程式(如下所示)考虑了光的偏振。偏振光的两个分量 r_p 和 r_s,指的就是平行分量(平行的英语单词是 Parallel,所以平行分量是 r_p)和垂直分量(垂直在德语中的拼写为 senkrecht,所以垂直分量是 r_s),这两个分量的计算公式如下。

$$r_p = \frac{\eta_2\cos\theta_1 - \eta_1\cos\theta_2}{\eta_2\cos\theta_1 + \eta_1\cos\theta_2} \tag{2.27}$$

$$r_s = \frac{\eta_1\cos\theta_1 - \eta_2\cos\theta_2}{\eta_1\cos\theta_1 + \eta_2\cos\theta_2} \tag{2.28}$$

其中 η_1 和 η_2 是界面处两个表面的折射率。

对于非偏振光,$F = \dfrac{|r_p|^2 + |r_s|^2}{2}$。请注意,这些方程同时适用于金属和非金属。对于金属而言,其材质的折射率表示为复杂变量:$n + ik$,而对于非金属而言,其折射率是一个实数,即 $k = 0$。

菲涅耳方程假设光在纯粹的镜面表面上反射或折射。由于没有光能的吸收,反射和折射系数总和为 1。

3. 光泽表面

大多数表面既不是理想的漫反射,也不是理想的镜面反射,而是表现出两种反射行为的组合,这些表面称为光泽表面。它们的双向反射分布函数通常很难用分析公式进行建模。

2.5.4　着色模型

真实材料可以有相当复杂的双向反射分布函数。在计算机图形学中已经提出了各种模型来捕获 BRDF 的复杂性。注意,在以下描述中,Ψ 是光的方向(输入方向),Θ 是观察者的方向(输出方向)。如图 2.10 所示是着色模型的几何原理示意图。

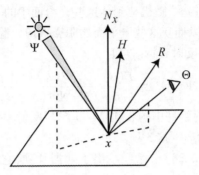

图 2.10　着色模型的几何原理示意图

针对理想化漫反射材质的最简单的模型是兰伯特模型(Lambert's Model)。在此模型中,双向反射分布函数是如前所述的常量:

$$f_r(x, \Psi \leftrightarrow \Theta) = k_d = \frac{\rho_d}{\pi}$$

其中,ρ_d 是漫反射的反射率(详见本书 2.5.3 节)。

Phong 着色模型在历史上曾经大受欢迎。Phong 模型的双向反射分布函数公式如下。

$$f_r(x, \Psi \leftrightarrow \Theta) = k_s \frac{(R \cdot \Theta)^n}{N \cdot \Psi} + k_d$$

其中的反射向量 R 可以通过式(2.24)计算获得。

Blinn - Phong 模型使用半角向量(Half - Vector)H,即 Ψ 和 Θ 之间的中间向量,其公式如下所示。

$$f_r(x, \Psi \leftrightarrow \Theta) = k_s \frac{(N \cdot H)^n}{N \cdot \Psi} + k_d$$

虽然 Phong 模型的简单性很有吸引力,但它有一些严重的局限性:它不能满足能量守恒定律,不能满足亥姆霍兹的互反律,也不能捕捉大多数真实材质的行为。改进的Blinn-Phong 模型解决了其中一些问题:

$$f_r(x, \Psi \leftrightarrow \Theta) = k_s(N \cdot H)^n + k_d$$

改进的 Blinn - Phong 模型仍然无法捕获逼真的 BRDF,所以出现了一些基于物理现实的模型,如 Cook-Torrance(详见参考文献[33])和 He(详见参考文献[67])等,试图模拟物理现实。下文提供了 Cook-Torrance 模型的简要说明。有关详细信息请查看参考文献[33],阅读原始论文。到目前为止,He 模型(详见参考文献[67])是最全面和最昂贵的着色模型,不过,本书不打算提供和讨论这个模型。

Cook‐Torrance 模型包括一个微平面模型,它假设表面由随机的小平滑平面集合组成。该模型中的假设是入射光线随机地到达这些光滑面中的一个。鉴于材质的微平面分布的具体说明,该模型将可以捕获这些微平面的阴影效应。除了小平面分布之外,Cook‐Torrance 模型还包括菲涅耳反射和折射项目:

$$f_r(x, \Psi \leftrightarrow \Theta) = \frac{F(\beta)}{\pi} \frac{D(\theta_h) G}{(N \cdot \Psi)(N \cdot \Theta)} + k_d$$

其中,BRDF 的非漫反射组件中的 3 项是:菲涅耳反射率 F、微平面分布 D 和几何阴影项 G。接下来就分别讨论一下这 3 项。

在方程(2.27)和方程(2.28)中已经给出了菲涅耳项,它用于 Cook‐Torrance 模型。该模型假设光是非偏振的,因此,$F = \dfrac{|r_p|^2 + |r_s|^2}{2}$。菲涅耳反射项的计算方法和角度 β 相关,它是入射方向和半角向量之间的角度:$\cos \beta = \Psi \cdot H = \Theta \cdot H$。通过半角向量的定义可知,该角度与出射方向和半角向量之间的角度是相同的。

分布函数 D 指定了材质的微平面的分布。可以使用各种函数来指定此分布。其中一个最常见的分布是 Beckmann 的分布:

$$D(\theta_h) = \frac{1}{m^2 \cos^4 \theta_h} e^{-\left(\frac{\tan \theta_h}{m}\right)^2}$$

其中 θ_h 是法线和半角向量之间的角度,$\cos \theta_h = N \cdot H$。此外,$m$ 是微平面的均方根斜率,它将捕捉表面粗糙度。

几何阴影项 G 将捕获微平面的掩蔽和自身阴影:

$$G = \min \left\{ 1, \frac{2(N \cdot H)(N \cdot \Theta)}{\Theta \cdot H}, \frac{2(N \cdot H)(N \cdot \Psi)}{\Theta \cdot H} \right\}$$

经验模型

Ward(详见参考文献[221])和 Lafortune(详见参考文献[105])等的模型都是基于经验数据的模型。这些模型的目标是易于使用,并且可以直观设置双向反射分布函数的参数。对于各向同性曲面,Ward 模型具有以下双向反射分布函数:

$$f_r(x, \Psi \leftrightarrow \Theta) = \frac{\rho d}{\pi} + \rho_s \frac{e^{\frac{-\tan^2 \theta_h}{\alpha^2}}}{4 \pi \alpha^2 \sqrt{(N \cdot \Psi)(N \cdot \Theta)}}$$

其中,θ_h 是半矢量和法线之间的角度。

Ward 模型包括 3 个描述 BRDF 的参数:ρ_d,漫反射的反射率;ρ_s,镜面反射的反射率;以及 α,表面粗糙度的量度。该模型满足能量守恒定律,并且由于它使用的参数较少,所以相对来说比较易用。通过适当的参数设置,它可用于表示各种材质。

Lafortune 等人引入了一个基于经验的模型来表示真实材质的测量(详见参考文献[105])。该模型可以适用改进的 Phong 模型以测量双向反射分布函数数据。这种技术的优势在于:它利用了 Phong 模型的简单性,同时又可以从测量数据中捕获真实的双向反射分布函数。有关这几种模型的更详细描述,可以阅读 Glassner 的著作(详见参考文献[54])。

2.6 渲 染 方 程

现在已经可以在数学上将场景中光能的平衡分布表示为渲染方程。全局照明算法的目标是计算光能的稳态分布。如前文所述,可以假设没有参与的介质。另外,还需要假设光是瞬间传播的,因此,稳态分布也可以瞬间完成。在每个表面点 x 和每个方向 Θ 上,渲染方程都可以在该方向该表面点处形成出射辐射亮度 $L(x \rightarrow \Theta)$。

2.6.1 半球形公式

渲染方程的半球形公式是渲染中最常用的公式之一。本节将使用 x 点的能量守恒来推导出这个公式。首先可以假设 $L_e(x \rightarrow \Theta)$ 表示由表面在 x 和出射方向 Θ 上发射的辐射亮度,并且 $L_r(x \rightarrow \Theta)$ 表示在该方向 Θ 处由 x 处的表面反射的辐射亮度。

通过能量守恒定律可知,在某个点和特定出射方向上的总出射辐射亮度是发射的辐射亮度和在该方向上该表面点处反射的辐射亮度的总和。出射的辐射亮度 $L(x \rightarrow \Theta)$ 可以用 $L_e(x \rightarrow \Theta)$ 和 $L_r(x \rightarrow \Theta)$ 表示如下:

$$L(x \rightarrow \Theta) = L_e(x \rightarrow \Theta) + L_r(x \rightarrow \Theta)$$

从 BRDF 的定义可得下式:

$$f_r(x, \Psi \rightarrow \Theta) = \frac{dL_r(x \rightarrow \Theta)}{dE(x \leftarrow \Psi)}$$

$$L_r(x \rightarrow \Theta) = \int_{\Omega_x} f_r(x, \Psi \rightarrow \Theta) L(x \leftarrow \Psi) \cos(N_x, \Psi) d\omega_\Psi$$

把这些公式组合在一起,即可获得如下渲染公式。

$$L(x \rightarrow \Theta) = L_e(x \rightarrow \Theta) + \int_{\Omega_x} f_r(x, \Psi \rightarrow \Theta) L(x \leftarrow \Psi) \cos(N_x, \Psi) d\omega_\Psi \quad (2.29)$$

渲染方程是一个被称为第二种弗雷德霍姆方程(Fredholm Equation Of The Second

Kind)的积分方程。顾名思义,该方程源于弗雷德霍姆理论,其形式特征包括:未知数量、辐射亮度均出现在等式的左侧,右侧则出现了包含内核(Kernel)的积分。

2.6.2　区域公式

有时候开发人员会考虑使用其他公式来取代渲染方程,当然,具体采用哪一种公式则取决于求解全局照明所使用的方法。例如,有一种很流行的替代方案是通过考虑使用场景中物体的表面来实现的,这些物体本身提供了对于 x 点处的入射辐射亮度,而该替代方案就是通过在该点可见的所有表面上的积分取代了半球上的积分。如图 2.11 所示就是这种替代方案的几何示意图。

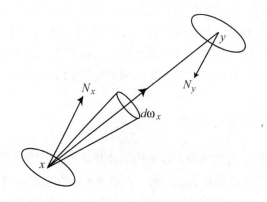

图 2.11　渲染方程的区域公式

为了呈现这个公式,需要介绍光线投射运算(Ray – Casting Operation)的概念。光线投射运算表示为 $r(x,\Psi)$,它是指沿着源自点 x 并指向方向 Ψ 的射线,找到最近的可见物体上的点。高效的光线投射技术超出了本书的讨论范围,所以在此仅作一点提示:分层弹性体积(Hierarchical Bounding Volume)、八叉树(Octrees)和BSP 树都是可用于在复杂场景中加速光线投射的数据结构[52]。

$$r(x, \Psi) = \{y : y = x + t_{intersection} \Psi\}$$
$$t_{intersection} = \min\{t : t > 0, x + t\Psi \in A\}$$

其中,场景中的所有表面都由集合 A 表示。可见性函数 $V(x,y)$ 指定了两个点 x 和 y 之间的可见性,并定义如下:

$$\forall x, y \in A : V(x,y) = \begin{cases} 1 & \text{如果 } x \text{ 和 } y \text{ 是相互不可见的} \\ 0 & \text{如果 } x \text{ 和 } y \text{ 是相互不可见的} \end{cases}$$

使用光线投射运算 $r(x, \Psi)$ 计算可见性函数：如果存在一些 Ψ 使得 $r(x, \Psi) = y$，则 x 和 y 是相互可见的。

有了这些定义之后，现在可以考虑从式（2.29）中推导出渲染方程的各项。假设没有参与介质，则点 x 在 Ψ 方向上的入射辐射亮度与点 y 在 $-\Psi$ 方向上的出射辐射亮度是相同的：

$$L(x \leftarrow \Psi) = L(y \rightarrow -\Psi)$$

此外，立体角可以重新投射如下（见本书附录 B）：

$$d\omega_\Psi = d\omega_{x \leftarrow dA_y} = \cos(N_y, -\Psi) \frac{dA_y}{r_{xy}^2}$$

代入式（2.29），该渲染方程也可以表示为场景中的所有表面的积分，如下所示：

$$L(x - \Theta) = L_e(x \rightarrow \Theta)$$
$$+ \int_A f_r(x, \Psi \rightarrow \Theta) L(y \rightarrow -\Psi) V(x,y) \frac{\cos(N_x, \Psi)\cos(N_y, -\Psi)}{r_{xy}^2} dA_y$$

$G(x, y)$ 测量项被称为几何项，它取决于点 x 和 y 处表面的相对几何形状：

$$G(x,y) = \frac{\cos(N_x, \Psi)\cos(N_y, -\Psi)}{r_{xy}^2}$$

$$L(x \rightarrow \Theta) = L_e(x \rightarrow \Theta) + \int_A f_r(x, \Psi \rightarrow \Theta) L(y \rightarrow -\Psi) V(x,y) G(x,y) dA_y$$

该公式将根据场景中所有表面的积分重新绘制渲染方程。

2.6.3　直接和间接照明公式

渲染方程的其他公式需要将直接照明和间接照明项区分开。直接照明是指光源在照明时直接到达场景中物体的表面，而间接照明则是指光至少在场景中的另一个表面弹跳一次之后才到达当前表面。在对直接照明取样时，使用渲染方程的区域公式非常有效；而在对间接照明取样时，使用半球形公式更为有效。

将积分拆分为直接和间接分量可得到以下形式的渲染方程：

$$L(x \rightarrow \Theta) = L_e(x - \Theta) + L_r(x \rightarrow \Theta)$$
$$L_r(x \rightarrow \Theta) = \int_{\Omega x} f_r(x, \Psi \rightarrow \Theta) L(x \leftarrow \Psi) \cos(N_x, \Psi) d\omega_\Psi$$
$$= L_{direct} + L_{indirect}$$
$$L_{direct} = \int_A f_r(x, \overrightarrow{xy} \rightarrow \Theta) L_e(y \rightarrow \overrightarrow{yx}) V(x,y) G(x,y) dA_y$$

$$L_{indirect} = \int_{\Omega x} f_r(x, \Psi \to \Theta) L_i(x \leftarrow \Psi) \cos(N_x, \Psi) d\omega_\Psi$$

$$L_i(x \leftarrow \Psi) = L_r(r(x, \Psi) \to -\Psi)$$

因此,直接照明项是从表面 y 沿着方向 $\overrightarrow{xy}$ 到可见点 x 的发射项: $y = r(x, \overrightarrow{xy})$,而间接照明则是在点 x: $r(x, \Psi)$ 处从半球上可见的所有点的反射的辐射亮度。

2.7 重要性方程

全局照明算法必须解决的问题是计算在图像中的每个像素处可见的光能。每个像素都充当了传感器,光能到达传感器上,而像素的概念则和如何响应或表示这些光能有关。响应函数(Response Function)的概念就是捕获传感器对入射光能的响应。另外有些作者则称这种响应函数为潜力函数(Potential Function)或重要性(Importance)。

响应函数在形式上与渲染方程类似:

$$W(x \to \Theta) = W_e(x \to \Theta) + \int_{\Omega x} f_r(x, \Psi \leftarrow \Theta) W(x \leftarrow \Psi) \cos(N_x, \Psi) d\omega_\Psi \quad (2.30)$$

值得一提的是,重要性(Importance)的流向与辐射的方向是相反的。这样的理论描述也许不容易理解,所以不妨通过一个非正式的响应函数举例来加以说明。假设有两个表面: i 和 j,如果表面 i 在特定图像中对眼睛可见,那么 $W_e(i)$ 将捕获该表面对图像重要的程度(图像表面投影面积的某种度量)。再假设表面 j 在图像中也是可见的,并且表面 i 会将光反射到表面 j,那么,由于表面 j 的重要性,而使得表面 i 将间接地更加重要。因此,当光能从表面 i 流向表面 j 时,重要性却从表面 j 流向表面 i。

2.8 测量方程

渲染方程表示场景中光能的稳态分布,重要性方程表示表面对图像的相对重要性,而测量方程(Measurement Equation)则表示在全局照明算法必须求解的问题。该等式将两个基本量:重要性和辐射亮度结合在一起,具体如下。

对于图像中的每个像素 j, M_j 表示通过该像素 j 的辐射亮度的测量。测量函数 M 是

$$M_j = \int W(x \leftarrow \Psi) L(x \leftarrow \Psi) \cos(N_x, \Psi) dA_x d\omega_\Psi \quad (2.31)$$

在此假设传感器是场景的一部分,以便可以在其表面上进行积分。

2.9　小　　结

本章介绍了全局照明必须求解的基本问题的形成：渲染方程和测量方程，还讨论了光的表现模型、辐射测量的定义，以及光如何与场景中的材质相互作用。有关光的表现的更多详细信息，请参阅光学领域的标准物理教科书（详见参考文献[68]）。辐射传输理论的参考文献是 Chandrasekhar 著述的《辐射传递》（*Radiative Transfer*）（详见参考文献[22]）和 Ishimaru 的《随机介质中波的传播和散射》（*Wave Propagation and Scattering in Random Media*）（详见参考文献[75]）。另外，Glassner 的著作（详见参考文献[54]）则介绍了计算机图形学中使用的一系列不同的着色模型。

2.10　练　　习

（1）将一块平板（0.5m×0.5m）放置在景观中最高的山上，完全水平。假设这是一个阴天，使得天空中具有 1000W/m^2sr 的均匀辐射，请问平板中心点的辐照度是多少？

（2）假设某平板具有均匀的朗伯反射率（Lambertian Reflectance）$\rho = 0.4$，那么请问与法线成 45°角的方向离开平板中心点的出射辐射亮度是多少？如果在垂直于表面的方向上又是多少？

（3）假设太阳是一种漫反射光源，它的直径为 1.39×10^9m，距离为 1.5×10^{11}m，辐射亮度为 8×10^6 W/m^2sr。如果有一个平板，以太阳位置和平板的法线（天顶）之间的角度的函数表示，那么请问平板中心点的辐射亮度是多少？

（4）首先使用互联网查找以下信息：太阳到达地球的辐照光谱（作为波长函数的辐照度），以及某种选定材质的反射率（也作为波长的函数），然后绘制来自平板的反射光的近似光谱作为波长的函数。

（5）实现 Cook-Torrance BRDF 模型的镜面项。对于波长为 689nm 的镍，使用以下参数：微平面分布 $m = 0.3$；折射率 $n = 2.14, k = 4.00$。请绘制以下项的图表：菲涅耳反射率、几何项 G、入射平面内的完整 BRDF。可以查找一些其他材质的参数并制作类似的图。

第3章 蒙特卡罗方法

本章介绍了蒙特卡罗积分的概念,并回顾了概率论中的一些基本概念。此外,本章还提出了创建更好的样本分布的技术。关于蒙特卡罗方法的更多信息可以查阅以下参考文献列举的诸多著作: Kalos 和 Whitlock(详见参考文献[86])、Hammersley 和 Hand-scomb(详见参考文献[62])以及 Spanier 和 Gelbard(详见参考文献[183])。关于准蒙特卡罗方法的参考文献请查阅 Niederreiter(详见参考文献[132])的著作。

3.1 简 史

术语蒙特卡罗(Monte Carlo)是在 20 世纪 40 年代,电子计算刚开始出现时创造出来的,用于描述使用统计采样来模拟现象或评估函数值的数学技术。这些技术最初设计用于模拟斯坦尼斯拉夫·乌拉姆(Stanislaw Ulam)、约翰·冯·诺伊曼(John von Neumann)和尼古拉斯·米特罗波利斯(Nicholas Mctropolis)等科学家的中子运输,其时他们正致力于发展核武器。但是,其实还有更早的可以被定义为蒙特卡罗方法的计算示例存在,尽管那时没有使用计算机来绘制样本。最早记载的一个蒙特卡罗计算示例是由蒲丰(Comte de Buffon)在 1777 年完成的。他进行了一项实验,假设有一根长度为 L 的针,然后在一个平面(例如白纸)上画一组间距为 $d(d > L)$ 的平行线,再将针随机投掷在这个平面(白纸)上。他多次重复投掷,以估计针与这些平行线中的一条相交的概率(Probability,符号为 P)。蒲丰惊奇地发现:结果相交与不相交的投掷次数的比,是一个包含 π 的表示式;如果针的长度 L 等于 $d/2$,那么投掷结果相交的概率为 $1/\pi$。投掷的次数越多,就越能求出更为精确的 π 的值。最终,他将概率 P 分析评估为

$$P = \frac{2L}{\pi d}$$

拉普拉斯(Laplace)后来也提出,这种重复实验技术可用于计算 π 的估计值。Kalos 和 Whitlock 提出了蒙特卡罗方法的早期例子(详见参考文献[86])。

3.2　简单而好用的蒙特卡罗技术

为什么说蒙特卡罗技术非常有用呢？这里不妨来考虑一下那些必须求解的问题,例如,假设在某个域上适当定义了一个测量函数,现在要计算该函数的积分值。要采用蒙特卡罗方法求解这个问题,则可以定义一个随机变量(参考蒲丰实验中的随机投掷针),使得该随机变量的期望值成为该问题的解决方案,然后绘制该随机变量的样本(参考在蒲丰实验中记录多次投掷针的结果),并对其求平均值以计算随机变量的期望值(Expected Value,符号为 E)。这个估计的期望值就应该是最初想要求解的近似值(样本数越多则结果越精确)。

蒙特卡罗方法的一个主要优势在于其概念的简单性。一旦找到合适的随机变量,就可以开始计算,计算的内容包括对随机变量进行采样,并对从样本中获得的估计值求平均值。蒙特卡罗技术的另一个优点是它们可以应用于各种各样的问题。直观的蒙特卡罗技术适用于本质上随机的问题,例如核物理中的运输问题。当然,蒙特卡罗技术适用于更广泛的问题,例如,需要复杂功能的更高维集成的问题。事实上,对于这些问题,蒙特卡罗技术通常是唯一可行的解决方案。

蒙特卡罗技术的一个缺点是它们的收敛速度相对较慢,其收敛速度为 $\dfrac{1}{\sqrt{N}}$,其中 N 是样本数(见本章 3.4 节)。因此,本章讨论了几种方差减小技术。但是,应该注意的是,即使进行了所有这些优化,蒙特卡罗技术仍然会收敛得非常缓慢,因此,除非没有可行的替代方案,否则不会使用蒙特卡罗技术。例如,尽管蒙特卡罗技术通常使用一维示例来说明,但它们通常不是用于此类问题的最有效的解决方案技术。不过,对于高维积分和非光滑积分的积分等问题,蒙特卡罗方法则是唯一可行的解决方案。

3.3　概率论的回顾

本节将简要回顾概率论中的重要概念。蒙特卡罗过程是一系列随机事件。通常,数字结果可以与每个可能的事件相关联。例如,当抛出一个公平的骰子时,结果可以是从 1~6 的任何值。随机变量(Random Variable)描述了实验的可能结果。

3.3.1　离散随机变量

当随机变量可以采用有限数量的可能值时,它被称为离散随机变量(Discrete Random Variable)。对于离散随机变量,概率 p_i 可以与具有结果 x_i 的任何事件相关联。

例如,假设有一个随机变量 x_{die},该随机变量的值为 1~6,它与掷骰子的每一次可能结果相关联。与公平骰子的每个结果相关的概率 p_i 是 1/6。

概率 p_i 的一些属性如下。

(1)事件的可能性介于 0 和 1,即 $0 \leqslant p_i \leqslant 1$。如果结果从未发生,则概率为 0;如果事件总是发生,则其概率为 1。

(2)两个事件中任何一个发生的概率是

$$Pr\ (\ Event_1\ 或\ Event_2\ )\ \leqslant\ Pr\ (\ Event_1\ )\ +\ Pr\ (\ Event_2\ )$$

当且仅当事件之一发生意味着另一事件不可能发生时,两个事件是互斥的。在这样两个事件相互排斥的情况下,

$$Pr\ (\ Event_1\ 或\ Event_2\ )\ =\ Pr\ (\ Event_1\ )\ +\ Pr\ (\ Event_2\ )$$

(3)一组实验的所有可能事件/结果,使得事件是相互排斥的,并且是完全穷尽的,则满足以下规范化属性: $\sum_i p_i = 1$。

1. 期望值

对于具有 n 个可能结果的离散随机变量,随机变量的期望值或平均值为

$$E(x) = \sum_{i=1}^{n} p_i x_i$$

对于公平骰子的情况,骰子抛出的期望值是

$$\begin{aligned}
E(x_{die}) &= \sum_{i=1}^{6} p_i x_i \\
&= \sum_{i=1}^{6} \frac{1}{6} x_i = \frac{1}{6}(1 + 2 + 3 + 4 + 5 + 6) \\
&= 3.5
\end{aligned}$$

2. 方差和标准差

方差(Variance) σ^2 是结果与随机变量的期望值的偏差的度量。方差被定义为实验结果与其预期值之间的平方差的预期值。标准差(Standard Deviation) σ 是方差的平方根。方差可以表示为

$$\sigma^2 = E\big[\,(x - E[\,x\,])^2\big] = \sum_i (x_i - E[\,x\,])^2 p_i$$

经过简单的数学处理即可得出以下等式:

$$\sigma^2 = E[\,x^2\,] - (E[\,x\,])^2 = \sum_i x_i^2 p_i - \Big(\sum_i x_i p_i\Big)^2$$

对于公平骰子的情况,其方差就是

$$\sigma_{die}^2 = \frac{1}{6}\big[\,(1 - 3.5)^2 + (2 - 3.5)^2 + (3 - 3.5)^2 + (4 - 3.5)^2$$
$$+ (5 - 3.5)^2 + (6 - 3.5)^2\big]$$
$$= 2.91$$

3. 随机变量的函数

假设有一个函数 $f(x)$,其中 x 取概率 p_i 的值 x_i。由于 x 是一个随机变量,因此 $f(x)$ 也是一个随机变量,其期望值或均值定义为

$$E[f(x)] = \sum_i p_i f(x_i)$$

函数 $f(x)$ 的方差可类似地定义为

$$\sigma^2 = E\big[\,(f(x) - E[f(x)])^2\big]$$

4. 示例(二项分布)

二项分布(Binomial Distribution)是非常有名的伯努利试验。假设有一个随机变量,它在每次试验中只有两种可能的结果,并且这两个结果的可能性是互斥的,即当事件之一发生时,另一事件则不可能发生,所以该随机变量的结果值为 1 或 0。这两个结果分别以概率 p 和 $1-p$ 出现。基于这种分布的随机变量的期望值和方差分布是

$$E[\,x\,] = 1 \cdot p + 0 \cdot (1 - p) = p;$$
$$\sigma^2 = E[\,x^2\,] - E[\,x\,]^2 = p - p^2 = p(1 - p)$$

考虑一个实验,其中从上面的概率分布中抽取 N 个随机样本。每个样本的值可以是 0 或 1。这 N 个样本的总和如下:

$$S = \sum_{i=1}^{N} x_i$$

$S = n$(其中 $n \leqslant N$)的概率是:在 N 个样本中,有 n 个值为 1,并且 $N-n$ 个样本的值为 0 的概率。此概率是

$$Pr(S = n) = C_n^N p^n (1 - p)^{N-n}$$

这种分布称为二项分布。二项式系数 C_n^N 将计算 N 个样本中的 n 个取值为 1 的方式

的数量：$C_n^N = \dfrac{N!}{(N-n)! \; n!}$。

S 的期望值如下：

$$E[S] = \sum_{i=1}^{N} n p_i = \sum n C_n^N p^n (1-p)^{N-n} = Np$$

方差计算如下：

$$\sigma^2 = Np(1-p)$$

可以通过评估表达式 $a\dfrac{d}{da}(a+b)^N$ 来分析计算该期望值和方差，其中 $a=p$ 且 $b=(1-p)$。此外，还有一种可能的方法计算期望值和方差，即将 S 视为 N 个随机变量的总和。由于这些随机变量彼此独立，因此 S 的期望值是本书 3.4.1 节中描述的每个变量的期望值的总和。因此，$E[S] = \sum E[x_i] = Np$。

3.3.2　连续随机变量

前文一直在讨论离散值随机变量，现在来讨论扩展到包括连续随机变量(Continuous Random Variable)。

1. 概率分布函数与累积分布函数

对于实值(连续)随机变量 x，可以定义一个概率密度函数(Probability Density Function，PDF)$p(x)$，使得变量在区间 $[x, x+dx]$ 中取值 x 的概率等于 $p(x)dx$。累积分布函数(Cumulative Distribution Function，CDF)则为连续变量提供了更直观的概率定义。随机变量 x 的累积分布函数定义如下：

$$P(y) = Pr(x \leqslant y) = \int_{-\infty}^{y} p(x) \, dx$$

CDF 可以给出结果值小于或等于 y 值的事件发生的概率。注意，累积分布函数 $p(y)$ 是非递减函数，并且在随机变量的域上是非负的。

概率密度函数 $p(x)$ 具有以下属性：

$$\forall x: p(x) \geqslant 0$$

$$\int_{-\infty}^{\infty} p(x) \, dx = 1$$

$$p(x) = \frac{dP(x)}{dx}$$

而且，

$$Pr(a \leqslant x \leqslant b) = Pr(x \leqslant b) - Pr(x \leqslant a)$$

$$= CDF(b) - CDF(a) = \int_a^b p(z)\,dz$$

2. 期望值

与离散值情况类似,连续随机变量 x 的期望值如下:

$$E[x] = \int_{-\infty}^{\infty} xp(x)\,dx$$

现在来考虑一些函数 $f(x)$,其中 $p(x)$ 是随机变量 x 的概率分布函数。由于 $f(x)$ 也是一个随机变量,所以其预期值定义如下:

$$E[f(x)] = \int f(x)p(x)\,dx$$

3. 方差和标准差

连续随机变量的方差 σ^2 是

$$\sigma^2 = E[(x - E[x])^2] = \int (x - E[x])^2 p(x)\,dx$$

经过简单的数学处理即可得出以下等式:

$$\sigma^2 = E[x^2] - (E[x])^2 = \int x^2 p(x)\,dx - \left(\int xp(x)\,dx \right)^2$$

4. 示例(均匀概率分布)

为具体起见,可以考虑一个最简单的概率分布函数的例子:均匀概率分布(Uniform Probability Distribution)函数。对于均匀概率分布而言,概率密度函数是整个域的常量,如图 3.1 所示。

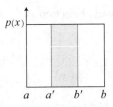

图 3.1　均匀概率分布

已知 $\int_a^b p(x)\,dx = 1$,因此,均匀概率分布函数的概率密度函数 p_u 是

$$p_u(x) = \frac{1}{b-a} \tag{3.1}$$

$x \in [a', b']$ 的概率是

$$Pr(x \in [a', b']) = \int_{a'}^{b'} \frac{1}{b-a} dx$$

$$= \frac{b'-a'}{b-a}$$

$$Pr(x \le y) = CDF(y) = \int_{-\infty}^{y} \frac{1}{b-a} dx$$

$$= \frac{y-a}{b-a}$$

对于 $a = 0, b = 1$ 的特殊情况, 则有

$$Pr(x \le y) = CDF(y) = y$$

3.3.3 条件概率和边际概率

条件概率(Conditional Probability)是指事件 A 在另外一个事件 B 已经发生条件下的发生概率。假设有一对随机变量 x 和 y。对于离散随机变量来说, p_{ij} 指定 x 取值为 x_i 且 y 取值为 y_i 的概率。类似地, 联合概率分布函数(Joint Probability Distribution Function) $p(x, y)$ 是针对连续随机变量定义的。

x 的边际密度函数(Marginal Density Function)定义为

$$p(x) = \int p(x, y) dy$$

类似地, 对于离散随机变量而言, $p_i = \sum_j p_{ij}$。

条件密度函数(Conditional Density Function) $p(y \mid x)$ 是在给定一些 x 时出现 y 的概率:

$$p(y \mid x) = \frac{p(x, y)}{p(x)} = \frac{p(x, y)}{\int p(x, y) dy}$$

随机函数 $g(x, y)$ 的条件期望被计算如下:

$$E[g \mid x] = \int g(x, y) p(y \mid x) dy = \frac{\int g(x, y) p(x, y) dy}{\int p(x, y) dy}$$

这些定义对于多维蒙特卡罗计算非常有用。

3.4　蒙特卡罗积分

接下来介绍如何将蒙特卡罗技术应用于任意函数的积分。假设已经在域 $x \in [a, b]$ 上定义了一些函数 $f(x)$，现在要评估积分：

$$I = \int_a^b f(x)\,dx \tag{3.2}$$

本节将首先在一维积分的背景下说明蒙特卡罗积分的概念，然后将这些概念扩展到更高维的积分。但是，值得一提的是，对于一维积分存在几种有效的确定性技术，并且蒙特卡罗通常不在该域中使用。

3.4.1　随机变量的加权和

假设有函数 G，它是 N 个随机变量 $g(x_1), \cdots, g(x_N)$ 的加权和，其中每个 x_i 具有相同的概率分布函数 $p(x)$。x_i 变量称为独立同分布（Independent Identically Distributed，IID）变量。设 $g_i(x)$ 表示函数 $g(x_i)$：

$$G = \sum_{j=1}^{N} w_j g_j$$

可以很容易地证明以下线性属性：

$$E[G(x)] = \sum_j w_j E[g_j(x)]$$

现在考虑权重 w_j 相同且全部加 1 的情况。因此，当 N 个函数加在一起时，$w_j = 1/N$：

$$\begin{aligned}
G(x) &= \sum_{j=1}^{N} w_j g_j(x) \\
&= \sum_{j=1}^{N} \frac{1}{N} g_j(x) \\
&= \frac{1}{N} \sum_{j=1}^{N} g_j(x)
\end{aligned}$$

$G(x)$ 的期望值如下：

$$\begin{aligned}
E[G(x)] &= \sum_j w_j E[g_j(x)] \\
&= \frac{1}{N} \sum_{j=1}^{N} E[g_j(x)]
\end{aligned}$$

$$= \frac{1}{N} \sum_{j=1}^{N} E[g(x)]$$

$$= \frac{1}{N} N E[g(x)]$$

$$= E[g(x)]$$

因此,G 的期望值与 $g(x)$ 的期望值相同。因此,G 可用于估计 $g(x)$ 的期望值。G 被称为函数 $g(x)$ 的期望值的估计量(Estimator)。

G 的方差可计算如下:

$$\sigma^2[G(x)] = \sigma^2 \left[\sum_{i=1}^{N} \frac{g_i(x)}{N} \right]$$

一般而言,方差满足以下等式:

$$\sigma^2[x + y] = \sigma^2[x] + \sigma^2[y] + 2Cov[x, y]$$

给定协方差 $Cov[x, y]$ 为:

$$Cov[x, y] = E[xy] - E[x] \cdot E[y]$$

在独立随机变量的情况下,协方差为 0,并且方差的以下线性属性确实成立:

$$\sigma^2[x + y] = \sigma^2[x] + \sigma^2[y]$$

该结果可以推广到若干个变量的线性组合。

以下属性适用于任何常量 a:

$$\sigma^2[ax] = a^2 \sigma^2[x]$$

基于 G 中的 x_i 是独立同分布变量的事实,可以得到 G 的以下方差:

$$\sigma^2[G(x)] = \sum_{i=1}^{N} \sigma^2 \left[\frac{g_i(x)}{N} \right]$$

因此,

$$\sigma^2[G(x)] = \sum_{i=1}^{N} \frac{\sigma^2[g(x)]}{N^2}$$

$$= N \frac{\sigma^2[g(x)]}{N^2}$$

$$= \frac{\sigma^2[g(x)]}{N}$$

因此,随着 N 增加,G 的方差随 N 减小,使得 G 成为 $E[g(x)]$ 的越来越精确的估计量(Estimator)。标准偏差 σ 则按 $\sqrt{N}$ 减小。

3.4.2　估计量

计算积分的蒙特卡罗方法将通过考虑 N 个样本来估计积分的值。样本的选择是随机的,并且在选择样本的积分域上具有概率分布函数 $p(x)$。估计量表示为 $\langle I \rangle$,其计算公式如下:

$$\langle I \rangle = \frac{1}{N} \sum_{i=1}^{N} \frac{f(x_i)}{p(x_i)}$$

在本书 3.6.1 节中,解释了为什么样本是从概率分布 $p(x)$ 计算的,而不是从积分域统一采样。现在只要知道是从 $p(x)$ 采样即可。

使用本书 3.4.1 节中介绍的属性,此估计量的期望值计算如下:

$$
\begin{aligned}
E[\langle I \rangle] &= E\left[\frac{1}{N} \sum_{i=1}^{N} \frac{f(x_i)}{p(x_i)} \right] \\
&= \frac{1}{N} \sum_{i=1}^{N} E\left[\frac{f(x_i)}{p(x_i)} \right] \\
&= \frac{1}{N} N \int \frac{f(x)}{p(x)} p(x) \, dx \\
&= \int f(x) \, dx \\
&= I
\end{aligned}
$$

另外,通过本书 3.4.1 节可知,这个估计量的方差是:

$$\sigma^2 = \frac{1}{N} \int \left(\frac{f(x)}{p(x)} - I \right)^2 p(x) \, dx$$

因此,随着 N 的增加,方差将随 N 值线性减小。估计量中的误差与标准偏差 σ 成正比;标准偏差按 $\sqrt{N}$ 减小。这是蒙特卡罗方法的经典结果。事实上,蒙特卡罗技术的问题之一,正是估算量与正确解决方案的缓慢收敛,需要 4 倍的样本数量才能将蒙特卡罗计算的误差减小一半。

1. 示例(蒙特卡罗求和)

离散和(Discrete Sum) $S = \sum_{i=1}^{n} s_i$ 可以使用估计量 $\langle S \rangle = nx$ 来计算,其中 x 取和的每个项 s_i 的值(其具有相等概率为 $1/n$)。可以看到估计量的期望值是 S。通过估计量,可以使用以下算法来估计和值 S:随机选择项 s_i,其中每个项具有相同的被选择机会 $(1/n)$。和的估计值是所选项的值乘以项的数量的乘积: ns_i。

因为现代计算机在计算总和值方面非常高效,所以上述算法可能看起来不是很有用。然而,在总和由非常耗时的复杂计算项组成的情况下,这种采样和的技术是有用的。本书第6章将展示如何使用这种技术。

2. 示例(简单 MC 积分)

现在来展示蒙特卡罗积分如何适用于以下简单积分:

$$I = \int_0^1 5x^4 dx$$

使用分析积分可知,这个积分的值是1。假设计算的样本服从均匀概率分布(即在域 $[0,1)$ 上的 $p(x) = 1$),则估计量将是

$$\langle I \rangle = \frac{1}{N}\sum_{i=1}^N 5x_i^4$$

使用蒙特卡罗技术对这种积分的可能评估如图3.2所示。

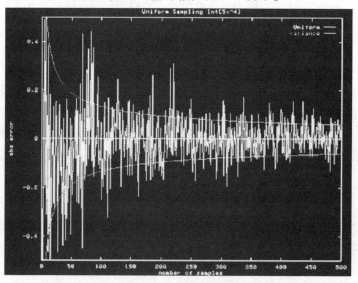

图3.2　一个简单函数 $5x^4$ 的蒙特卡罗积分,包括方差图

可以通过以下方式分析计算此函数的方差:

$$\sigma_{est}^2 = \frac{1}{N}\int_0^1 (5x^4 - 1)^2 dx = \frac{16}{9N}$$

随着 N 的增加,可以得到越来越好的积分近似值。

3.4.3　偏差

当估计量的期望值恰好是积分 I 的值时（如上文所述的估计量的情况），估计量被认为是无偏（Unbiased）的，不满足这种特性的估计量则可以说是有偏（Biased）的。估计量的期望值与积分的实际值之间的差异称为偏差（Bias）：$B[\langle I \rangle] = E[\langle I \rangle] - I$。估计的总误差通常表示为标准差和偏差之和。偏差的概念对于表征使用蒙特卡罗积分求解问题的不同方法来说是很重要的。

如果随着样本数量的增加而偏差消失，则偏差估计量被称为一致的（Consistent）。即，如果 $\lim_{N \to \infty} B[\langle I \rangle] = 0$，使用偏差估计量有时是很有用的，因为它们可以补偿所引入的偏差，从而导致更低的方差。但是，由于必须分析这些估计量的方差和偏差，将使得分析比无偏估计更复杂。

3.4.4　精确度

随着样本数量的增加，蒙特卡罗估计量的误差也会减小。有两个定理可以对此进行解释。请记住，这些误差的范围本质上是概率性的。

第一个定理是切比雪夫不等式（Chebyshev's Inequality，也称切比雪夫定理），该定理的内容是：如果用一个值来表示样本偏离解的概率，那么它将大于 $\sqrt{\dfrac{\sigma^2}{\delta}}$ 而小于 δ，其中 δ 是任意正数。这个不等式在数学上可以表示为

$$Pr\left[|\langle I \rangle - E[I]| \geqslant \sqrt{\frac{\sigma_I^2}{\delta}} \right] \leqslant \delta$$

其中 δ 是一个正数。假设估计量平均 N 个样本并且具有良好定义的方差，则该估计量的方差是

$$\sigma_I^2 = \frac{1}{N} \sigma_{primary}^2$$

因此，如果 $\delta = \dfrac{1}{10000}$，则

$$Pr\left[|\langle I \rangle - E[I]| \geqslant \frac{100\sigma_{primary}}{\sqrt{N}} \right] \leqslant \frac{1}{10000}$$

因此，通过增加 N，则 $\langle I \rangle \approx E[I]$ 的概率非常大。

中心极限定理(Central Limit Theorem)给出了关于估计量精确度的更强有力的说明。当 $N \to \infty$ 时,中心极限定理表明估计量的值具有正态分布(Normal Distribution)。因此,当 $N \to \infty$ 时,计算出来的估计值就会有很高的概率围绕在积分期望值附近的较窄区域中。也就是说,计算出来的估计值有 68.3% 会在积分的一个标准误差的范围之内,并且有 99.7% 会在积分的 3 个标准误差的范围之内。随着 N 变大,标准偏差会按 $\frac{1}{\sqrt{N}}$ 的幅度变小,这样估计量就会以更高的概率更准确地估计积分。

但是,中心极限定理仅适用于 N 足够大的情况。N 究竟应该多大则并不明确。大多数蒙特卡罗技术都假设 N 足够大,所以在使用小的 N 值时应该小心谨慎。

3.4.5　估计方差

蒙特卡罗计算的方差也是可以估计的,并且其使用的样本数量可以和用于计算原始估计量的样本数量相同(即 N 个样本)。蒙特卡罗估计量的方差是

$$\sigma^2 = \frac{1}{N} \int \left(\frac{f(x)}{p(x)} - I \right)^2 p(x) dx$$

$$= \frac{1}{N} \int \left(\frac{f(x)}{p(x)} \right)^2 p(x) dx - I^2$$

$$= \frac{1}{N} \int \frac{f(x)^2}{p(x)} dx - I^2$$

方差本身也可以通过它自己的估计量 σ_{est}^2 来进行估计(详见参考文献[86]):

$$\sigma_{est}^2 \approx \frac{\frac{1}{N} \sum_{i=1}^{N} \left(\frac{f(x_i)}{p(x_i)} \right)^2 - \left(\frac{1}{N} \sum_{i=1}^{N} \frac{f(x_i)}{p(x_i)} \right)^2}{N-1}$$

3.4.6　确定性求积法与蒙特卡罗

作为比较点,请注意,计算一维积分的确定性求积法(Deterministic Quadrature Rule)可以计算域上区域面积(可能均匀间隔)的总和(见图 3.3)。该方法可以有效地得到积分 I 的一个近似值

$$I \approx \sum_{i=1}^{N} w_i f(x_i) = \sum_{i=1}^{N} \frac{f(x_i)(b-a)}{N}$$

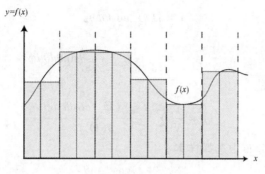

图 3.3　确定性的一维积分

梯形法(Trapezoidal Rule)和其他一些方法(详见参考文献[149])都是可用于一维积分的典型技术。将这些确定性求积法扩展到 d 维积分将需要 N^d 个样本。

3.4.7　多维蒙特卡罗积分

前文所讲的蒙特卡罗积分技术可以直接扩展到多个维度,如下所示:

$$I = \iint f(x,y)\,dxdy$$

$$\langle I \rangle = \frac{1}{N} \sum_{i=1}^{N} \frac{f(x_i,y_i)}{p(x_i,y_i)}$$

蒙特卡罗积分的主要优势之一是它可以无缝扩展到多个维度。与确定性求积法技术不同的是,确定性求积法技术对于 d 维积分需要 N^d 个样本,而蒙特卡罗技术则允许选择任意 N 个样本。

现在来考虑一个简单的在半球上进行蒙特卡罗积分的例子。本示例想要求解的特殊问题是:通过对场景中光源的分布进行积分来估计某一点的辐照度,如图 3.4 所示。

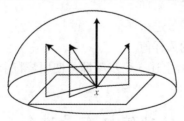

图 3.4　对半球的采样

假设有一个光源 L。要计算该光源产生的辐照度,必须评估以下积分:

$$I = \int L_{source} \cos\theta d\omega_{\Theta}$$

$$= \int_0^{2\pi} \int_0^{\frac{\pi}{2}} L_{source} \cos\theta \sin\theta d\theta d\phi$$

辐照度的估计量是

$$\langle I \rangle = \frac{1}{N} \sum_{i=1}^{N} \frac{L_{source}(\Theta_i) \cos\theta \sin\theta}{p(\Theta_i)}$$

可以从以下概率分布中选择样本

$$p(\Theta_i) = \frac{\cos\theta \sin\theta}{\pi}$$

然后就可以给出辐照度的估计量为

$$\langle I \rangle = \frac{\pi}{N} \sum_{i=1}^{N} L_{source}(\Theta_i)$$

3.4.8　蒙特卡罗方法小结

总之,对于积分 $I = \int f(x) dx$ 的蒙特卡罗估计量是

$$\langle I \rangle = \frac{1}{N} \sum_{i=1}^{N} \frac{f(x_i)}{p(x_i)}$$

该估计量的方差是

$$\sigma^2 = \frac{1}{N} \int \left(\frac{f(x)}{p(x)} - I \right)^2 p(x) dx$$

蒙特卡罗积分是一种强大的通用技术,可以处理任意函数。蒙特卡罗计算包括以下步骤:

(1)根据概率分布函数进行采样。

(2)根据取得的样本对函数进行评估。

(3)平均这些适当加权的采样值。

用户只需要了解如何执行上述 3 个步骤即可使用蒙特卡罗技术。

3.5　对随机变量进行采样

前文已经介绍过,蒙特卡罗技术必须计算从概率分布函数 $p(x)$ 获得的样本。因此,

蒙特卡罗技术的首要任务就是找到样本,使得样本的分布匹配 $p(x)$。接下来将讨论完成这种采样任务的不同技术。

3.5.1　逆累积分布函数

为了直观地说明逆累积分布函数(Inverse Cumulative Distribution Function,ICDF)技术,首先需要说明如何根据概率分布函数对离散概率分布函数进行采样。然后,将此技术扩展为连续概率分布函数。

1. 离散随机变量

给定一组概率 p_i,现在需要采用概率 p_i 选择 x_i。可以按如下方式计算和 p_i 相对应的离散累积概率分布函数:$F_i = \sum_{j=1}^{i} p_j$。现在,样本的选择按如下方式进行:计算在域 $[0,1)$ 上均匀分布的样本 u。输出 k 满足该属性:

$$F_{k-1} \leqslant u < F_k$$

$$\sum_{j=1}^{k-1} p_j \leqslant u < \sum_{j=1}^{k} p_j$$

$$\sum_{j=1}^{k-1} p_j \leqslant u < F_{k-1} + p_k$$

从式(3.1)可知均匀概率分布函数,$F(a \leqslant u < b) = (b-a)$。显然,$u$ 的值位于 F_{k-1} 和 F_k 之间的概率是 $F_k - F_{k-1} = p_k$。但这是选择 k 的概率。因此,以概率 p_k 选择 k,这正是我们想要的结果。

F 值可以在 $O(n)$ 时间内计算。通过在预先计算的 F 表上进行二分查找(Binary Search),可以在 $O(\log_2(n))$ 时间内完成对每个样本适当值的查找以便输出。

2. 连续随机变量

上述方法可以扩展到连续随机变量。通过将 $p(x)$ 的逆累积分布函数应用于在区间 $[0,1)$ 上均匀生成的随机变量 u,可以根据给定的分布 $p(x)$ 生成样本。得到的样本是 $F^{-1}(u)$。如图 3.5 所示是该技术的图解。

```
Pick u uniformly from [0,1)
    Output y = F⁻¹(u)
```

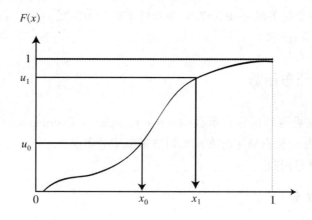

图3.5　逆累积分布函数采样

得到的样本具有 $p(x)$ 的分布,因为可以通过下式证明:

$$F(y) = \int_{-\infty}^{y} p(x)\,dx$$

现在需要证明

$$Pr[y \leq Y] = \int_{-\infty}^{Y} p(x)\,dx$$

来看计算的新样本。对于每个均匀变量 u,可以将样本计算为 $y = F^{-1}(u)$。通过式(3.1)可知

$$Pr\,[\,u \leq X\,] = X$$

因此,

$$Pr\,[\,F^{-1}(u) \leq F^{-1}(\,X\,)\,] = X$$
$$如果\ X = F(Y)$$
$$Pr\,[\,y \leq Y\,] = F(Y) = \int_{-\infty}^{Y} p(x)\,dx$$

注意,累积概率分布函数是单调非递减函数(Monotonically Nondecreasing Function),这一事实在上面的证明中是很重要的。此外还要注意,这种采样方法需要能够计算和分析逆累积概率分布。

3. 示例(余弦加权因子)

在渲染方程中出现了余弦加权因子(Cosine Weighting Factor)。因此,使用余弦概率分布函数对半球进行采样以计算辐射亮度通常是很有用的。接下来将介绍如何对半球进行采样,以便样本按余弦项加权。

该概率分布函数是

$$p(\theta,\phi) = \frac{\cos\theta}{\pi}$$

其累积分布函数的计算方法如下所述：

$$F = \frac{1}{\pi}\int\cos\theta d\omega$$

$$F(\theta,\phi) = \frac{1}{\pi}\int_0^\phi\int_0^\theta\cos\theta'\sin\theta'd\theta'd\phi'$$

$$= \frac{1}{\pi}\int_0^\phi d\phi'\int_0^\theta\cos\theta'\sin\theta'd\theta'$$

$$= \frac{\phi}{\pi}(-\cos^2\theta'/2)\mid_0^\theta$$

$$= \frac{\phi}{2\pi}(1-\cos^2\theta)$$

和 ϕ 和 θ 有关的累积分布函数，实际上是可以分离的：

$$F_\phi = \frac{\phi}{2\pi}$$

$$F_\theta = 1-\cos^2\theta$$

因此，假设计算两个均匀分布样本 u_1 和 u_2：

$$\phi_i = 2\pi u_1$$

并且

$$\theta_i = \cos^{-1}\sqrt{u_2}$$

其中 $1-u$ 由 u_2 代替，因为均匀随机变量位于域 $[0,1)$ 中。这些 ϕ_i 和 θ_i 值将根据余弦概率分布函数分布。

3.5.2　拒绝采样

累积分布函数的逆向分析公式通常是不可能推导出来的，因此，拒绝采样（Rejection Sampling）就成了一种可以使用的替代方案，并且是过去在该领域中使用的主要技术之一。在拒绝采样技术中，将试验性地提出并测试样本，以确定接受还是拒绝样本。此方法将采样函数的维度提高一维，然后对包含整个概率分布函数的边界框进行均匀采样。该采样技术可以产生具有适当分布的样本。

现在来看一看拒绝采样技术对于一维概率分布函数的工作原理。该概率分布函数在

域 $[a,b]$ 上要采样的最大值是 M。拒绝采样技术将该函数的维数提高一维,并在 $[a,b]\times[0,M]$ 上创建一个二维函数,然后均匀地对该函数进行采样以计算样本 (x,y)。拒绝采样技术将拒绝所有 $p(x)<y$ 的 (x,y) 样本,而所有其他样本都将被接受。被接受样本的分布正是我们想要采样的概率分布函数 $p(x)$。

Compute sample x_i　uniformly from the domain of　x

Compute sample u_i uniformly from $[0,1)$

if $u_i \leqslant \dfrac{p(x_i)}{M}$ then return x_i

else reject sample

对于拒绝采样技术的优劣,也有人持不同意见。其中的一个批评意见是,拒绝这些样本(如图 3.6 所示位于无阴影区域的样本)可能导致效率低下。实际上,该技术的效率与接受提出的样本的概率成正比,而该概率又与函数下面(即阴影区域)的面积与方框面积的比率成正比。如果这个比例很小,那么很多样本都会被拒绝。

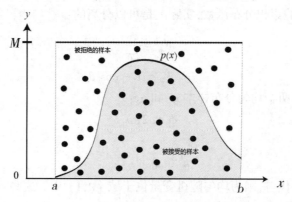

图 3.6　拒绝采样技术示意图

3.5.3　查找表

对概率分布函数进行采样的另一种方法是使用查找表。该方法近似于使用分段线性近似值对概率分布函数进行采样。当被采样的概率分布函数是从测量数据中获取时,那么这种技术将非常有用。当然,这种技术并不常用。

3.6　减　小　方　差

蒙特卡罗积分技术可以粗略地细分为两类：①没有关于要积分的函数的信息，这一类有时也称为盲目蒙特卡罗方法（Blind Monte Carlo）；②确实具有某些信息，这一类有时也称为知情蒙特卡罗方法（Informed Monte Carlo）的信息。于是，与盲目蒙特卡罗方法相比，人们自然期望知情蒙特卡罗方法能够产生更准确的结果。对于本书 3.4 节中介绍的蒙特卡罗积分算法来说，如果样本是在积分域上均匀生成的，并且没有关于所积分函数的任何信息，那么它就是一种盲目蒙特卡罗方法。

设计有效的估计量是蒙特卡罗文献中的一个主要研究领域。人们已经开发出各种减小方差的技术，本节就将讨论其中的一些技术：重要性采样（Importance Sampling）、分层采样（Stratified Sampling）、多重重要性采样（Multiple Importance Sampling）、控制变量（Control Variates）以及准蒙特卡罗（quasi – Monte Carlo）技术。

3.6.1　重要性采样

重要性采样（Importance Sampling）是一种使用非均匀概率分布函数来生成样本的技术。基于已获得的要积分的函数的有关信息，明智地选择概率分布，这样就可以减小计算的方差。

给定在积分域 D 上定义的概率分布函数 $p(x)$ 和根据该概率分布函数生成的样本 x_i，可以通过生成 N 个样本点并计算加权平均值来估计积分 I 的值：

$$\langle I \rangle = \frac{1}{N} \sum_{i=1}^{N} \frac{f(x_i)}{p(x_i)}$$

前文已经证明，该估计量的预期值为 I；因此，该估计量是无偏的。为了确定该估计量的方差是否优于使用均匀采样的估计量，可以如本书 3.4.5 节所述估计方差。显然，$p(x)$ 的选择影响方差的值。重要性采样的不同之处在于选择 $p(x)$ 以使方差最小化。实际上，完美估计量的方差应该为零。

完美估计量的最优 $p(x)$ 可以通过使用变分技术（Variational Technique）和拉格朗日乘数（Lagrange Multipliers）最小化方差的方程来找到，如下所示。必须找到一个标量（Scalar）λ，使得以下表达式 $L(p(x)$ 的函数）达到最小值：

$$L(p) = \int_D \left(\frac{f(x)}{p(x)}\right)^2 p(x)\,dx + \lambda \int_D p(x)\,dx$$

其中唯一的边界条件是 $p(x)$ 在积分域上的积分等于 1，即

$$\int_D p(x)\,dx = 1$$

使用欧拉-拉格朗日差分方程(Euler – Lagrange Differential Equation)可以解决这种最小化问题：

$$L(p) = \int_D \left(\frac{f(x)^2}{p(x)} + \lambda p(x) \right) dx$$

为了使该函数最小化，可以相对于 $p(x)$ 差分 $L(p)$ 并求解使得该量为零的 $p(x)$ 的值：

$$0 = \frac{\partial}{\partial p}\left(\frac{f(x)^2}{p(x)} + \lambda p(x) \right)$$

$$0 = -\frac{f^2(x)}{p^2(x)} + \lambda$$

$$p(x) = \frac{1}{\sqrt{\lambda}}\,|\,f(x)\,|$$

常数 $\dfrac{1}{\sqrt{\lambda}}$ 是一个缩放因子，使得 $p(x)$ 可以满足边界条件。然后，最优 $p(x)$ 可以由下式给出：

$$p(x) = \frac{|\,f(x)\,|}{\displaystyle\int_D f(x)\,dx}$$

如果使用这个 $p(x)$，则方差将精确为 0(假设 $f(x)$ 不改变符号)。然而，这个最优 $p(x)$ 要求我们知道积分 $\int_D f(x)\,dx$ 的值，而这正是我们一开始就想要计算的积分。显然，找到最佳 $p(x)$ 是不可能的。然而，重要性采样仍然是在蒙特卡罗技术中减小方差的主要工具。从直观上来说，良好的重要性采样函数应尽可能地匹配原始函数的“形状”。图 3.7 显示了 3 个不同的概率函数，每个函数都会生成一个无偏估计量。但是，左侧的估计量的方差将大于右侧所示的估计量的方差。

3.6.2　分层采样

前文所介绍的采样技术的问题之一是：样本可能在积分域上分布很差，导致积分的近似结果很糟糕。无论使用何种概率分布函数，这种样本的扎堆现象都可能发生，因为概率分布函数只能告诉人们域的各个部分中预期的样本数量。虽然增加样本的收集数量将

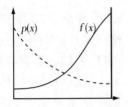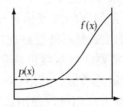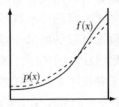

图 3.7　比较 3 个不同的重要性采样函数

最终解决样本分布不均匀的问题,但是,也有人另辟蹊径,开发出了其他技术来避免样本的扎堆,这其中的一种就是分层采样(Stratified Sampling)。分层采样的基本思想是将积分域分成 m 个不相交的子域,也称为分层(Strata),并用一个或多个样本分别评估每个子域中的积分。更确切地说,就是如下式所示:

$$\int_0^1 f(x)\,dx = \int_0^{\alpha_1} f(x)\,dx + \int_{\alpha_1}^{\alpha_2} f(x)\,dx + \cdots + \int_{a_{m-2}}^{\alpha_{m-1}} f(x)\,dx + \int_{\alpha_{m-1}}^1 f(x)\,dx$$

　　与盲目蒙特卡罗积分方法相比,分层采样通常会导致较小的方差。分层采样方法的方差,其中每个层(Stratum)接收多个样本 n_j,它们在各自的间隔上均匀分布。该方差的计算公式如下:

$$\sigma^2 = \sum_{j=1}^m \frac{\alpha_j - \alpha_{j-1}}{n_j} \int_{\alpha_{j-1}}^{\alpha_j} f(x)^2\,dx - \sum_{j=1}^m \frac{1}{n_j} \left(\int_{\alpha_{j-1}}^{\alpha_j} f(x)\,dx \right)^2$$

如果所有层的大小相等($\alpha_j - \alpha_{j-1} = 1/m$),则每个层将包含一个均匀生成的样本($n_j = 1$;$N = m$),则以上公式可以简化为

$$\sigma^2 = \sum_{j=1}^m \frac{1}{N} \int_{\alpha_{j-1}}^{\alpha_j} f(x)^2\,dx - \sum_{j=1}^m \left(\int_{\alpha_{j-1}}^{\alpha_j} f(x)\,dx \right)^2$$

$$= \frac{1}{N} \int_0^1 f(x)^2\,dx - \sum_{j=1}^N \left(\int_{\alpha_{j-1}}^{\alpha_j} f(x)\,dx \right)^2$$

　　该表达式表明:使用分层采样方法获得的方差总是小于纯粹的蒙特卡罗采样方案获得的方差。也就是说,在单个层中生成多个样本的方法没有任何优势,因为层的简单相等的细分可使得每个样本归因于单个层总是会产生更好的结果。

　　当然,这并不意味着分层采样方案总是能给出最小的可能方差,因为这里还没有考虑到分层采样法相对于彼此的大小和每层的样本数量。要想按最优化的方式做出选择,使得最终的方差尽可能最小,这并不是一件容易的事情,可以证明的是,一个子域中的最佳样本数与函数值相对于该子域中的平均函数值的方差成正比。如果将此证明应用于每层一个样本的原理,则意味着应该选择层的大小,使得所有层中的函数方差相等。像这样的采样策略需要假设我们拥有关于函数问题的先验知识,而这通常是没法做到的。当然,这

种采样策略应该可以用在自适应的采样算法中。

当预先知道所需的样本数量并且问题的维度相对较低(通常小于 20 维)时,分层采样很有效。随着维数的增加,所需的层数量不能很好地扩展。对于 d 维函数,所需的样本数是 N^d,因此,如果 d 值较大,那么需要的样本数可能是非常惊人的。随着维数的增加,可以使用若干种技术来控制样本数量的增加。其中,N-Rooks 算法可以保持样本数量不变(与维度无关),而准蒙特卡罗采样方法则可以使用非随机采样来避免样本的扎堆。下文就将对这两种技术加以详细说明。

3.6.3　N-Rooks 或拉丁超立方算法

如前文所述,当分层采样方法应用于高维采样时,会暴露出分层采样的一个重大缺点。例如,对于一个二维函数来说,两个维度的分层将需要 N^2 层,每层有一个样本。

N-Rooks 算法则通过在层中均匀分布 N 个样本来解决这个问题。每个维度仍然细分为 N 个子区间,但是却只需要 N 个样本。这些样本的分布方式是:在每个子区间中出现一个样本。

实现这种分布的方法是:计算 $1 \cdots N$ 的排列(假设它们是 $q_0, q_1, \cdots$),并让第 i 个 d 维样本为

$$\left(\frac{q_0(i) - u_0}{N}, \frac{q_1(i) - u_1}{N}, \cdots, \frac{q_{d-1}(i) - u_{d-1}}{N} \right)$$

在二维中,这意味着没有任意一行或一列具有多于 1 个的样本。示例分布如图 3.8 所示。

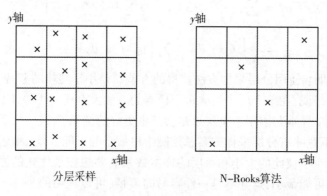

图 3.8　分层采样和 N-Rooks 采样的二维函数示例对比

3.6.4　将分层采样和重要性采样结合在一起

分层采样可以很容易地与重要性采样结合在一起,即对从均匀概率分布计算的样本进行分层,然后使用逆累积分布函数对这些分层之后的样本进行变换。该策略(见图 3.9)既可以防止样本的扎堆,又可以根据适当的概率分布函数(PDF)分布样本。

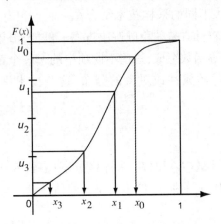

图 3.9　将分层采样和重要性采样结合在一起

示例(离散和的分层采样)

以下示例说明了如何将分层采样与重要性采样结合在一起。本示例将要计算的和值 $S = \sum_{i=1}^{n} a_i$,概率为 p_i ,则可以使用以下代码进行分层(详见参考文献[124]):

```
Compute a uniformly distributed random number u in [0, 1)
Initialize: N_sum = 0, P = 0
for i = 1 to n
  P += p_i
  N_i = ⌊Pn+u⌋  N_sum
  Sample the i th term of the sum N_i times
  N_sum += N_i
```

使用上述算法可以计算单个随机数 u。第 i 个项被采样 N_i 次,其中 N_i 按上述代码计算。

3.6.5　将不同分布的估计量结合在一起

前文已经解释过,重要性采样是一种常用于减小方差的有效技术。函数 f 可以包含若干个不同函数的乘积,在这种情况下,这些概率分布函数中的任何一个都可以进行重要性采样。根据函数的参数设置,这些技术中的每一种都可以是有效的(也就是说,它们都具有较低的方差)。将这些不同的采样技术结合在一起也很有用,因为这样就可以在各种参数设置中都获得具有较低方差的稳健解决方案。例如,渲染方程由双向反射分布函数、几何项、入射辐射亮度等函数组成,这些不同项中的每一个都可以采用重要性采样技术。当然,根据场景中的材质属性或对象的分布,这些技术中的一种可能比另一种更有效。

1. 使用方差

可以考虑组合两个估计量 $\langle I_1 \rangle$ 和 $\langle I_2 \rangle$ 来计算积分 I。显然,具有常量权重的任何线性组合 $w_1 \langle I_1 \rangle + w_2 \langle I_1 \rangle$ (其中,$w_1 + w_2 = 1$)也将是 S 的估计量。当然,该线性组合的方差取决于权重,

$$\sigma^2 [w_1 \langle I_1 \rangle + w_2 \langle I_2 \rangle] = w_1^2 \sigma^2 [\langle I_1 \rangle] + w_2^2 \sigma^2 [\langle I_2 \rangle] + 2w_1 w_2 \mathrm{cov} [\langle I_1 \rangle \langle I_2 \rangle]$$

其中 $\mathrm{Cov} [\langle I_1 \rangle \langle I_2 \rangle]$ 表示这两个估计量的协方差(Covariance):

$$\mathrm{Cov} [\langle I_1 \rangle \langle I_2 \rangle] = E [\langle I_1 \rangle \cdot \langle I_2 \rangle] - E [\langle I_1 \rangle] \cdot E [\langle I_2 \rangle]$$

如果 $\langle I_1 \rangle$ 和 $\langle I_2 \rangle$ 是独立的,则协方差为零。将上面的方差表达式最小化,这样就可以确定最佳组合权重:

$$\frac{w_1}{w_2} = \frac{\sigma^2 [\langle I_2 \rangle] - \mathrm{Cov} [\langle I_1 \rangle, \langle I_2 \rangle]}{\sigma^2 [\langle I_1 \rangle] - \mathrm{Cov} [\langle I_1 \rangle, \langle I_2 \rangle]}$$

对于独立的估计量,权重应与方差成反比。在实践中,权重可以采用以下两种不同的方式来计算:

(1)使用解析表达式来确定所涉及的估计量的方差(如前文所述)。

(2)根据实验本身的样本,使用后验估计(Posteriori Estimate)方差(详见参考文献[86])。这样做会引入轻微的偏差,但是随着样本数量的增加,偏差将会消失,从而使组合渐近无偏或一致。

2. 多重重要性采样

Veach(详见参考文献[204])描述了一种称为多重重要性采样(Multiple Importance

Sampling)的稳健策略：即使对于来自同一估计量的样本,也可以使用每个单独样本的潜在不同权重来组合不同的估计量。因此,来自一个估计量的样本可能具有分配给它们的不同权重,这与前文所说的方法不同,前文方法中的权重仅取决于方差。在本方法中,使用平衡启发式(Balance Heuristic)来确定权重,以组合这些来自不同概率分布函数的样本,并假设权重总和为 1。平衡启发式的结果是一个无偏估计量,它可以证明,这种方法获得的方差和前文叙述的后验估计法获得的方差是不同的,后者是通过额外添加错误项获得的"最优估计量"的方差。显然,对于复杂问题而言,此策略是非常简单而又很稳健的。

假设从具有概率分布函数 p_i 的技术 i 计算样本,并且将样本表示为 $X_{i,j}$,其中 $j = 1, \cdots, n_i$。使用平衡启发式算法的估计量是

$$F = \frac{1}{N} \sum_{i=1}^{n} \sum_{j=1}^{n_i} \frac{f(x_{i,j})}{\sum_k c_k p_k(X_{i,j})}$$

其中,$N = \sum_i n_i$,N 是样本总数,$c_k = n_k / N$,c_k 是来自技术 k 的样本的一部分。

平衡启发式算法的计算如下：

```
N= ∑_{i=1}^{n} n_i
for i=1 to n
  for j=1 to n_i
    X=Sample(p_i)
    d= ∑_{k=1}^{n} (n_k /N) p_k(X)
    F=F+f(X) /d
return F /N
```

3.6.6　控制变量

还有一种减少方差的技术是使用控制变量(Control Variate)。通过计算函数 g,可以减小方差,而函数 g 可以分析积分并从要积分的原始函数中减去。

$$I = \int f(x)\,dx$$

$$= \int g(x)\,dx + \int f(x) - g(x)\,dx$$

由于函数 $\int g(x)\,dx$ 的积分已经经过分析计算,因此可以通过计算 $\int f(x)-g(x)\,dx$ 的估计量来估计原始积分。

如果 $f(x)-g(x)$ 几乎是常数,那么这种技术对于减小方差非常有效;如果 f/g 几乎是常数,则 g 应该用于重要性采样(详见参考文献[86])。

3.6.7　准蒙特卡罗

准蒙特卡罗(Quasi-Monte Carlo)技术通过完全消除随机性来减少样本扎堆的影响,使样本的确定性分布尽可能均匀。准蒙特卡罗技术试图通过度量差异(Discrepancy)而将样本扎堆的影响最小化。

最常用的差异度量是下面描述的星形差异度量。为了理解准蒙特卡罗技术如何分布样本,可以假设有一组点的集合 P。考虑每个可能的轴对齐框(Axis-Aligned Box),在原点(Origin)处有一个角。给定一个 B_{size} 大小的框,理想的点分布应该具有 N 个 B_{size} 点。星形差异度量将计算点 P 分布偏离这种理想情况的程度,

$$D_N^*(P) = sup_B \left| \frac{Num\ Points(P \cap B)}{N} - B_{size} \right|$$

其中,$NumPoints(P \cap B)$ 是位于方框 B 中的来自于 P 的点的数量,P 是一组点的集合。

星形差异很大,因为它与准蒙特卡罗积分的误差界限密切相关。Koksma - Hlawka 不等式 (详见参考文献[132])指出了估计量与要计算的积分之间的差异满足以下条件:

$$\left| \frac{1}{N} \sum_{k=1}^{N} f(x_k) - \int_0^1 f(x)\,dx \right| \leq V_{HK}(f(x))D^*$$

其中 V_{HK} 项是 Hardy 和 Krause 意义下函数 $f(x)$ 中的变化。直观地说,V_{HK} 测量函数可以改变的速度有多快。如果一个函数具有限定的边界和连续的混合导数,那么它的变化将是有限的。

从这种不等式中可以得出一个重要的观点,即蒙特卡罗估计中的误差与样本集的差异成正比。因此,人们花费了很多努力来设计具有低差异的序列,而这些序列也自然被称为低差异序列(Low - Discrepancy Sequence,LDS)。

有若干种低差异序列可用于准蒙特卡罗技术:Hammersley、Halton、Sobol 和 Niederreiter 等。接下来将择其部分进行介绍。

Halton 序列基于基本反函数(Radical Inverse Function),其计算公式如下。假设有一个用基数 b 和项 a_j 表示的数字 i:

$$i = \sum_{j=0}^{\infty} a_j(i) b^j$$

可以通过反映小数点的数字来获得基本反函数 Φ：

$$\Phi_b(i) = \sum_{j=0}^{\infty} a_j(i) b^{-j-1}$$

表 3.1 显示了基数 2($b = 2$)中数字 1~6 的基本反函数的实例。要比较不同基数的基本反函数，可以来看基数 2 中的数字 11：$i = 1011_2$。基本反函数 $\Phi_2(11) = .1101_2 = 1/2 + 1/4 + 1/16 = 0.8125$，而在基数 3 中，$\Phi_3(11) = .201_3 = 2/3 + 1/27 = 0.7037$。

表 3.1 基数 2 的基本反函数示例

i	反映小数点	$\Phi_{b=2}$(基数 2)
$1 = 1_2$	$.1_2 = 1/2$	0.5
$2 = 10_2$	$.01_2 = 1/4$	0.25
$3 = 11_2$	$.11_2 = 1/2 + 1/4$	0.75
$4 = 100_2$	$.001_2 = 1/8$	0.125
$5 = 101_2$	$.101_2 = 1/2 + 1/8$	0.625
$6 = 110_2$	$.011_2 = 1/4 + 1/8$	0.375

对于任何基数 b，基本反序列(Radical Inverse Sequence)的差异是 $O((\log N)/N)$。为了获得 d 维低差异序列，可以在每个维度中使用不同的基本反序列。因此，序列中的第 i 个点给出为

$$x_i = (\Phi_{b1}(i), \Phi_{b2}(i), \Phi_{b3}(i), \cdots, \Phi b_d(i))$$

其中基数 b_j 是相对素数。

d 维的 Halton 序列将 b_i 项设置为最初的 d 素数，即 2，3，5，7，$\cdots$。Halton 序列具有 $O((\log N)^d/N)$ 的差异。直观地说，Halton 序列保持均匀(Uniform)的原因可以解释如下：该序列在产生长度为 $m + 1$ 的字符串之前将产生长度为 m 的所有二进制字符串。在将新点放入相同区间之前，将访问大小为 2^{-m} 的所有区间。

当提前知道需要的样本数量 N 时，Hammersley 序列可用于略微更好的差异。Hammersley 序列的第 i 个点是

$$x_i = \left(\frac{i}{N}, \Phi_{b1}(i), \Phi_{b2}(i), \Phi_{b3}(i), \cdots, \Phi b_{d-1}(i)\right)$$

这个序列在第一维中是规则的，而其余维则使用最初的($d-1$)素数。Hammersley 点

的集合的差异是 $O((\log N)^{d-1}/N)$。

　　其他序列,如 Niederreiter 序列,也可用于蒙特卡罗计算(详见参考文献[19])。

　　使用准蒙特卡罗的意义

　　当应用于蒙特卡罗积分时,低差异序列的误差界限为 $O((\log N)^d/N)$ 或 $O((\log N)^{d-1}/N)$(较大的 N 值,维度为 d)。与纯粹蒙特卡罗技术的 $1/\sqrt{N}$ 误差界限相比,低差异序列的误差界限可能具有巨大的潜在收益。低差异序列对较低维度(约 10~20)最为适用,而在更高的维度上,它们的性能则和伪随机采样差不多。但是,与伪随机采样相比,低差异序列是高度联合相关的。例如,在 Van Der Corput 序列(基数为 2 的 Halton 序列)中,连续样本之间的差异半数时间都是 0.5,在表 3.1 中可以看到这一点。

　　其结果是低差异采样放弃了随机性,以换取样本分布的均匀性。

3.7　小　　结

　　本章描述了蒙特卡罗积分技术并讨论了它们的准确性和收敛速度。此外还提出了方差减小技术,如重要性采样、分层采样、控制变量的使用、多重重要性采样和准蒙特卡罗采样等。关于蒙特卡罗方法的更多细节,可以在 Kalos 和 Whitlock(详见参考文献[86])、Hammersley 和 Handscomb(详见参考文献[62])以及 Spanier 和 Gelbard(详见参考文献[183])等人的文档中找到。关于准蒙特卡罗方法的参考文献还包括 Niederreiter 序列(详见参考文献[132])。

3.8　练　　习

　　(1)编写程序,使用蒙特卡罗积分方法计算一维函数的积分。绘制绝对误差与使用的样本数量的对比图。这要求学生知道积分的分析答案,因此请使用众所周知的函数,例如多项式。

　　可以尝试各种优化技术,如分层采样和重要性采样。得出关于蒙特卡罗积分引起的误差如何取决于所使用的采样方案的结论。

　　(2)使用上面设计的算法,尝试用不断增加的频率计算正弦函数的积分。了解误差是如何受相同积分域上各种频率的影响的。

(3)编写程序,使用蒙特卡罗积分计算二维函数的积分。这与练习(1)非常相似,但是使用二维函数会带来一些额外的问题。可以尝试使用分层采样、N‑Rooks 采样和重要性采样,并进行比较。此外,还需要再次绘制绝对误差与使用的样本数量的对比图。

(4)实现算法以在 2D 平面中的三角形上生成均匀分布的点。首先从一个简单的三角形开始(连接点 $(0,0)$,$(1,0)$ 和 $(0,1)$),然后尝试推广到 2D 平面中的随机三角形。

如何使用这样的算法在 3D 空间中的三角形上生成点?

(5)在 3D 中选择一个感兴趣的几何形状实体: 球体、圆锥体、圆柱体等。设计并实现一种算法,在这些实体的表面上生成均匀分布的点。将结果可视化以确认这些点确实是均匀分布的。

第4章　计算光传输的策略

4.1　渲染方程的公式

　　全局照明问题基本上是一个光的传输问题。光源发出的能量通过在三维环境中的反射和折射来传输。令人感兴趣的是环境中照明的能量平衡。由于人眼对辐射亮度值很敏感,并且算法的目标是想要通过计算获得照片级真实感的图像,因此我们主要关注在场景中的某些区域和立体角上计算的辐射亮度值或平均辐射亮度值。后者意味着算法应该计算若干个感兴趣区域的辐射通量值,这些值将被称为集合(Set)。这些集合的确切几何形状可以根据所要求的精度水平而发生明显变化。正如本书后面章节中将要解释的那样,光线追踪(Ray Tracing)算法将这些集合定义为:从表示眼球表面的小孔出发,通过像素可见的表面点;而辐射度(Radiosity)算法则通常将这些集合定义为表面贴片,并且带有反射半球作为方向组成(见图4.1)。其他算法可能遵循不同的方法,但常见的思路都是要考虑许多有限表面元素和立体角的组合,以及需要计算的平均辐射亮度值。

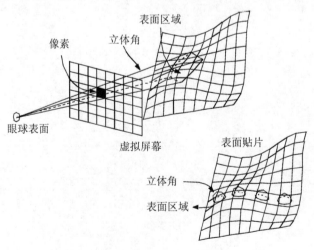

图 4.1　光线追踪和辐射度算法的表面点和方向的集合

　　如本书第 2 章所述,用于描述全局光照问题的基本传输方程称为渲染方程,并首先被 Kajiya(详见参考文献[85])引入计算机图形领域。渲染方程描述了通过三维环境传输的辐射亮度,它是双向反射分布函数(BRDF)定义的积分方程公式,并将光源表面点的自发射亮度(Self‑Emittance)作为初始化函数。光源的自发射能量是为环境提供一些起始能量所必需的。

　　在方向 Θ 上离开某个点 x 的辐射亮度的公式可以写为

$$L(x \to \Theta) = L_e(x \to \Theta) + \int_{\Omega_x} f_r(x, \Psi \leftrightarrow \Theta) L(x \leftarrow \Psi) \cos(N_x, \Psi) d\omega_\Psi \tag{4.1}$$

　　该渲染方程告诉我们,方向 Θ 上的点 x 发射的出射辐射亮度等于该点和该方向上的自发射(Self‑Emitted)出射辐射亮度加上来自照射半球的任何入射辐射亮度,照射半球反射在方向 Θ 中的 x 处,如图 4.2 所示。

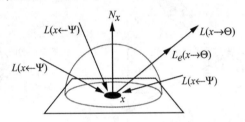

图 4.2　渲染方程:入射辐射亮度在半球上积分

　　辐射可能来自各种物理过程,例如发热或化学反应。对于单个表面点和方向,辐射也可以是具有时间依赖性的,如磷光所出现的情况。在全局照明算法的背景下,人们通常对表面的自发光辐射源的性质不感兴趣,自发光辐射仅被视为位置和方向的函数。

　　如本书第 2 章所示,可以将渲染方程从半球上的积分转换为场景中所有表面的积分。半球形和面积公式都包含出射和入射辐射函数。众所周知,沿直线路径的辐射亮度保持不变,因此,我们可以轻松地将出射辐射亮度转换为入射辐射亮度(反之亦然),从而获得仅包含出射或辐射亮度的渲染方程的新版本。通过将这两个选项与半球或表面积分组合在一起,即可获得 4 种不同的渲染方程式。

　　在表面或半球上的积分公式在数学上都是等同的。但是,当从一个特定的公式开始算法时,可能会有一些重要的差异。为了完整起见,下文列出了渲染方程所有可能组合的 4 种公式,即出射辐射亮度+在半球上积分、出射辐射亮度+在表面上积分、入射辐射亮度+在半球上积分、入射辐射亮度+在表面上积分。

4.1.1　出射辐射亮度+在半球上积分

在此组合(出射辐射亮度+在半球上积分)中,渲染方程经典形式中的入射辐射亮度被替换为最近可见点 y 处的等效出射辐射亮度,在这里,$y = r(x, \Psi)$ 并且可以通过评估光线投射函数得到(见图 4.3):

$$L(x \to \Theta) = L_e(x \to \Theta) + \int_{\Omega_x} f_r(x, \Psi \leftrightarrow \Theta) L(x \to -\Psi) \cos(N_x, \Psi) d\omega_\Psi$$

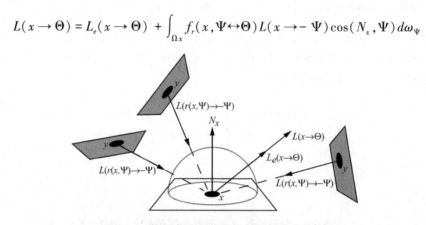

图 4.3　使用半球积分的出射辐射亮度传输

在设计基于 $y = r(x, \Psi)$ 公式的算法时,y 点将在半球上进行积分,并且作为积分域中每个点的函数评估的一部分,将投射光线并定位最近的交叉点。

4.1.2　出射辐射亮度+在表面上积分

在此组合(出射辐射亮度+在表面上积分)中,半球方程将被转换为在所有表面点上积分(见图 4.4):

$$L(x \to \Theta) = L_e(x \to \Theta) + \int_A f_r(x, \Psi \leftrightarrow \Theta) L(y \to \overrightarrow{yx}) V(x, y) G(x, y) dA_y$$

且

$$G(x, y) = \frac{\cos(N_x, \Psi) \cos(N_y, -\Psi)}{r_{xy}^2}$$

该公式与先前公式的主要差异在于,x 处的入射辐射亮度被视为源自场景中的所有表面,而不仅仅是半球 Ω_x。使用这种公式的算法需要检查可见性 $V(x, y)$,这与在方向 Θ 上从 x 投射光线略有不同。

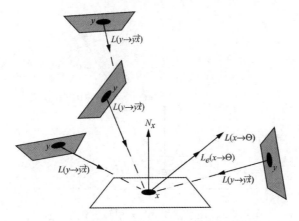

图 4.4　使用表面积分的出射辐射亮度传输

4.1.3　入射辐射亮度+在半球上积分

为了将半球渲染方程转换为仅包含入射辐射亮度值,可以再次利用沿直线路径的辐射亮度保持不变这一特性。但是,这里还必须将初始自发光辐射亮度 L_e 写为入射测量。入射辐射亮度 L_e 的概念可能看起来很奇怪,因为想象表面点处的入射辐射亮度相对比较容易,但想象对应于某个光源的入射 L_e 函数就比较困难了(见图 4.5)。

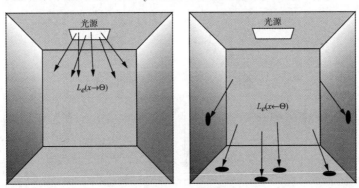

图 4.5　天花板上光源的出射表面辐射亮度和相应的入射表面辐射亮度

使用转换公式 $y = r(x, \Theta)$,现在可以得到以下等式:

$$L(x \leftarrow \Theta) = L_e(x \leftarrow \Theta) + \int_{\Omega_y} f_r(y, \Psi) \leftrightarrow - \Theta) L(y \leftarrow \Psi) \cos(N_y, \Psi) d\omega_\Psi$$

该公式的图形化表示见图 4.6。

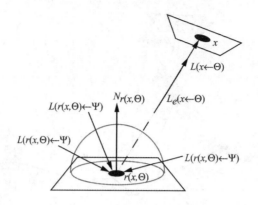

图 4.6　使用半球积分的入射辐射亮度传输

4.1.4　入射辐射亮度+在表面上积分

按照类似的过程,使用转换公式 $y = r(x, \Theta)$ 进行表面入射辐射亮度的转换,可以得到以下等式(见图 4.7):

$$L(x \leftarrow \Theta) = L_e(x \leftarrow \Theta) + \int_A f_r(y, \Psi \leftrightarrow \overrightarrow{yz}) L(y \leftarrow \overrightarrow{yz}) V(y, z) G(y, z) dA_z$$

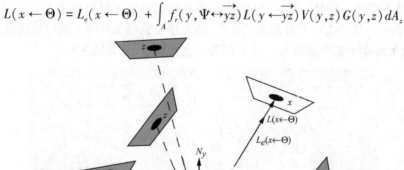
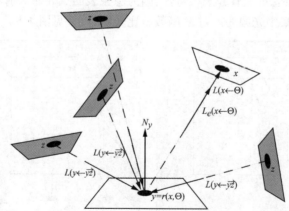

图 4.7　使用表面积分的入射辐射亮度传输

4.1.5　辐射通量

全局照明问题的理想解决方案应该包括为所有可能(表面)点和相对于这些点的所有方向找到辐射亮度函数的所有值。但是,人们很容易就发现,这在实践中是不可能的,因为这将需要在属于五维空间中的分段连续四维集合(Piecewise‑Continuous Four‑Dimensional Set)的所有点上计算(离散)函数值。

因此,绝大多数全局照明算法将目标瞄准在计算某些选定的点和方向集合(Sets of Points and Directions)上的平均辐射亮度。要计算集合上的平均辐射亮度值,一种可能的方式就是计算该集合上的辐射通量(Radiant Flux)。通过假设辐射亮度在集合上缓慢变化,即可获得平均辐射亮度值(计算方式是使用辐射通量除以集合的总面积和总立体角)。光线追踪算法在使用该技术时,需要通过(和眼球表面小孔相关的)像素来计算辐射通量;而辐射度算法在计算辐射通量时,通常会在整个半球上留下表面元素或贴片。

辐射通量可以通过辐射亮度来表示,具体方法是,围绕这些属于必须要计算辐射通量的集合的表面点,在所有可能的表面点和方向上,对辐射亮度分布积分。设 $S = A_s \times \Omega_s$ 以表示我们感兴趣的表面点 A_s 和方向 Ω_s 的集合。然后就可以使用测量方程(详见第 2 章)写出离开 S 的辐射通量 $\Phi(S)$,

$$\Phi(S) = \int_{As} \int_{\Omega s} L(x \to \Theta) \cos(N_x, \Theta) d\omega_\Theta dA_x$$

通过引入初始重要性函数 $W_e(x \leftarrow \Theta)$,可以重写以上积分,对场景中的所有表面 A 进行积分,以及对整个半球 Ω 上所有表面点积分:

$$\Phi(S) = \int_A \int_\Omega L(x \to \Theta) W_e(x \leftarrow \Theta) \cos(N_x, \Theta) d\omega_\Theta dA_x \qquad (4.2)$$

现在 $W_e(x \leftarrow \Theta)$ 可计算如下:

$$W_e(x \leftarrow \Theta) = \begin{cases} 1 & \text{如果}(x, \Theta) \in S \\ 0 & \text{如果}(x, \Theta) \notin S \end{cases}$$

与该集合相关联的平均辐射亮度值即可表示为

$$L_{average} = \frac{\int_A \int_\Omega L(x \to \Theta) W_e(x \leftarrow \Theta) \cos(N_x, \Theta) d\omega_\Theta dA_x}{\int_A \int_\Omega W_e(x \leftarrow \Theta) \cos(N_x, \Theta) d\omega_\Theta dA_x}$$

根据集合 S 的几何形状,有时可以分析计算该分数的分母。

因此,全局照明问题可以被指定为:对一定数量的、经过适当定义的集合计算辐射通量。这些集合通常是连续的,并且属于空间 $A \times \Omega$。辐射通量可以通过评估式(4.2)计算。被积函数包含辐射函数 L,它需要使用 4 种可能的递归弗雷德霍姆方程(Fredholm Equation)之一进行评估。求解弗雷德霍姆方程需要数值算法,而这正是许多全局照明算法的重点,本书将在第 5 章和第 6 章中对此作更详细的讨论。

4.2　重要性函数

4.2.1　定义

到目前为止,我们已经将全局照明问题视为:给定特定的光源分布,计算点 x 和方向 Θ 中的入射或出射辐射亮度问题。因此,在属于 $A \times \Omega$ 的所有点和方向上定义的特定函数 L_e 通过辐射亮度的传输,即可确定同样在 $A \times \Omega$ 上定义的函数 L。L_e 和 L 之间的关系由渲染方程给出。本节将详细介绍重要性函数(Importance Function),该函数将定义伴随传输量(Adjoint Transport Quantity)。我们将以直观的方式首先查看重要性函数,然后再处理一些更复杂的数学问题。Pattanaik(详见参考文献[139])首先在计算机图形学中引入了重要性函数,而另外一些作者则更喜欢使用术语潜在函数(Potential Function),它们的意思是一样的,都是指接下来将要说明的重要性函数。

假设有一个集合 S,它包括这些点周围的点和方向,现在要计算离开集合 S 的辐射通量 $\Phi(S)$。为了解决这个问题,可以不从固定的 L_e 分布开始,而是考虑计算 $\Phi(S)$ 上每一对 (x, Θ) 的可能影响。更准确地说就是:如果只有单一的辐射亮度值(指覆盖不同表面积和不同立体角的光源)$L(x \rightarrow \Theta)$ 被放置于 (x, Θ),并且如果没有其他照明光源存在,那么 $\Phi(S)$ 的结果值有多大?为了获得这个 $\Phi(S)$ 值,就必须给 $L(x \rightarrow \Theta)$ 赋予一个权重,而这个权重就被称为关于 S 的 (x, Θ) 的重要性,并且被写为 $W(x \leftarrow \Theta)$。

这个重要性值并不取决于 $L(x \rightarrow \Theta)$ 确切的量级,因为任何光源产生的辐射通量都会由于双向反射分布函数的线性变化而发生线性变化。无论在 (x, Θ) 和 S 之间可能的光路数量有多少,也无论反射的数量是多少,这个结论都是正确的。因此,$W(x \leftarrow \Theta)$ 仅取决于场景的几何形状和材质的反射特性。

下一步是推导出描述重要性 $W(x \leftarrow \Theta)$ 的表达式或等式。这个表达式可以分为两部分,因为 $\Phi(S)$ 就是由两部分组成的。其中一部分是来自 $L(x \rightarrow \Theta)$ 的辐射通量的贡献。

自身贡献。如果 $(x, \Theta) \in S$,则 $L(x \rightarrow \Theta)$ 完全贡献于 $\Phi(S)$。这被称为集合 S 的自身重要性(Self-Importance),并被写为 $W_e(x \leftarrow \Theta)$(另见式(4.2)):

$$W_e(x \leftarrow \Theta) = \begin{cases} 1 & \text{if}(x, \Theta) \in S \\ 0 & \text{if}(x, \Theta) \notin S \end{cases}$$

通过一个或多个反射做出的贡献。前面提到 $\Phi(S)$ 是由两部分组成的,除了 $L(x \rightarrow \Theta)$ 的自身贡献之外,还必须考虑对辐射通量结果的所有间接贡献。$L(x \rightarrow \Theta)$ 的某些部分可能通过若干个表面上的一个或多个反射来贡献 $\Phi(S)$。如前文所述,辐射亮度

$L(x{\rightarrow}\Theta)$ 沿直线路径行进并到达表面点 $r(x,\Theta)$。根据由双向反射分布函数确定的半球分布,能量会在该表面点处反射。因此,在 $r(x,\Theta)$ 处有一个方向半球,每个方向发射一个不同的辐射亮度值,于是产生了一个反射的辐射亮度值 $L(r(x,\Theta){\leftarrow}-\Theta)$。通过对所有这些新方向的重要性值进行积分,可以得到一个新的 $W(x{\leftarrow}\Theta)$ 项。通过考虑反射,以及双向反射分布函数值,即可得到以下将两个项组合在一起的公式:

$$W(x \leftarrow \Theta) = W_e(x \leftarrow \Theta)$$
$$+ \int_{\Omega z} f_r(z, \Psi \leftrightarrow -\Theta) W(z \leftarrow \Psi) \cos(N_{r(x,\Theta)}, \Psi) d\omega_\Psi \quad (4.3)$$

其中 $z = r(x,\Theta)$。

4.2.2 入射和出射的重要性

在数学上,式(4.3)与入射辐射亮度的传输方程相同。因此,也可以将入射(Incidence)的概念与重要性联系起来,这是有道理的,因为这里的重要性可以理解为传输量,它与入射辐射亮度所表示的意义完全相同。

源函数 W_e 取决于集合 S 的性质。例如,假设要计算像素的单个辐射通量值,如果 x 通过该像素可见,并且 Θ 是通过像素指向虚拟相机光圈的方向,则 $W_e(x{\leftarrow}\Theta) = 1$。对于辐射度算法来说,$S$ 可能是单个贴片,并且对于每个表面点来说,是方向的整个半球。

为了进一步加强类比,还可以通过正式定义 $W(x{\rightarrow}\Theta)$ 引入出射的重要性:

$$W(x{\rightarrow}\Theta) = W(r(x,\Theta){\leftarrow}-\Theta)$$

这个定义意味着,"光源沿直线路径的辐射亮度保持不变"这一特性也可以推广到出射的重要性中,这与辐射亮度和重要性的定义是一致的。有了这个前提,就可以很容易地证明:出射重要性(Exitant Importance)具有与出射辐射亮度(Exitant Radiance)完全相同的传输方程:

$$W(x \rightarrow \Theta) = W_e(x \rightarrow \Theta) + \int_{\Omega x} f_r(x, \Psi \leftrightarrow \Theta) W(x \leftarrow \Psi) \cos(N_x, \Psi) d\omega_\Psi$$

由于入射的自发光辐射在思考时不是很直观,因此自发射的出射表面重要性也是如此。在具有窄立体角域的小集合的情况下,通过引入光检测器,有时更容易使自发光的重要性可视化。这种探测器对光能在场景中的传播没有影响,但仅检测所讨论的集合的辐射通量。然后,也可以想象自发射的出射重要性来自这个假设的探测器,将该探测器当作自发射的出射重要性的来源。当应用于图像生成算法(例如光线追踪)时,光检测器的概念非常有效,因为这样就可以将眼睛的点视为出射重要性的来源,朝向不同的像素。

4.2.3　通量

现在可以推导出基于重要性函数的集合的通量(Flux)表达式。光源是在环境中提供光能的唯一点。它们的辐射亮度值可以导致整个场景的照明。在计算通量时,只需要考虑这些点的重要性值。给定一定的集合 S,

$$\Phi(S) = \int_A \int_{\Omega x} L_e(x \to \Theta) W(x \leftarrow \Theta) \cos(N_x, \Theta) d\omega_\Theta dA_x$$

现在可以在所有表面点 A 上积分,因为 L_e 在不属于光源的点和方向上适合于被定义为 0。该等式与重要性函数的传输方程一起,为求解全局照明问题提供了另一种方法。

也可以按以下形式计算 $\Phi(S)$:

$$\Phi(S) = \int_A \int_{\Omega x} L_e(x \leftarrow \Theta) W(x \to \Theta) \cos(N_x, \Theta) d\omega_\Theta dA_x$$

此外还有以下形式:

$$\Phi(S) = \int_A \int_{\Omega x} L(x \to \Theta) W_e(x \leftarrow \Theta) \cos(N_x, \Theta) d\omega_\Theta dA_x$$

$$\Phi(S) = \int_A \int_{\Omega x} L(x \leftarrow \Theta) W_e(x \to \Theta) \cos(N_x, \Theta) d\omega_\Theta dA_x$$

因此,给定集合的通量可以通过 4 个不同的积分表达式来计算,并且每个都可以通过在所有表面或半球上的双重积分来计算。

现在有两种不同的方法可以解决全局照明问题。第一种方法从集合的定义开始,并且需要计算属于该集合的点和方向的辐射亮度值。通过求解描述辐射亮度的传输方程之一来计算辐射值。因此,可以从集合开始,通过遵循递归传输方程来处理光源。第二种方法通过从光源开始计算给定集合的通量,并为每个光源计算关于该集合的相应重要性值。重要性值还需要使用递归积分方程之一。这种算法从光源开始,并通过遵循重要的递归传输方程处理集合。

4.3　伴随方程

4.2 节描述了入射和出射辐射亮度、入射和出射重要性的传输方程,并给出了通量的 4 个不同表达式。此外,还可以选择对半球或场景中所有可能的表面积分。本节将更清楚地指出这两种方法之间的对称性。需要注意的是,本书还将经常提到完整的辐射亮度或重要性函数,它们是在 $A \times \Omega$ 上定义的,它们的标记符号分别是:L(辐射亮度)、$L^\neg$(出射辐射亮度)、$L^{\leftarrow}$(入射辐射亮度)、W(重要性)、$W^{\rightarrow}$(出射重要性)和 $W^{\leftarrow}$(入射重要性)。

4.3.1　线性传输算子

描述辐射亮度和重要性传输的递归积分方程可以使用线性算子以更简洁的形式编写。渲染方程的反射部分实际上可以被认为是一个算子,它将所有表面点和方向上的某个辐射亮度分布转换成另一个分布,在一次反射之后给出反射的辐射亮度值。这种新的分布是再次在整个场景中定义的辐射亮度值的函数。可以使用 τ 来表示这个算子。τL 是一个新函数,也定义在 $A\times\Omega$ 上。

$$L(x\rightarrow\Theta) = L_e(x\rightarrow\Theta) + \tau L(x\rightarrow\Theta)$$

$$\tau L(x\rightarrow\Theta) = \int_{\Omega_x} f_r(x,\Psi\leftrightarrow\Theta)L(r(x,\Theta)\rightarrow-\Psi)\cos(N_x,\Psi)d\omega_\Psi$$

也可以使用面积积分公式编写相同的算子,因为它只是一个不同的参数化形式。

以类似的方式,也可以通过使用传输算子来描述入射重要性函数 $W^{\leftarrow}$ 的传输方程。传输算子使用 Q 表示:

$$W(x\leftarrow\Theta) = W_e(x\leftarrow\Theta) + QW(x\leftarrow\Theta)$$

$$QW(x\leftarrow\Theta) = \int_{\Omega_{r(x,\Theta)}} f_r(r(x,\Theta),\Psi\leftrightarrow-\Theta)W(r(x,\Theta)\leftarrow\Psi)$$
$$\cos(N_{r(x,\Theta)},\Psi)d\omega_\Psi$$

或使用面积积分的等效表达式。

由于 $L^{\leftarrow}$ 和 $W^{\rightarrow}$ 分别用与 $W^{\leftarrow}$ 和 $L^{\rightarrow}$ 相同的传输方程描述,因此可以有 4 个传输方程来描述三维环境中的辐射亮度和重要性传输:

$$L^{\rightarrow} = L_e^{\rightarrow} + \tau L^{\rightarrow} \qquad W^{\leftarrow} = W_e^{\leftarrow} + QW^{\leftarrow}$$

$$L^{\leftarrow} = L_e^{\leftarrow} + QL^{\leftarrow} \qquad W^{\rightarrow} = W_e^{\rightarrow} + \tau W^{\rightarrow}$$

这 4 个方程清楚地说明了辐射亮度和重要性分布之间的对称性。

4.3.2　函数的内积

在五维域 $A\times\Omega$ 上定义的函数空间中,可以定义出射函数 $F^{\rightarrow}$ 和入射函数 $G^{\leftarrow}$ 的内积:

$$\langle F^{\rightarrow},G^{\leftarrow}\rangle = \int_A\int_\Omega F(x\rightarrow\Theta)G(x\leftarrow\Theta)\cos(N_x,\Theta)d\omega_\Theta dA_x$$

可以使用面积积分编写相同的内积,并将可见性函数引入公式:

$$\langle F^{\rightarrow},G^{\leftarrow}\rangle = \int_A\int_A F(x\rightarrow\overrightarrow{xy})G(x\leftarrow\overrightarrow{xy})G(x,y)V(x,y)dA_x dA_y$$

现在可以将集合 S 的通量视为辐射亮度函数和重要性函数的内积。基于前面介绍过的传输方程,就可以有 4 种不同的表达式将通量写作内积:

$$\Phi(S) = \langle L^{\rightarrow}, W_e^{\leftarrow} \rangle \quad \Phi(S) = \langle L_e^{\rightarrow}, W^{\leftarrow} \rangle$$

$$\Phi(S) = \langle L^{\leftarrow}, W_e^{\rightarrow} \rangle \quad \Phi(S) = \langle L_e^{\leftarrow}, W^{\rightarrow} \rangle$$

4.3.3　伴随算子

有两个算子 $\mathcal{O}_1$ 和 $\mathcal{O}_2$,可对相同向量空间 V 的元素进行运算,它们都和内积 $\langle F, G \rangle$ 相关。如果

$$\forall F, G \in V : \langle \mathcal{O}_1 F, G \rangle = \langle F, \mathcal{O}_2 G \rangle$$

$\mathcal{O}_2$ 称为 $\mathcal{O}_1$ 的伴随算子(Adjoint Operator),可写为 $\mathcal{O}_1^*$。

在本书 4.3.1 节中定义了两个算子 T 和 $\mathcal{Q}$,它们分别描述了辐射亮度和重要性的传输方程。通过处理面积积分公式,可以证明这两个算子彼此相关,也存在伴随关系,可用于本书 4.3.2 节定义的描述通量 $\Phi(S)$ 的内积公式。这两个算子之间的关系也可以写作 $\mathcal{Q}^* = \tau$,因此有:

$$L^{\leftarrow} = L_e^{\leftarrow} + \tau^* L^{\leftarrow} \text{ 和 } W^{\leftarrow} = W_e^{\leftarrow} + \tau^* W^{\leftarrow}$$

由于伴随的这种性质,给定集合 S 的通量的不同表达式的等价性可以用非常紧凑的表示法写出。例如,使用出射辐射亮度和入射重要性的通量表达式可以通过使用内积的属性和传输算子的伴随性来相互转换:

$$\begin{aligned}
\Phi(S) &= \langle L^{\rightarrow}, W_e^{\leftarrow} \rangle \\
&= \langle L^{\rightarrow}, W^{\leftarrow} - \tau * W^{\leftarrow} \rangle \\
&= \langle L^{\rightarrow}, W^{\leftarrow} \rangle - \langle L^{\rightarrow}, \tau * W^{\leftarrow} \rangle \\
&= \langle L^{\rightarrow}, W^{\leftarrow} \rangle - \langle \tau L^{\rightarrow}, W^{\leftarrow} \rangle \\
&= \langle L^{\rightarrow} - \tau L^{\rightarrow}, W^{\leftarrow} \rangle \\
&= \langle L_e^{\rightarrow}, W^{\leftarrow} \rangle .
\end{aligned}$$

因此,可以使用若干种不同的方式来编写描述全局照明问题的方程式。假设某个全局照明方程式给出了用于辐射亮度或重要性的通量和传输方程表达式,那么它还可以有以下不同的选择:

- 对辐射亮度和重要性使用入射或出射函数。
- 使用基于重要性或基于辐射亮度的传输方程。

● 对半球或表面积积分。

因此,现在就有 4 种可能的、在数学上等效的全局照明问题的公式:

$$\Phi(S) = \langle L^{\rightarrow}, W_e^{\leftarrow} \rangle \qquad \Phi(S) = \langle L_e^{\rightarrow}, W^{\leftarrow} \rangle$$

$$L^{\rightarrow} = L_e^{\rightarrow} + \tau L^{\rightarrow} \qquad W^{\leftarrow} = W_e^{\leftarrow} + \tau^* W^{\leftarrow};$$

$$\Phi(S) = \langle L^{\leftarrow}, W_e^{\rightarrow} \rangle \qquad \Phi(S) = \langle L_e^{\leftarrow}, W^{\rightarrow} \rangle \tag{4.4}$$

$$L^{\leftarrow} = L_e^{\leftarrow} + \tau^* L^{\leftarrow} \qquad W^{\rightarrow} = W_e^{\rightarrow} + \tau W^{\rightarrow} \rangle$$

在求解全局照明问题时使用入射和出射函数以及在函数空间中起作用的算子,这并非本书独创,其他作者也有类似的论述(详见参考文献[25]、[26]、[204])。其中有一些作者还引入了额外的算子,例如几何算子,它通过利用"光源沿直线路径的辐射亮度保持不变"这一特性将入射函数转换为相应的出射函数(反之亦然)。内积也可以按不同方式定义,不包括余弦项。但是,我们认为这种情况下的对称性并不像这里所说的那样清晰。

4.4　全局反射分布函数

4.4.1　说明

给定 $L^{\rightarrow}$ 的传输方程,很明显,场景中的每个单一辐射亮度值取决于 $L_e^{\rightarrow}$ 给出的初始分布。对于整个集合的通量,这种依赖性由重要性函数 $W^{\leftarrow}$ 表示。本节将介绍一个函数,该函数表示任意选择点处的单个 $L(x \rightarrow \Theta)$ 值与初始 $L_e^{\rightarrow}$ 分布之间的关系。这种关系已经作为辐射亮度的传输方程存在。但是,我们希望得到一个更直接的函数,而不是递归的表达式。可以将此函数称为全局反射分布函数(Global Reflectance Distribution Function, GRDF)(详见参考文献[102]、[41])。

GRDF 是四维传输函数,该函数描述两对 (x, Θ) 和 (y, Ψ) 之间的三维场景中的整个光传输。它同时具有入射和出射两个函数的特征,因为传输可以在两个方向上发生。可以将全局反射分布函数(GRDF)写作 $G_r(x \leftarrow \Theta, y \rightarrow \Psi)$。

直观上,$G_r(x \leftarrow \Theta, y \rightarrow \Psi)$ 描述了两个点方向对(Point - Direction Pairs)之间某种类型的全局转换。如果这两个点方向对作为传输量的不同来源,那么这种全局转换则可以被视为一对度量针对另一对传输量所做出的贡献。换句话说,我们需要全局反射分布函数如下所示:

$$L(y \rightarrow \Psi) = \int_A \int_{\Omega x} L_e(x \rightarrow \Theta) G_r(x \leftarrow \Theta, y \rightarrow \Psi) \cos(N_x, \Theta) d\omega_\Theta dA_x \tag{4.5}$$

因此,$G_r(x \leftarrow \Theta, y \rightarrow \Psi)$ 表示通过立体角 $d\omega_\Theta$ 离开 dA_x 的总辐射功率的影响。该辐射功率是指通过在中间表面上的任意数量的反射,在方向 Ψ 上的 y 处测量的辐射亮度的最终值。因此,全局反射分布函数可以被认为是三维环境中的某种响应函数。在数学物理中,像全局反射分布函数这样的函数通常被称为问题的格林函数(Green's Function)。

由于传输是互反的,因此需要一个类似的等式来表示重要性:

$$W(x \leftarrow \Theta) = \int_A \int_{\Omega_x} W_e(y - \Psi) G_r(x \leftarrow \Theta, y \rightarrow \Psi) \cos(N_x, \Theta) d\omega_\Theta dA_x \qquad (4.6)$$

类似的方程式也适用于入射辐射和出射重要性。

对上述等式求微分,即可得到以下两个等式。

$$G_r(x \leftarrow \Theta, y \rightarrow \Psi) = \frac{d^2 L(y \rightarrow \Psi)}{L_e(x \rightarrow \Theta) \cos(N_x, \Theta) d\omega_\Theta dA_x}$$

和

$$G_r(x \leftarrow \Theta, y \rightarrow \Psi) = \frac{d^2 W(x \leftarrow \Theta)}{W_e(x \leftarrow \Psi) \cos(N_x, \Theta) d\omega_\Theta dA_x}$$

这与普通双向反射分布函数的定义非常相似。双向反射分布函数描述了单个表面点处的出射辐射亮度和入射辐射亮度的类似特性。全局反射分布函数扩展了这一概念,并描述了任何两个辐射亮度或重要性值之间的关系,同时考虑了场景中所有可能的反射。双向反射分布函数可以被视为全局反射分布函数的特例。因此,“全局反射分布函数”名称中的“全局”是非常合适的,可谓名副其实。

4.4.2　全局反射分布函数的属性

1. 传输方程

以下伴随传输方程都描述了全局反射分布函数的行为

$$G_r(x \leftarrow \Theta, y \rightarrow \Psi) = \delta(x \leftarrow \Theta, y \rightarrow \Psi) + TG_r(x \leftarrow \Theta, y \rightarrow \Psi)$$
$$G_r(x \leftarrow \Theta, y \rightarrow \Psi) = \delta(x \leftarrow \Theta, y \rightarrow \Psi) + T^* G_r(x \leftarrow \Theta, y \rightarrow \Psi)$$

$\delta(x \leftarrow \Theta, y \rightarrow \Psi)$ 是在四维域中定义的适当狄拉克脉冲(Dirac Impulse)。当使用 T 和 T^* 算子时,必须记住 T 是在 G_r 的出射部分计算,并且 T^* 是在 G_r 的入射部分计算。

2. 转换参数

G_r 的另一个实用特性是可以切换参数,其方式与双向反射分布函数的方向可以逆转的方式大致相同:

$$G_r(x \leftarrow \Theta, y \rightarrow \Psi) = G_r(r(y, \Psi) \leftarrow \Psi, r(x, \Theta) \rightarrow -\Theta)$$

这种关系是双向反射分布函数属性的推广,入射和出射方向可以通过它转换角色,从而产生相同的双向反射分布函数值。

3. 通量

现在可以使用全局反射分布函数为通量 $\Phi(S)$ 编写一个表达式。该表达式来自积分方程(4.5)和方程(4.6):

$$\Phi(S) = \int_A \int_{\Omega_x} \int_A \int_{\Omega_y} L_e(x \to \Theta) G_r(x \leftarrow \Theta, y \to \Psi) W_e(y \leftarrow \Psi)$$
$$\times \cos(N_x, \Theta) \cos(N_y, \Psi) d\omega_\Psi dA_y d\omega_\Theta dA_x \qquad (4.7)$$

4.4.3　全局反射分布函数的重要性

全局反射分布函数允许开发人员以非常简练的格式描述全局照明问题,并且独立于自发光辐射亮度或重要性的任何初始分布。全局反射分布函数仅取决于场景的几何形状和表面的反射特性,所以并没有假定光源的定位,也不假设已经知道需要计算通量值的重要性来源放置的位置。

因此,如果全局反射分布函数是已知的,则可能可以为多个光源和重要性分布计算各种通量。它非常适合评估式(4.7),因为该公式是一个非递归积分。然而,这在实践中可能是难以实现的,因为全局反射分布函数具有两个位置和两个方向作为参数,如果想要为大量参数计算和存储全局反射分布函数,或者如果想要计算全局反射分布函数的离散化版本,则所需的内存量很容易变得非常巨大。

本书第 7 章讨论了基于全局反射分布函数计算的蒙特卡罗算法,即所谓的双向路径追踪(Bi-Directional Path Tracing)算法。

4.5　全局照明算法的分类

在 4.4 节中显示了:在全局照明环境中,任何给定表面点和方向的集合的辐射通量有 4 种可能的表达式。

在设计全局照明算法时,开发人员需要计算场景中特定集合的辐射通量。这意味着开发人员可以选择是否要在算法中结合使用入射辐射亮度和出射重要性,或者结合出射辐射亮度与入射重要性。此外,也可以选择将辐射亮度或重要性视为必须通过求解递归积分传输方程来计算的传输量。这意味着有4种不同类型的算法都可以尝试计算全局照明解决方案。

4.5.1　入射和出射表现形式

开发人员要考虑的第一个选择是,是否要将辐射亮度表示为入射或出射度量(分别自动确定入射或出射的重要性)。从数学的角度来看,入射和出射函数可以相互转换,因为它们沿着直线保持不变。但是考虑到函数和存储需求的表现形式,这种选择还是很重要的。

4.4节已经表明,直观地找到使用出射辐射亮度和入射重要性的理由是很容易的。首先,由光源引起的初始入射辐射亮度分布在属于该光源的表面点处的值等于零,但在该光源直接可见的表面点处则具有与零不同的值。其次,开发人员想要计算场景中集合的通量,而属于该集合的所有点和方向都具有与零不同的初始入射重要性值。出射重要性仅在所讨论的集合中可见的点处具有与零不同的值。因此,考虑出射辐射亮度和入射重要性会方便。

开发人员要考虑的第二个问题是,与积分域的连续性相关的入射和出射函数的性质。有限元方法(Finite Element Method)可对所考虑的函数的形状做出某些假设,以达到所需的精度。因此,对于开发人员来说,重要的是要知道,想要计算的函数中是否存在诸如不连续之类的特征。上述所有的传输量,入射和出射,可能在表面区域中具有不连续性。它足以让开发人员思考出射辐射亮度的阴影边界或材质边界,或者考虑到入射辐射亮度的直接与间接照射区域。在重要性函数中存在类似现象。但是,在方向域中考虑这些函数时则存在差异。如果双向反射分布函数本身是连续函数(可能并非总是如此,例如理想的镜面表面),那么出射辐射亮度在半球上就是连续的。而由于光源照射表面的角度,入射辐射亮度可能具有不连续性。关于重要性函数也可以这样说:入射重要性可能在方向域中具有不连续性,但是出射重要性则是连续的。

无论选择的是哪种选项,开发人员总是必须使用由出射和入射组成的一对函数,因此,始终会有函数至少在方向域中具有不连续性。但是,只有在设计的算法不太适用于表示这种不连续的数据时,这种不连续性才会造成妨碍。例如,在参考文献[173]中,球谐函数(Spherical Harmonic Function)用于表示方向分布。由于它们不能精确地再现不连续性,因此,使用入射辐射亮度和球谐函数的组合可能是一个不好的选择。如果开发人员想以某种方式表示空间域中的不连续性,则应该在有限元的结构中进行积分。这种技术即所谓的非连续性网格划分(Discontinuity Meshing)(详见参考文献[71]、[111]、[112])。

4.5.2　系列扩展

一旦选择了一对出射和入射函数,那么下一个要做的选择就是使用什么传输方程。或者更准确地说,对于给定的集合,开发人员认为什么样的度量是未知的,因此需要使用适当的递归积分方程来计算? 对于此计算,有以下数据可用:

- 特定的初始辐射亮度分布 $L_e^{\rightarrow}$,从而定义所有环境中存在的光源。
- 特定的初始重要性分布 $W_e^{\leftarrow}$,从而定义开发人员想要计算通量的集合 S。典型的情况可能是,开发人员想要计算通过每个像素可见的所有区域的通量值(因此每个像素定义其自己的集合 S)。
- 给定的场景描述,从而定义几何核函数 $G(x, y)$、可见度函数 $V(x, y)$ 以及场景中所有表面的材质属性或双向反射分布函数。

从数学的角度来看,开发人员将有两个不同的表达式(由两个内积给出),可以从它们开始计算任何辐射通量 $\Phi(S)$。开发人员可以从初始辐射亮度分布 $L_e^{\rightarrow}$ 开始,并通过评估其传输方程来计算 $W^{\leftarrow}$,或者也可以从初始重要性分布 $W_e^{\leftarrow}$ 开始,然后计算 $L^{\rightarrow}$。无论选择哪一种内积作为起点,计算的第一步都是使用适当的传输方程来代替未知函数。例如,如果要从 $\langle L_e^{\rightarrow}, W^{\leftarrow}\rangle$ 开始,则可以写下内积的以下扩展公式:

$$\Phi(S) = \langle L_e^{\rightarrow}, W^{\leftarrow}\rangle = \langle L_e^{\rightarrow}, W_e^{\leftarrow} + \tau^* W^{\leftarrow}\rangle = \langle L_e^{\rightarrow}, W_e^{\leftarrow}\rangle + \langle L_e^{\rightarrow}, \tau^* W^{\leftarrow}\rangle.$$

这第一次的扩展替换为开发人员提供了最终解决方案的第一个近似项 $\langle L_e^{\rightarrow}, W_e^{\leftarrow}\rangle$(仅包含已知项),而第二项则需要进一步扩展:

$$\Phi(S) = \langle L_e^{\rightarrow}, W_e^{\leftarrow}\rangle + \langle L_e^{\rightarrow}, \tau^* W^{\leftarrow}\rangle$$
$$= \langle L_e^{\rightarrow}, L_e^{\leftarrow}\rangle + \langle L_e^{\rightarrow}, \tau^* W_e^{\leftarrow}\rangle + \langle L_e^{\rightarrow}, \tau^* \tau^* W^{\leftarrow}\rangle \quad (4.8)$$

上面的公式扩展了第二项。但是,开发人员也可以通过使用伴随算子的属性以另一种方式获得第二项的表达式。通过在内积中切换使用 τ^*,可以将 $\Phi(S)$ 表示为

$$\Phi(S) = \langle L_e^{\rightarrow}, W_e^{\leftarrow}\rangle + \langle L_e^{\rightarrow}, \tau^* W^{\leftarrow}\rangle$$
$$= \langle L_e^{\rightarrow}, W_e^{\leftarrow}\rangle + \langle \tau L_e^{\rightarrow}, W^{\leftarrow}\rangle$$
$$= \langle L_e^{\leftarrow}, W_e^{\leftarrow}\rangle + \langle \tau L_e^{\rightarrow}, W_e^{\leftarrow} + \tau^* W^{\leftarrow}\rangle$$
$$= \langle L_e^{\rightarrow}, W_e^{\leftarrow}\rangle + \langle \tau L_e^{\rightarrow}, W_e^{\leftarrow}\rangle + \langle \tau L_e^{\rightarrow}, \tau^* W^{\leftarrow}\rangle \quad (4.9)$$

在数学上,式(4.8)的第二项和第三项当然等于式(4.9)的第二项和第三项(由于 τ 和 τ^* 的伴随性)。通过进一步扩展这些系列并使用相同的伴随属性,还能够以许多不同的方式编写 $\Phi(S)$。实际上,开发人员可以选择在扩展的任何步骤中使用伴随属性。例如,所有源自 $\langle L_e^{\rightarrow}, W_e^{\leftarrow}\rangle$ 的可能性都可以用可能扩展的二叉树表示。

$$\Phi(S) = \langle L_e^{\rightarrow}, W_e^{\leftarrow} \rangle + \frac{\langle L_e^{\rightarrow}, \tau^* W_e^{\leftarrow} \rangle}{\langle \tau L_e^{\rightarrow}, W_e^{\leftarrow} \rangle} + \frac{\langle L_e^{\rightarrow}, \tau^* \tau^* W_e^{\leftarrow} \rangle}{\langle \tau L_e^{\rightarrow}, \tau^* W_e^{\leftarrow} \rangle} + \frac{\langle L_e^{\rightarrow}, \tau^* \tau^* \tau^* W_e^{\leftarrow} \rangle}{\langle \tau L_e^{\rightarrow}, \tau^* \tau * W_e^{\leftarrow} \rangle} + \cdots$$

$$\frac{}{\langle \tau \tau L_e^{\rightarrow}, \tau^* W_e^{\leftarrow} \rangle}$$

$$\frac{}{\langle \tau \tau \tau L_e^{\rightarrow}, W_e^{\leftarrow} \rangle}$$

$$(4.10)$$

通过扩展 $\langle L^{\rightarrow}, W_e^{\leftarrow} \rangle$ 并使用相同类型的替换即可构造完全相同的树。因此,单个通量的计算可以被认为是若干个内积的总和。对于每个内积,可以选择一个函数相乘,并且由于传输算子的双重性,它们彼此相等。

4.5.3 物理解释

当然,上述系列内积具有相应的物理意义。为了更好地掌握这种物理意义,必须清楚地了解这些函数算子 τ 和 τ^* 在三维环境中实际做了什么。算子 T 将应用于出射函数的计算,它被定义为

$$\tau L(x \rightarrow \Theta) = \int_{\Omega x} f_r(x, \Psi \leftrightarrow \Theta) L(r(x, \Theta) \rightarrow - \Psi) \cos(N_x, \Psi) d\omega_{\Psi}$$

算子 τ 可以将函数 $L^{\rightarrow}$ 转换为另一个函数 $\tau L^{\rightarrow}$。$\tau L^{\rightarrow}$ 是根据定义 T 的传输方程的规则在环境中"传播" $L^{\rightarrow}$ 时获得的函数。因此,$\tau L^{\rightarrow}$ 是传播 $L^{\rightarrow}$ 的结果,并且在 (x, Θ) 中评估该传播。算子 τ 不仅意味着沿其直线路径传播辐射亮度,而且还意味着在表面上反射一次,以便在反射点处获得另一个出射函数。图 4.8 以图解方式说明了仅存在于单个点和单个方向的函数 $L^{\rightarrow}$ 及其物理解释。

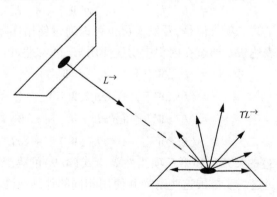

图 4.8 出射函数的传播

τ 的伴随算子 τ^* 被定义为

$$\tau^* W(x \leftarrow \Theta) = \int_{\Omega_{r(x,\Theta)}} f_r(r(x,\Theta), \Psi \leftrightarrow -\Theta) W(r(x,\Theta) \leftarrow \Psi) \cos(N_r(x,\Theta), \Psi) d\omega_{\Psi}$$

算子 τ^* 的行为方式与 τ 类似,但它会通过入射点上的一次反射传播入射函数,如图 4.9 所示。

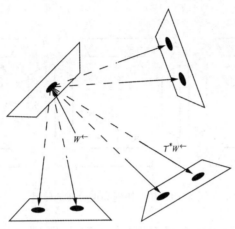

图 4.9　入射函数的传播

人们可能会试图用术语发射(Shooting)和收集(Gathering)来表示这些运算。算子 τ 可以被认为是一种发射运算,因为当"发射" $L^{\rightarrow}$ 前进时,$\tau L^{\rightarrow}$ 似乎是所得到的函数。但是,"发射"和"收集"这两个术语通常仅适用于算法的工作方式,而不适用于数学运算。在传播函数方面考虑可能更方便。该函数的性质是入射还是出射,决定了必须使用哪个算子(τ 或 τ^*)进行传播。

如果看一下组成 $\Phi(S)$ 的一系列内积,则可以明白,它是一系列应用于初始辐射亮度和重要性分布的 τ 和 τ^* 运算。例如,在表示直接照射的扩展中的第二项可以通过传播 $L_e^{\rightarrow}$ 来计算。通过连续重复这些步骤,即可逐渐建立通量 $\Phi(S)$。在评估过程中的每一步,都可以选择通过对其中一个中间结果函数应用 τ 或 τ^* 运算来评估下一个项。例如,可以传播两次辐射亮度分布,然后传播重要性函数一次,继而再次传播辐射亮度,等等。

以下图表通过一个简单的例子说明了这一点。图 4.10 描绘了一个由 3 个表面组成的简单场景。为简单起见,还假设每个表面只有 3 个方向,并且这些函数仅在一个表面点中定义。标记为 a 的表面是光源,仅在表面 d 的方向上发射辐射亮度(从表面到表面的出射辐射亮度由单个箭头表示,而不是完整的方向分布,以免使图形过度复杂化)。情境 1 通过应用一次算子 τ 来传播此初始辐射亮度分布,会导致在情境 2 中显示的新分布。

实际上,来自表面 a 的自发光辐射亮度到达表面 d,在这里,它会反射在整个半球上(在这个例子中只有 3 个方向),因此向表面 a、b 和 c 发出辐射亮度。在情境 3 中显示了再次传播的情形。表面 a、b 和 c 向所有其他表面发射辐射亮度。所有这些进一步的传播将导致所有 4 个表面向所有其他表面发射辐射,尽管每次传播的精确数值会有变化(这取决于局部双向反射分布函数的值,并且由于吸收的关系,每次进一步的传播携带的总功率都将比上一次少一些)。

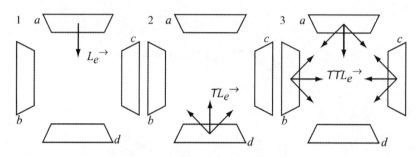

图 4.10　初始辐射亮度分布的传播

图 4.11 显示了通过应用算子 τ^* 对重要性函数的各种传播。假设想要计算离开表面 d 的通量。在情境 1 中显示了相应的分布。对于属于 d 的所有表面点以及朝向其他表面的所有方向,定义了 $\overrightarrow{W_e}$。应用传输算子之后,给出的结果如情境 2 和情境 3 所示。进一步的传播则导致所有表面和所有方向都具有归因于它们的入射重要性值。如前所述,由于吸收和双向反射分布函数值的关系,每次传播时的精确数值都是不同的。

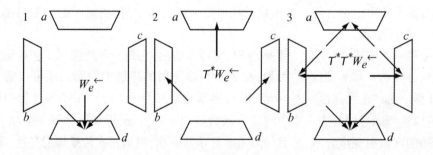

图 4.11　初始重要性分布的传播

为了计算通量,现在必须计算各种内积,其总和即可为开发人员提供通量的数值,这在图 4.12 中得到了直观的呈现。顶行显示了辐射亮度分布的各种传播;而最左边的列则给出了重要性传播。对于该图中的每个项目示例,粗线表示在哪个表面点以及在哪个方向上存在对内积的贡献。只有当 $L_e^{\rightarrow}$ 和 $W_e^{\leftarrow}$ 的传播都存在具有非零值的点-方向对时,才会对找到的内积产生贡献。

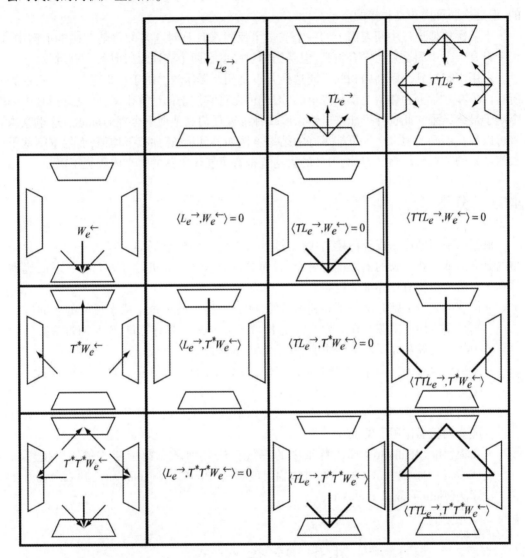

图 4.12　顶行显示了辐射亮度分布的各种传播;而最左边的列则给出了重要性传播。对于该图中的每个项目示例,粗线表示在哪个表面点以及在哪个方向上存在对内积的贡献

因此,在图 4.12 中可以看到,自发射光对通量的贡献等于 0,这当然是非常合理的结果,因为重要性源和辐射亮度源不重叠。为了计算由直接照明(光线无阻碍地到达集合

并贡献给离开该表面的通量)产生的贡献,可以选择传播 $L_e^{\rightarrow}$,从而计算 $\langle \tau L_e^{\rightarrow}, W_e^{\leftarrow} \rangle$,或选择传播 $W_e^{\leftarrow}$,从而计算 $\langle L_e^{\rightarrow}, \tau^* W_e^{\leftarrow} \rangle$。尽管内积非零的积分域在两种情况下都是有区别的,但是这两种内积是相等的。

下一次传播通过中间表面上的一个或多个反射来计算对通量的贡献。在本示例中,由于只有一个中间反射而没有贡献,但是当辐射亮度在两个表面反射时就会有贡献。

可用于扩展到一系列内积的不同选择并不是相互排斥的。由于在扩展的同一级别的所有内积在数学上和数值上都是等价的,因此可以将它们全部计算出来,并且选择其中一个用于最终结果。此选择可能基于错误度量标准或任何其他似乎合理的标准。这也意味着可以组合不同的项以产生可能更好的结果。例如,可以计算加权平均值,而权重则基于数值结果的相对可靠性。因此,得到的表达式很有可能比单独的每个内积更正确。

4.5.4　分类

根据所使用的内积以及传播的执行方式,可以对不同的全局照明算法进行分类。完整的分类需要花费很长的篇幅进行讨论,后面的章节也会对其进行部分介绍。下面提到的算法在后文也将有更详细的说明。

- 传统的光线追踪算法通常会利用重要性的传播,而通过每个像素可见的表面区域则是重要性的来源。在典型的实现中,重要性从未显式计算过,而是通过追踪场景中的光线并从光源获取照明值,它是隐式完成的。
- 光追踪(Light Tracing)是光线追踪(Ray Tracing)的双重算法。它传播来自光源的辐射亮度,并计算通过每个像素可见的表面的最终内积。
- 双向光线追踪同时传播两个传输量,并以最高级的形式计算所有可能内积在所有可能的相互作用下的加权平均值。
- 在辐射度(Radiosity)算法背景中的等效算法分别是高斯·赛德尔辐射度算法(Gauss - Seidel Radiosity)、渐进式辐射度算法(Progressive Radiosity)和双向辐射度算法(Bidirectional Radiosity)。

4.6　路　径　公　式

上述全局光照传输算法的推导和分类是基于辐射亮度和重要性的概念。此外,全局反射分布函数表示场景中两个点方向对之间的全局传输。然后,计算通量可以被视为计算所有可能的点方向对的积分,评估全局反射分布函数和初始辐射亮度以及重要性值。

全局反射分布函数本身由递归积分方程给出。通过递归地评估全局反射分布函数,构建了场景中不同长度的所有可能路径。

　　人们还可以通过考虑路径空间(Path - Space)并计算每条路径上的传输度量来表示全局传输。路径空间本身包含任何长度的所有可能路径。所以,开发人员可以对路径空间中的传输测量值积分,然后考虑生成正确路径的方式(例如,可以使用适当的蒙特卡罗采样过程生成随机路径)并评估每个生成的路径上的能量吞吐量。这个思路由 Spanier 和 Gelbard(详见参考文献[183])提出,并由 Veach(详见参考文献[204])引入渲染过程。采用路径的辐射通量计算公式如下所示。

$$\Phi(S) = \int_{\Omega^*} f(\bar{x}) d\mu(\bar{x})$$

其中 Ω^* 是路径空间;$\bar{x}$ 是任意长度的路径;$d\mu(\bar{x})$ 是在路径空间中的测量。$f(\bar{x})$ 描述了能量的吞吐量,并且是 $G(x, y)$、$V(x, y)$ 和双向反射分布函数评估的连续,还结合了路径开始和结束时的 L_e 和 W_e 评估。

　　路径公式的一个优点是,路径现在被认为是任何积分过程的样本点。使用路径公式通常可以更好地描述诸如 Metropolis 光传输或双向光线追踪之类的算法。

4.7　小　　结

　　本章定义了一个描述光传输方程和全局光照问题的数学框架。这个数学框架包含两组双方程。

　　一方面,辐射亮度传输方程基于在表面点收集辐射亮度值的概念。它假定光源是固定的,并且有若干个想要计算通量的关注点的集合。基于辐射亮度传输预先计算解决方案并将其存储在场景中,将允许开发人员从不同的摄像机位置生成各种图像。

　　另一方面,对于给定集合的照明上的光源来说,重要性传输方程可以表示表面点和相关方向的影响。它假设光源可以变化,但关注点的集合仍然是固定的。因此,如果相机将充当重要性的来源,并且如果重要性解决方案存储在场景中,则可以改变光源的性质和特性。

　　两种传输方程都可以被写成递归积分方程,也就是所谓的第二类弗雷德霍姆方程(Fredholm Equation)。

　　通过引入全局反射分布函数,可以组合辐射亮度和重要性的传输。全局反射分布函数描述了从场景中的一个点方向对(Point - Direction Pair)到另一个点方向对的一般传递属性。因此,它可以被认为是全局照明问题的核心函数。

用于传输方程的计算解决方案可以通过各种方式完成。可以将来自光源的辐射亮度分布到场景中,并将其收集到想要计算通量的集合中。或者,重要性可以从重要性来源分布并在光源处收集,这样就可以知道重要性来源的通量。此外,还可以同时分布两种传输量,并在它们相遇的表面和方向上计算它们的相互作用。基于这一概念,可以构建各种全局照明算法的分类。

4.8　练习

(1)研究由 Kajiya(详见参考文献[85])引入的渲染方程的原始公式。它与今天使用的绝大多数辐射亮度公式都有所区别。请解释其不同之处。这些差异是否会对最终算法产生影响?

(2)在学习了本书第5章和第6章之后,再来构建全局照明算法的分类。寻找算法之间的相似之处而不是差异。渲染像素(如在大多数路径追踪算法变体中)和渲染贴片(如在大多数基于辐射度的算法中)是一样重要的吗?

第 5 章　随机路径追踪算法

本章讨论了一类用于计算全局照明图像的算法,即所谓的路径追踪算法(Path - Tracing Algorithm)①。这些算法的共同特征是它们在光源和开发人员想要计算辐射亮度值的场景中的点之间产生了光传输路径;另外还有一个特征(虽然不那么重要),则是它们通常直接计算每个像素的辐射亮度值。因此,这些算法是像素驱动的,但是,这里概述的许多原理同样可以应用于其他类型的光传输算法,例如有限元技术(将在第 6 章中讨论)。

首先,本章介绍了在全局照明算法背景下路径追踪算法的简要历史(见 5.1 节),然后,还讨论了大多数像素驱动渲染算法常见的相机设置(见 5.2 节),并在 5.3 节中介绍了一个简单的路径追踪算法。在 5.4 节中,介绍了计算场景中直接照明的各种方法,后面 2 节则讨论了特定情形下的环境地图照明(见 5.5 节)和间接照明(见 5.6 节)。最后,在 5.7 节中讨论了光追踪算法(Light - Tracing Algorithm),它是光线追踪的双重算法。

5.1　路径追踪算法简史

全局照明解决方案的路径追踪算法始于怀特迪(Whitted)(详见参考文献[194])关于光线追踪的开创性论文。该论文描述了一种扩展光线投射算法的新方法(包括完美的镜面反射和折射),以确定场景中的可见表面(详见参考文献[4])。当时,由于必须通过场景追踪的光线数量众多,所以光线追踪可以说是一种非常缓慢的算法,但也正因为如此,使得人们开发出了许多技术来加速光线场景的相交测试(在参考文献[52]中对此有更详细的说明)。

1984 年,库克(Cook)等人提出了随机光线追踪算法(详见参考文献[34])。该算法

---

①　术语光线追踪(Ray Tracing)和路径追踪(Path Tracing)在文献中通常是混合使用的。当然,也有些人更喜欢使用术语路径追踪(Path Tracing)作为光线追踪(Ray Tracing)的变体,特指光线不会在表面点处分化成多条光线的情况。

认为光线分布在多个维度上,这样就可以在一个逻辑清晰的框架中模拟光泽反射和折射以及其他影响(例如运动模糊和场景深度)。

卡基亚(Kajiya)的论文(详见参考文献[85])将光线追踪应用于渲染方程,该方程描述了光的物理传输(见本书第 2 章)。这种技术允许渲染全局照明效果,包括任何类型表面之间的所有可能的相互影响。

其他还有将蒙特卡罗采样技术应用于渲染方程的,最完整的算法是双向射线追踪,它是由 Lafortune(详见参考文献[100])和 Veach(详见参考文献[200])引入的。

5.2　光线追踪设置

为了计算全局照明图像,需要将辐射亮度值 L_{pixel} 归因于最终图像中的每个像素。此值是入射在图像平面上的辐射亮度值在加权后的度量值,它沿着来自场景的光线,穿过像素,并指向眼睛(见图 5.1)。对该值的最佳描述可以通过图像平面上的加权积分来实现:

$$L_{pixel} = \int_{imageplane} L(p \rightarrow eye) h(p) \, dp$$

$$= \int_{imageplane} L(x \rightarrow eye) h(p) \, dp \tag{5.1}$$

其中,p 是图像平面上的点;$h(p)$ 是加权或过滤函数。x 是从眼睛通过 p 可以看到的可见点。一般情况下,$h(p)$ 相当于一个简单的盒式过滤器,它使得最终辐射亮度值的计算可以通过对该像素区域上的入射辐射亮度值进行均匀平均来进行。在参考文献[95]中描述了更复杂的相机模型。

完整的光线追踪设置是指场景、相机和像素的特定配置,其具体目的是直接计算每个像素的辐射亮度值。开发人员需要知道相机的位置和方向,以及目标图像的分辨率。假设图像沿视图坐标轴居中,则为了评估 $L(p \rightarrow eye)$,需要从眼睛投射光线通过 p,以便找到 x。由于 $L(p \rightarrow eye) = L(x \rightarrow \overrightarrow{xp})$,所以可以使用该渲染方程来计算这个辐射亮度值。

完整的像素驱动渲染算法(见图 5.2)由所有像素上的循环组成,对于每个像素,则使用适当的积分规则来计算图像平面(见式(5.1))中的积分。例如,可以在一个图像平面上(其中 $h(p) \neq 0$)进行简单的蒙特卡罗采样,对于每个采样点 p,需要构造主光线。沿着该主光线的辐射亮度则使用函数 rad(ray) 计算。该函数找到交点 x,然后计算在 eye 方向上离开表面点 x 的辐射亮度。通过对观察到的光线的总数进行平均,并且考虑积分域 ($h(p) \neq 0$)上的均匀概率分布函数的归一化因子(Normalizing factor),即可获得像素的最终辐射亮度估计。

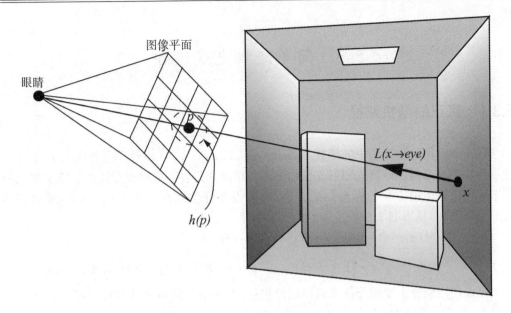

图 5.1　光线追踪设置

```
//像素驱动渲染算法
computeImage(eye)
    for each pixel
        radiance = 0;
        H = integral(h(p));
        for each viewing ray
            pick uniform sample point p such that h(p) <> 0;
            construct ray at origin eye, direction p-eye;
            radiance = radiance +  rad(ray) * h(p);
        radiance = radiance /(#viewingRays * H);
rad(ray)
    find closest intersection point x of ray with scene;
    computeRadiance(x,  eye-x);
```

图 5.2　像素驱动的渲染算法

5.3　简单随机光线追踪

5.3.1　真正的随机路径

像素驱动的渲染算法中的函数 compute_radiance(x，eye-x)使用了渲染方程来评估适当的辐射亮度值。计算此辐射亮度值的最简单算法是：将基本和直接的蒙特卡罗积分方案应用于该渲染方程的标准形式。例如，假设要评估在某些表面点 x 处的辐射亮度 $L(x{\rightarrow}\Theta)$ 值(参见本书 2.6 节) :

$$L(x \rightarrow \Theta) = L_e(x \rightarrow \Theta) + L_r(x \rightarrow \Theta)$$
$$= L_e(x \rightarrow \Theta) + \int_{\Omega_x} L(x \leftarrow \Psi) f_r(x, \Theta \leftrightarrow \Psi) \cos(\Psi, N_x) d\omega_\Psi$$

可以使用蒙特卡罗积分技术来评估该积分，方法是根据一些概率密度函数 $p(\Psi)$ 进行分布，然后在半球 Ω_x 上生成 N 个随机方向 Ψ_i，最后通过以下公式计算出 $L_r(x{\rightarrow}\Theta)$ 的估计量。

$$\langle L_r(x \rightarrow \Theta) \rangle = \frac{1}{N} \sum_{i=1}^{N} \frac{L(x \leftarrow \Psi_i) f_r(x, \Theta \leftrightarrow \Psi_i) \cos(\Psi_i, N_x)}{p(\Psi_i)}$$

可以通过访问场景描述来评估被积函数中的余弦和双向反射分布函数项。当然，x 处的入射辐射亮度 $L(x \leftarrow \Psi_i)$ 是未知的，这是因为：

$$L(x \leftarrow \Psi_i) = L(r(x, \Psi_i) \rightarrow -\Psi_i)$$

开发人员需要通过环境追踪在 Ψ_i 方向上离开 x 的光线，以找到最近的交点 $r(x, \Psi)$。在该点上，需要进行另一次辐射亮度评估。因此，可以由一个递归程序来评估 $L(x \leftarrow \Psi_i)$，以及通过场景追踪的路径或路径树。

如果路径接触到的表面其 L_e 不是 0 值，那么任何这些辐射亮度评估都只会产生一个非零值。换句话说，递归路径需要接触到场景中的光源之一。由于光源与其他表面相比通常较小，所以递归路径接触到光源这样的事情并不会经常发生，只有很少的路径才会对要计算的辐射亮度值产生贡献。通过这种方式生成的图像大部分都是黑色的，只有当路径接触到光源时，相应的像素才会被归为一种颜色。这是可以预期的，因为该算法是从关注的点开始生成场景中的路径，其朝向光源起作用的方式非常缓慢而且不协调。

理论上，根据重要性采样的原则(详见本书 3.6.1 节)，通过按比例选择 $p(\Psi)$ 与余弦项或双向反射分布函数，可以在一定程度上改进该算法，但是在实践中，这种主要采用零值项的缺点并没有显著改善。当然，需要指出的是，如果每像素能生成足够多的路径，那么这种简单的方法也是可以产生无偏图像的。

5.3.2　俄罗斯轮盘赌技术

在简单随机光线追踪算法中描述的递归路径生成器需要停止条件,否则,生成的路径将具有无限长度,并且算法也不会停止。在添加停止条件时,必须注意不要对最终图像引入任何偏差。从理论上讲,光在场景中能无限反射,开发人员不能忽视这些漫长的光路,因为这些光路可能是非常重要的。所以,必须找到一种方法来限制路径的长度,但仍然能够获得正确的解决方案。

在经典的光线追踪实现中,通常使用两种技术来防止路径增长得太长。第一种技术是在固定数量的评估之后切断递归评估。换句话说,路径只能生成到某个特定的长度。这为需要追踪的光线数量设置了上限,但可能忽略了重要的光传输。因此,该图像将是有偏(Biased)的。典型的固定路径长度设置为 4 或 5,但实际上应该取决于要渲染的场景。例如,具有许多镜面表面的场景往往需要更大的路径长度,而大部分为漫反射表面的场景则通常可以使用更短的路径长度。另一种技术是使用自适应的切断长度。当路径接触到光源时,在光源中发现的辐射亮度仍然需要乘以所有先前交叉点处的所有余弦因子和双向反射分布函数评估(并除以所有概率分布函数值),然后才能将其添加到通过像素的辐射亮度的最终估计值中。该累积乘数因子可以与延长路径一起存储。如果该因子低于某个阈值,则停止递归路径生成。与固定的路径长度相比,这种技术更有效,因为它会在前期就停止许多路径,并且产生的错误也更少,但最终的图像仍然是有偏的。

俄罗斯轮盘赌(Russian Roulette)是为解决该问题而提出的另一种技术,它一方面保持了路径长度可管理的能力,但同时又为找到任何长度的所有可能路径留出了空间。因此,它可以产生无偏(Unbiased)的图像。为了解释俄罗斯轮盘赌的原则,不妨先来看一个简单的示例。假设要计算以下一维积分:

$$I = \int_0^1 f(x)\,dx$$

标准蒙特卡罗积分过程在域 $[0,1]$ 中生成随机点 x_i,并计算所有函数值 $f(x_i)$ 的加权平均值。假设由于某种原因,$f(x)$ 是难以估计的或复杂的(例如,$f(x)$ 可能表示为另一个积分),并且我们希望限制估计 I 所需的 $f(x)$ 的评估次数,则通过将 $f(x)$ 水平地缩放 P 因子和垂直地缩放 $1/P$ 因子,也可以将数量 I 表示为

$$I_{RR} = \int_0^P \frac{1}{P} f\left(\frac{x}{p}\right) dx$$

取 $P \leqslant 1$,应用蒙特卡罗积分计算新的积分,使用非定型概率分布函数 $p(x) = 1$ 生成

$[0,1]$ 上的样本,即可得到 I_{RR} 的以下估计量:

$$\langle I_{RR} \rangle = \begin{cases} \dfrac{1}{P} f\left(\dfrac{x}{P}\right) & \text{如果 } x \leqslant P \\ 0 & \text{如果 } x > P \end{cases}$$

很容易验证 $\langle I_{RR} \rangle$ 的期望值等于 I。如果 $f(x)$ 应该是另一个递归积分(如渲染方程中的情况),则应用俄罗斯轮盘赌技术的结果是:每个评估点的概率等于 $\alpha = 1-P$,递归停止。这里的 α 就是所谓的吸收概率(Absorption Probability)。在区间 $[P, 1]$ 中生成的样本将生成一个等于 0 的函数值,但这可以通过用 $1/P$ 因子加权 $[0, P]$ 中的样本来补偿。因此,整体估计量仍将保持无偏。俄罗斯轮盘赌技术的原则如图 5.3 所示。

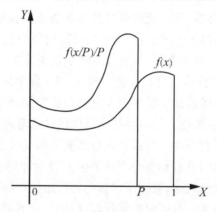

图 5.3　俄罗斯轮盘赌技术的原则

如果 α 很小,递归将继续多次,最终的估计量将更加准确;如果 α 很大,递归将很快停止,但估计量将具有更高的方差。对于简单的路径追踪算法来说,这意味着要么生成长度很长的路径,要么生成非常短的路径。虽然非常短的路径可能会提供不太准确的估计,但是,最终的估计量将是无偏的。

原则上,开发人员可以为 α 选择任何值,并且可以通过选择适当的值来控制算法的执行时间。在全局照明算法中,$1-\alpha$ 通常等于表面材料的半球反射率。因此,较暗的表面将更容易吸收路径,而较亮的表面则具有较高的反射路径的机会。这和现实世界中入射到这些表面上的光的物理表现是相符的。

简单随机光线追踪的完整算法如图 5.4 所示,而图 5.5 则是该算法的图解示意图。可以看到,算法从 x 点开始追踪路径,路径 α 有助于 x 点处的辐射亮度估计,因为它在第二次反射时反射了光源并在之后被吸收;路径 γ 虽然在光源处被吸收,但是它也有贡献;而路径 β 则没有贡献,因为它在到达光源之前就被吸收掉了。

```
//简单的随机光线追踪算法
computeRadiance(x, dir)
    find closest intersection point x of ray with scene;
    estimatedRadiance = simpleStochasticRT(x, dir);
    return(estimatedRadiance);

simpleStochasticRT (x, theta)
    estimatedRadiance = 0;
    if (no absorption)    //俄罗斯轮盘赌
    for all paths        //N 光线
    sample direction psi on hemisphere;
    y  =  trace(x,  psi);
    estimatedRadiance +=
        simpleStochasticRT(y,-psi) * BRDF
        * cos(Nx, psi) /pdf(psi);
    estimatedRadiance /= #paths;
    estimatedRadiance   /= (1-absorption)
    estimatedRadiance += Le(x, theta)
    return(estimatedRadiance);
```

图 5.4　简单的随机光线追踪算法

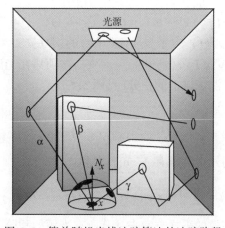

图 5.5　简单随机光线追踪算法的追踪路径

5.4　直　接　照　明

本书 5.3 节中描述的简单随机路径追踪算法效率是相当低的,因为它在不考虑光源位置的情况下对每个表面点周围的方向进行了采样。很明显,光源对于它们可见的任何表面点的照射都有显著贡献。通过明确地向光源发送路径,可以更快地获得准确的图像。

5.4.1　直接照明和间接照明

如本书 2.6 节所述,渲染方程的反射辐射亮度项可以分为两部分: 描述由光源引起的直接照明的项和描述间接照明的项。首先可以仅使用出射辐射亮度来编写反射辐射亮度的积分公式:

$$L_r(x \to \Theta) = \int_{\Omega x} L(x \leftarrow \Psi) f_r(x, \Theta \leftrightarrow \Psi) \cos(\Psi, N_x) d\omega_\Psi$$

$$= \int_{\Omega x} L(r(x, \Psi) \to -\Psi) f_r(x, \Theta \leftrightarrow \Psi) \cos(\Psi, N_x) d\omega_\Psi$$

重写 $L(r(x, \Psi) \to -\Psi)$ 作为 $r(x, \Psi)$ 处的自发射和反射辐射亮度的总和,可以得出以下公式:

$$L_r(x \to \Theta) = \int_{\Omega x} L_e(r(x, \Psi) \to -\Psi) f_r(x, \Theta \leftrightarrow \Psi) \cos(\Psi, N_x) d\omega_\Psi$$

$$+ \int_{\Omega x} L_r(r(x, \Psi) \to -\Psi) f_r(x, \Theta \leftrightarrow \Psi) \cos(\Psi, N_x) d\omega_\Psi \qquad (5.2)$$

$$= L_{direct}(x \to \Theta) + L_{indirect}(x \to \Theta)$$

直接照明项 $L_{direct}(x \to \Theta)$ 表示从光源开始的对 $L_r(x \to \Theta)$ 的直接贡献。由于 $L_{direct}(x \to \Theta)$ 的被积函数包含 $L_e(r(x, \Psi) \to -\Psi)$,该项只在光源处不为零,所以,可以将半球形积分转换为仅在光源区域上的积分(见图 5.6),

$$L_{direct}(x \to \Theta) = \int_{A sources} L_e(y \to \overrightarrow{yx}) f_r(x, \Theta \leftrightarrow \overrightarrow{xy}) G(x, y) V(x, y) dA_y \qquad (5.3)$$

或者通过明确地对场景中的所有 N_L 光源求和:

$$L_{direct}(x \to \Theta) = \sum_{k=1}^{N_L} \int_{A_k} L_e(y \to \overrightarrow{yx}) f_r(x, \Theta \leftrightarrow \overrightarrow{xy}) G(x, y) V(x, y) dA_y$$

现在可以使用非常高效的采样方案来计算所有光源的积分。通过在光源区域上生成表面点,我们确信,如果光源对于点 x 是可见的,则可以将一个非零贡献值添加到对于 x

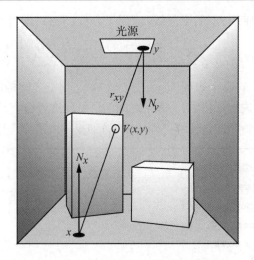

图 5.6　用于直接照明的光源区域积分

的蒙特卡罗估计量；如果 x 在阴影中，则对估计量的贡献等于 0。

在光源上对表面点采样有两种选择。第一种选择是分别计算每个光源的直接照明，而第二种选择则是将组合光源视为一个大光源，把它当作是单个的积分域。在光源上将生成表面点 y_i，并且对于每个样本 y_i，必须评估被积函数 $L_e(y_i \rightarrow x)$ $f_r(x, \Theta \leftrightarrow \overrightarrow{xy_i})$ $G(x, y_i)$ $V(x, y_i)$。由于 $V(x, y_i)$ 需要可见性检查并且表示点 x 是否相对于 y_i 处于阴影中，因此在 x 和 y_i 之间生成的路径通常被称为阴影射线（Shadow Ray）。

以下设置选项将决定直接照明计算的准确性：

- 阴影射线总数。增加阴影射线的数量将产生更好的估计结果。
- 每个光源的阴影射线。根据重要性采样原理，每个光源的阴影射线数量应与光源对 x 照明的相对贡献成正比。
- 在光源内阴影射线的分布。如果某部分的光源对直接照射具有更大的影响，那么应该为这部分的光源生成更多的阴影射线。例如，大面积光源将具有很多的区域，而这些区域均接近被照明的表面点。所以，这些区域理应接收更多的阴影射线，以获得更加准确的直接照明估计量。

5.4.2　单光源照明

为了计算由于场景中的单个光源（即由一个连续区域组成的光源）引起的直接照明，需要在产生阴影射线的光源的区域上定义概率密度函数 $p(y)$。这里假设可以构造这样的概率分布函数，而不管光源的几何特性。

将蒙特卡罗积分(使用 N_s 阴影射线)应用于方程(5.3),即可产生以下估计量:

$$\langle L_{direct}(x \to \Theta) \rangle = \frac{1}{N_s} \sum_{i=1}^{N_8} \frac{L_e(y_i \to \overrightarrow{y_i x}) f_r(x, \Theta \leftrightarrow \overrightarrow{xy_i}) G(x, y_i) V(x, y_i)}{p(y_i)}$$

对于在光源上采样的每个表面点 y_i,需要计算 y_i 和 x 之间的能量转移。这需要对 x 处的双向反射分布函数进行评估,对 x 和 y_i 之间的可见性进行检查,评估几何耦合因子以及 y_i 处的发射辐射亮度。整个能量转移必须用 $p(y_i)$ 加权。该采样程序概述如图5.7所示。

```
//来自单个光源的直接照明
//表面点 x,方向为 theta(θ)
directIllumination(x, theta)
  estimatedRadiance = 0;
  for all shadow rays
      generate point y on light source;
      estimatedRadiance +=
          Le(y, yx) * BRDF * radianceTransfer(x,y) /pdf(y);
  estimatedRadiance = estimatedRadiance /#shadowRays;
  return(estimatedRadiance);


//在 x 和 y 之间传输
//考虑2个余弦值、距离和可见性
radianceTransfer(x,y)
  transfer = G(x,y) * V(x,y);
  return(transfer);
```

图 5.7　计算单个光源的直接照明

蒙特卡罗积分的方差以及最终图像中的噪声(Noise)主要由 $p(y)$ 的选择决定。理想情况下,$p(y)$ 等于每个点 y 对最终估计量的贡献,但在实践中,这几乎是不可能的,必须进行更实际的选择(主要是考虑易于实现)。$p(y)$ 的常用选择如下。

(1)光源区域的均匀采样。在这种情况下,点 y_i 均匀分布在光源区域上,并且 $p(y) = 1/A_{source}$。这是对光源进行采样的最简单方法,可以轻松使用分层采样等优化(见图5.8)。使用此采样方案时,图像中会存在若干个噪声源。如果一个点 x 位于阴影的半影区域(Penumbra Region),那么它的一些阴影射线将产生 $V(x, y_i) = 0$,而有些则不会。这会导致这些半阴影区域中的大部分噪声。另一方面,如果 x 位于任何阴影区域之外,则所有噪声都是由余弦项的变化而引起的,但最重要的是,$1/r_{xy}^2$ 的变化。如果光源很大,那么这尤其明显。图 5.9 中的图片分别显示了使用 1、9、36 和 100 条阴影射线渲染的简单场景。对于每个像素来说,单个观察光线是通过像素的中心投射的,这将产生最近的交点 x,并且需要计算 x 点的辐射亮度值。很明显,当仅使用一个阴影射线时,表面点要么位于阴影中,要么对于光源是可见的。因此,半影可见的一些像素是完全黑色的,也因为如此,半阴影区域中的噪声量很大。

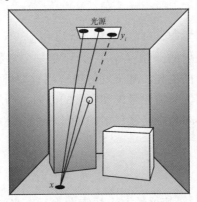

图 5.8　直接照明的均匀光源采样

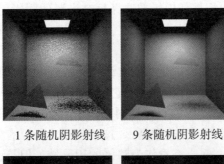

1 条随机阴影射线　　　9 条随机阴影射线

36 条随机阴影射线　　　100 条随机阴影射线

图 5.9　均匀光源采样。分别使用 1、9、36 和 100 条阴影射线渲染
简单场景而产生的图像,它们之间的区别清晰可见

(2)光源对准立体角的均匀采样。为了消除由余弦项或反向距离平方因子(Inverse Distance Squared Factor)引起的噪声,可以选择根据立体角进行采样。这需要将光源区域上的积分重写为光源所对应的立体角上的积分。这将从被积函数中移除一个余弦项和距离因子。但是,可见性项将仍然存在。此采样程序适用于对 x 有明显缩短的光源,确保这些重要区域不会欠采样。这种采样技术通常很难实现,因为在任意立体角上生成方向并不简单(详见参考文献[6])。

许多场景只包含漫反射光源,因此 $L_e(y \to \overrightarrow{yx})$ 在 $L_{direct}(x \to \Theta)$ 的估计中不会增加任何噪声。如果光源是非漫反射的,则 $L_e(y \to \overrightarrow{yx})$ 不是一个常数函数。有可能光源发射的区域或方向比其他区域或方向更亮。基于发射项应用重要性采样可能会比较有用,但在实践中,这是比较困难的,因为只需要考虑朝向 x 的方向。当然,空间变化的光源 thbat 在其角度分量(Angular Component)中是漫反射的,可以被重要性采样,从而减少方差。

5.4.3　多光源照明

当场景中有多个光源时,最简单的方法是依次为每个光源分别计算直接照明。可以为每个光源生成一些阴影射线,然后总结每个光源的总贡献。这样,每个光源的直接照明分量将独立计算,并且可以根据任何标准选择每个光源的阴影射线的数量。这些标准包括:等于所有光源、与光源的总功率成正比、与该点和点 x 之间的反距离平方成正比,等等。

但是,一般情况下,更好的做法是将所有组合光源视为单个积分域,并将蒙特卡罗积分应用于组合的积分。当生成阴影射线时,它们可以被引导到任何光源。因此,可以仅用单个阴影射线计算任意数量光源的直接照射,并且仍然可以获得无偏的图像(尽管在这种情况下,最终图像中的噪声可能非常高)。这种方法之所以有效,是因为它将光源完全抽象为单独的、分离的表面,只需查看作为整体的积分域。但是,为了获得可行的采样算法,开发人员仍然需要单独访问任何光源,因为任何单独的光源可能需要单独的采样程序来在其表面上生成点。

一般来说,每个阴影射线可以使用两步采样过程(见图 5.10)。

● 在第一步中,使用离散概率密度函数 $p_L(k)$ 来选择光源 k_i。可以为每个 N_L 光源分配一个概率值,用它来选择发送阴影射线。通常,这个概率函数对于开发人员想要投射的所有阴影射线都是相同的,但是对于想要计算辐射亮度值的每个不同的表面点 x 可能是不同的。

● 在第二步中,使用条件概率分布函数 $p(y \mid k_i)$ 生成在上一步骤中选择的光源 k 上的表面点 y_i。此概率分布函数的性质取决于光源 k_i。例如,可以使用均匀区域采样对

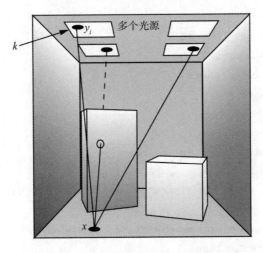

图 5.10　对多光源的直接照明采样

一些光源进行采样,而对其他光源则可以通过在对向立体角上生成阴影射线来进行采样。

在经过上述两个步骤的处理之后,对于所有光源的组合区域上的采样点 y_i 的组合概率分布函数就变成了 $p_L(k)p(y \mid k)$。这会产生以下 N 阴影射线的估计量:

$$\langle L_{direct}(x \to \Theta) \rangle = \frac{1}{N} \sum_{i=1}^{N} \frac{L_e(y_i \to \overrightarrow{y_i x}) f_r(x, \Theta \leftrightarrow \overrightarrow{xy_i}) G(x, y_i) V(x, y_i)}{p_L(k_i) p(y_i \mid k_i)} \quad (5.4)$$

图 5.11 显示了计算由多个光源引起的直接照明的算法。但是请注意,也可以使用由单个光源计算照明的算法,对每个光源进行重复计算。

虽然任何概率分布函数 $p_L(k)$ 和 $p(y \mid k)$ 都会产生无偏的图像,但是概率分布函数使用的特定选择将影响估计量的方差以及最终图像中的噪声。一些比较流行的选择如下。

(1)均匀的光源选择,光源区域的均匀采样。两个概率分布函数都是均匀的: $p_L(k) = 1/N_L$ 且 $p(y \mid k) = 1/A_{Lk}$。平均而言,每个光源会接收相同数量的阴影射线,并且这些阴影射线均匀地分布在每个光源的区域上。这很容易实现,但缺点是: 明亮光源和较暗光源的照明都是用相同数量的阴影射线计算出来的,并且远处或不可见的光源所接收的阴影射线数量与近处光源接收到的阴影射线数量是一样的。因此,没有考虑到每个光源的相对重要性。替换式(5.4)中的概率分布函数,即可获得以下直接照明的估计量:

$$\langle L_{direct}(x \to \Theta) \rangle = \frac{N_L}{N} \sum_{i=1}^{N} A_{L_k} L_e(y_i \to \overrightarrow{y_i x}) f_r(x, \Theta \leftrightarrow \overrightarrow{xy_i}) G(x, y_i) V(x, y_i)$$

```
//计算由多个光源引起的直接照明的算法
//针对表面点 x,方向 theta(θ)
directIllumination(x, theta)
  estimatedRadiance = 0;
  for  all  shadow rays
     select light source k;
     generate point y on light source k;
     estimatedRadiance +=
     Le(y, yx) * BRDF * radianceTransfer(x,y)/(pdf(k)
            pdf(y|k));
  estimatedRadiance = estimatedRadiance /#shadowRays;
   return(estimatedRadiance);


//在 x 和 y 之间传输
//考虑 2 个余弦值、距离和可见性
radianceTransfer(x,y)
  transfer = G(x,y)*V(x,y);
  return(transfer);
```

图 5.11　对多个光源计算直接照明的算法

（2）与功率成正比的光源选择,光源区域均匀采样。在该算法中,概率分布函数 $p_L(k) = P_k / P_{total}$,其中 P_k 是光源 k 的功率,P_{total} 是所有光源发射的总功率。明亮的光源会接收到更多的阴影射线,而非常昏暗的光源则可能会收到很少的阴影射线。这样处理很可能会减少方差以及图片中的噪声。

$$\langle L_{direct}(x \rightarrow \Theta) \rangle = \frac{P_{total}}{N} \sum_{i=1}^{N} \frac{A_{L_k} L_e(y_i \rightarrow \overrightarrow{y_i x}) f_r(x, \Theta \leftrightarrow \overrightarrow{xy_i}) G(x, y_i) V(x, y_i)}{P_k}$$

如果所有光源都是漫反射的,则 $P_k = \pi A_k L_e, \ k$,因此

$$\langle L_{direct}(x \rightarrow \Theta) \rangle = \frac{P_{total}}{\pi N} \sum_{i=1}^{N} f_r(x, \Theta \leftrightarrow \overrightarrow{xy_i}) G(x, y_i) V(x, y_i)$$

这种方法通常是比较优越的,因为它考虑了光源的重要性,但它也可能会导致像素的收敛速度变慢,使得明亮的光不可见,并且照明由这些像素处的较不明亮的光主导。后一种情况只能通过使用采样策略来解决,该采样策略可结合使用关于光源可见性的一些知识。

无论选择了何种 $p_L(k)$，都必须确保不排除任何可能对 $L_{direct}(x \to \Theta)$ 有贡献的光源。即使是抛弃小的、微弱的或很远的光源也可能会导致图像的偏差，而对于图像的某些部分来说，这种偏差可能会显得非常突出。

上述两步程序的缺点之一是需要 3 个随机数来生成阴影射线：一个随机数用来选择光源 k，另外两个随机数则用来在光源区域中选择一个特定的表面点 y_i。这使得分层采样更难以实现。在参考文献［170］中描述了一种技术，其使得在为多个分离光源生成阴影射线时可以仅使用两个随机数。涵盖所有光源的二维积分域（Two-Dimension Integration Domain）被映射在标准二维单位正方形（Two-Dimension Unit Square）上。每个光源对应于单位正方形的很小的子域（Subdomain）。当在单位正方形上采样点时，可以找出它所在的子区域（Subarea），然后将该点的位置转换为实际光源。现在，三维域中的采样已经减少到二维域中的采样，这使得应用分层采样或其他方差减少技术更加容易。

5.4.4　阴影射线采样的替代方案

光源的区域采样是用于计算场景中直接照明的最直观且最为人所熟悉的算法。因为在采样过程中使用了知识来了解光在场景中的来源，所以我们可以期望它的方差很小。当然，也可以使用其他一些采样技术来计算直接照明，虽然这通常不太有效，但从理论的角度来看还是很有趣的。这些技术提供了在关注点和光源之间构建路径的替代方法。

（1）通过半球采样的阴影射线。该采样程序与本书 5.3 节中解释的简单随机光线追踪算法有关。在半球 Ω_x 上生成方向 Ψ_i，之后找到最近的交点 $r(x, \Psi_i)$。如果 $r(x, \Psi_i)$ 属于光源，则记录对直接照明估计量的贡献。在图 5.12 中，7 条光线中只有 2 条到达光源并产生非 0 值的贡献。这实际上就是简单的随机光线追踪算法，只不过其中的递归在执行一次之后就结束了。许多光线朝着的方向并不是光源的表面，噪声和方差主要是由这一事实引起的，而不是由任何能见度因素引起的，因为最终的估计量中不会出现可见性。可见性项隐含地包含在最近可见点 $r(x, \Psi_i)$ 的计算中。

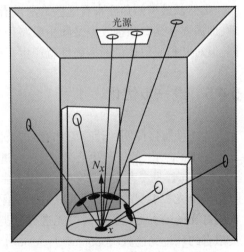

图 5.12　使用半球采样生成的阴影射线

（2）通过全局区域采样的阴影射线。描述全局照明的积分（见式（5.3））将在所有光源的区域上积分。也可以将此积分写为场景中所有曲面的积分,因为在非光源的曲面上自发光辐射亮度等于 0(见图 5.13)。使用此公式,可以在场景中的任何表面上对表面点进行采样。其评估与常规阴影射线相同,但不同的是 $L_e(y_i)$ 因子可能等于 0,而这会引入额外的噪声源。

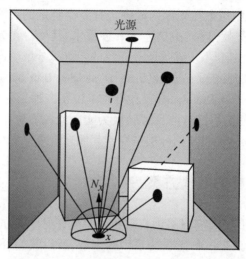

光源

N_x

x

图 5.13 使用全局区域采样生成的阴影射线

虽然从效率的角度来看这些方法没有多大意义,但它们强调了计算光传输的基本原理,即需要在光源和接收点之间生成路径。这些方法仅仅在路径的生成方式方面有所不同,但对其相应估计量的准确性就产生了极大的影响。

5.4.5 进一步优化

为了使直接照明的计算更加有效,人们已经提出了许多优化算法。其中大部分涉及试图使 $V(x,y)$ 的评估更有效,或者通过预先选择发送阴影射线的光源的方式。

Ward(详见参考文献[223])使用了由用户指定的阈值,以消除不太重要的光,加速计算由多个光源引起的直接照明。对于图像中的每个像素,系统将假设灯光完全可见,然后根据灯光的最大可能贡献对灯光进行分类。此外,系统还将检测像素处的每个最大可能贡献者的环境光遮蔽(Ambient Occlusion)情况,以测量它们对像素的实际贡献,并在到达预定的能量阈值时停止。这种方法可以减少环境光遮蔽测试的次数;但是,它不会降低必须执行的环境光遮蔽测试的成本,并且在照明均匀时表现不是很好。

Shirley 等人的方法(详见参考文献[230])是,将场景细分为体素(Voxel),并且对于每个体素,将灯光划分为重要集合和不重要的集合。重要集合中的每个灯光都被明确采样,而不重要的集合中则随机挑选出一个灯光作为该集合的代表并采样。这种算法的假设前提是:不重要的灯光都贡献相同的能量。为了确定重要灯光集合,他们在每个灯光周围构建了一个影响盒(Influence Box)。一个影响盒包含灯光可以贡献超过阈值能量的所有的点。该影响盒将与场景中的体素相交,以确定哪些体素的灯光是重要的。这是处理许多灯光的有效方式。当然,该方法旨在生成静止图像,因为它的每个像素都需要大量样本,以降低在灯光集合采样中可能产生的噪声。

Paquette 等人的方法(详见参考文献[136])是,为快速渲染具有许多灯光的场景提供灯光的层次结构。该系统将围绕灯光集合构建一个八叉树(Octree),不断细分直到每个单元中的灯光数少于预定数量。然后,每个八叉树单元都有一个为其构造的虚拟灯光(Virtual Light),表示由其中的所有光引起的照明。它们推导出的误差范围可以确定何时适合用特定的虚拟灯光给一个点着色,以及何时需要遍历层级到更高的级别。他们的算法可以处理数千个点光源。这种方法的一个主要缺陷是它不考虑可见性。

Haines 等人的算法(详见参考文献[60])是,通过明确地追踪遮蔽的几何形状并将其存储在围绕光源的立方体中,使得阴影射线的生成速度大大加快。但是,他们的技术并不适用于区域灯光,也没有提供针对很多灯光情况下的特定加速方式。

Fernandez 等人的算法(详见参考文献[45])是,使用局部照明环境。针对图像中的每个像素,以及针对每个光源,通过投射阴影射线自适应地构建可能的遮蔽物(Occluder)列表。他们的技术在交互速度方面表现得很好。Hart 等人(详见参考文献[65])使用了与此类似的方法,但是没有提供在使用了洪水漫灌算法(Flood-Fill Algorithm)的图像中产生像素阴影分布的几何信息。

5.5　环境地图照明

5.4 节中介绍的技术适用于几乎所有类型的光源。简而言之,就是选择一个合适的概率分布函数,以便从场景的所有光源中选择一个光源;然后再选择一个概率分布函数,以便对所选光源上的随机表面点进行采样。显然,这样的算法是非常有用的,其总方差以及图像中的随机噪声将高度取决于所选概率分布函数的类型。

环境地图(Environment Map)有时也称为照明地图(Illumination Map)或反射地图(Reflection Map),是一种广受重视的光源。环境地图可以对围绕单个点的方向半球上存在的总照度编码。一般情况下,人们使用数码相机在自然环境中捕获环境地图。

环境地图可以在数学上描述为逐步连续函数(Stepwise Continuous Function),其中每个像素都对应于环境地图居中的点 x 周围的小立体角 $\Delta\Omega$。然后,每个像素的强度对应于入射辐射亮度值 $L(x\leftarrow\Theta)$,其中 $\Theta\in\Delta\Omega$。

5.5.1　捕获环境地图

环境地图通常代表真实世界的照明条件。与数码相机配合使用的光探头(Light Probe)或配备有鱼眼镜头的数码相机是捕获环境贴图的最常用技术和设备。

1. 光探头

获取真实世界下环境地图的实用方法是使用光探头。光探头只不过是一个镜面反射球(Specular Reflective Ball),位于需要捕获入射光照的位置。随后使用配备有正射镜头(Orthographic Lens)的相机拍摄光探头,或者也可以使用大型变焦镜头拍摄光探头,使得正交条件尽可能近似。

光探头的记录图像中的中心像素对应于单个入射方向。由于光探头上的法向矢量是已知的,并且从像素坐标到入射方向的映射也可以使用,因此要计算这个方向是相当容易的。所以说,光探头的照片可以得到一组 $L(x\leftarrow\Theta)$ 的样本(见图 5.14)。

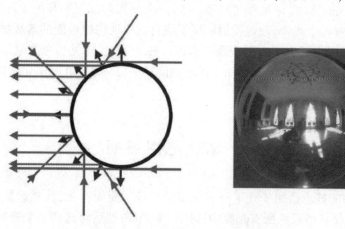

图 5.14　光探头拍摄的照片会产生一个环境地图,表示来自各个方向的
入射辐射(照片由 Vincent Masselus 提供)

尽管图像的采集过程很简单,但仍有许多问题需要考虑:
- 相机将在光探头中反射并将出现在照片中,从而阻挡来自相机后方直接方向的光线。

- 使用光探头不会导致半球方向的均匀采样。相机对面的方向采样效果不佳,而相机同一侧的方向采样密集。
- 在光探头图像边缘采样的所有方向均代表来自同一方向的照明。由于光探头的半径较小,因此这些值可能略有不同。
- 由于相机无法通过非线性响应曲线捕捉所有照明等级,因此需要使用高动态范围拍摄过程来获取正确表示辐射亮度值的环境贴图。

通过拍摄光探头分开 90°的两张照片,可以消除上述问题中的一部分问题。两张照片的样本可以组合成一个单独的环境地图,如图 5.15 所示。

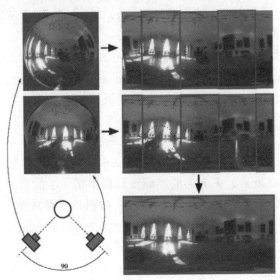

图 5.15　光探头分开 90°拍摄两次。相机的位置如图中所示。将两张照片组合在一起可以生成一个良好采样的环境地图,而不会看到相机(照片由 Vincent Masselus 提供)

2. 鱼眼镜头

捕获环境地图的替代方案是使用配备有鱼眼镜头的相机。从相反的视图方向拍摄的两张照片也可以很好地获得单个环境地图。当然,这会有一些限制:

- 效果良好的鱼眼镜头可能非常昂贵且难以校准。
- 两张图像都需要在完全相反的视图方向拍摄,否则照片中不会出现显著的方向集合。

如果只需要知道仅在一个半球中的方向的入射照明而不是整个方向球,则使用鱼眼镜头可能非常实用。

5.5.2　参数化技术

在全局照明算法中使用环境贴图时,它们需要在某些参数空间中表示。开发人员可以使用各种参数化(Parameterization)技术,甚至可以说,对环境地图的良好采样程度的有效性将取决于所使用的参数化类型。就本质而言,这和计算渲染方程时在半球上积分所做出的选择是一样的,它们都是通过参数控制最终图像的生成效果。

在环境地图的上下文中可以使用各种类型的参数化技术,本节仅提供一个简要的概述。在参考文献[118]中可以找到更深入的分析。

● 纬度-经度参数化(Latitude - Longitude Parameterization)。该参数化技术与本书附录 A 中描述的半球坐标系(Hemispherical Coordinate System)相同,但它扩展到整个球体方向。其优点是倾斜角 θ 的相等分布,但是在两个极周围存在奇点(Singularity),而两个极在地图中表示为线。还有一个问题是,地图中的像素不占用相同的立体角,并且 $\phi = 0$ 和 $\phi = 2\pi$ 的角度并不是彼此相邻地连续映射的(见图 5.16(a))。

● 投影圆盘参数化(Projected - Disk Parameterization)。此参数化技术也称为努塞尔特嵌入(Nusselt Embedding)。其方向的半球投影在半径为 1 的圆盘上。优点是方位角 ϕ 的连续映射,并且极点是地图中的单个点。但是,倾斜角 θ 在地图上是不均匀分布的(见图 5.16(b))。它有一种变体是抛物面参数化(Paraboloid Parameterization),其中倾斜角度 θ 的分布将更均匀(详见参考文献[72])(见图 5.16(c))。

● 同心地图参数化(Concentric - Map Parameterization)。同心地图参数化技术可以将投影单位圆盘转换为单位平方(详见参考文献[165])。这样就可以更容易地对地图中的方向进行采样,并保持投影圆盘参数化的连续性(见图 5.16(d))。

5.5.3　环境地图采样

由环境地图引起的表面点的直接照射可表示如下:

$$L_{direct}(x \to \Theta) = \int_{\Omega_x} L_{map}(x \leftarrow \Psi) f_r(x, \Theta \leftrightarrow \Psi) \cos(\Psi, N_x) d\omega_\Psi$$

被积函数包含来自环境地图中的方向 Ψ 上的点 x 上的入射照明 $L_{map}(x \leftarrow \Psi)$。

但是,场景中存在的其他表面可能会阻止来自方向 Ψ 的光到达 x。这些表面可能属于其他对象,或者包含 x 的对象也可能将它自己的阴影投射到 x 上。在这些情况下,必须添加检查 x 的可见性的项 $V(x, \Psi)$:

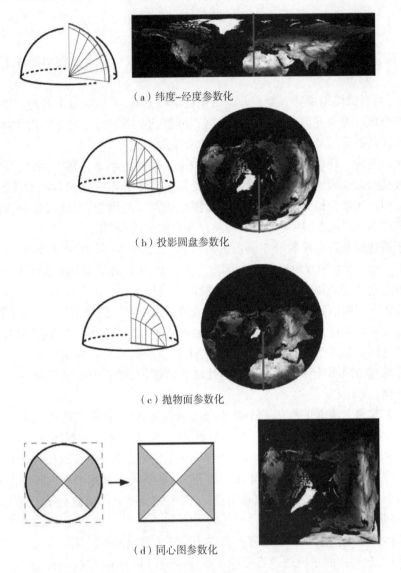

（a）纬度-经度参数化

（b）投影圆盘参数化

（c）抛物面参数化

（d）同心图参数化

图 5.16　（半）球的不同参数化技术（图片由 Vincent Masselus 提供）

$$L_{direct}(x \rightarrow \Theta) = \int_{\Omega x} L_{map}(x \leftarrow \Psi) f_r(x, \Theta \leftrightarrow \Psi) V(x, \Psi) \cos(\Psi, N_x) d\omega_\Psi \qquad (5.5)$$

蒙特卡罗积分的直接应用将导致以下估计量：

$$\langle L_{direct}(x \to \Theta) \rangle = \frac{1}{N} \sum_{i=1}^{N} \frac{L_{map}(x \leftarrow \Psi_i) f_r(x, \Theta \leftrightarrow \Psi_i) V(x, \Psi_i) \cos(\Psi_i, N_x)}{p(\Psi_i)}$$

其中使用了概率分布函数 $p(\Psi)$ 直接在环境地图的参数化技术过程中生成了不同的采样方向 Ψ_i。

但是,当尝试使用蒙特卡罗积分来近似这个积分时,会出现以下各种问题:

- 积分域。充当光源的环境地图占据了待着色点周围的完整立体角,因此,直接照明方程的积分域具有很大扩展,这通常会增加方差。

- 纹理光源。环境地图中的每个像素表示入射光的小立体角。因此,环境地图可以被视为带纹理的光源。环境地图中的辐射亮度分布可以包含高频率或不连续性,从而再次增加最终图像中的方差和随机噪声。特别是,当捕获诸如太阳或明亮窗户之类的影响时,环境地图中可能存在非常高的照明峰值。

- 环境地图和双向反射分布函数的乘积。如式(5.5)所示,被积函数包含入射照明 $L_{map}(x \leftarrow \Psi)$ 和双向反射分布函数 $f_r(x, \Theta \leftrightarrow \Psi)$ 的乘积。除了环境地图中存在的不连续性和高频率效应外,光泽或镜面双向反射分布函数还包含非常尖锐的峰值。这两个照明值和双向反射分布函数值的球体或半球的峰值通常不在同一方向。这使得有效采样方案的设计变得非常困难,因为必须同时考虑到这些特征。

- 可见性。如果已经包含了可见性项,则被积函数中将存在更多的不连续性。这与标准直接照明计算中可见性项的处理非常相似,但它也可能使高效的采样过程复杂化。

有很多实用方法尝试构建一个概率分布函数 $p(\Psi)$ 来解决这些问题。简单概括一下,这些方法可以分为 3 类:第一类中的概率分布函数仅基于照明图中的辐射亮度值 $L_{map}(x \leftarrow \Psi)$ 的分布,通常也考虑 $\cos(\Psi, N_x)$ 值,它可以预先乘以照明图亮度值;第二类中的概率分布函数基于双向反射分布函数 $f_r(x, \Theta \leftrightarrow \Psi)$,如果该双向反射分布函数具有光泽或镜面特性,则该类方法特别有用;第三类中的概率分布函数则基于以上两个函数的乘积,但通常情况下难以构建。

- 直接照明地图采样。上述第一类方法是基于照明图中的辐射亮度值构建概率分布函数,这可以简单地通过将分段常数像素值(Piecewise – Constant Pixel Value)转换为概率分布函数来实现,转换的方法是计算二维中的累积分布并随后将其反转。这通常会产生一个二维查询表,并且该方法的效率高度依赖于此查询表的查询速度。

另外还有一种不同的方法是,通过将环境地图转换为许多精心选择的点光源来简化环境地图。这样做具有以下优点:对于要着色的所有表面点,存在对环境地图的一致采样,但是它也可能会导致混叠伪像(Aliasing Artifact),尤其是在使用少量光源时。在参考文献[97]中,提出了一种方法,即从高动态范围环境地图中自动生成求积规则(Quadrature Rule)。在结构化重要性采样算法中考虑了可见性,其中环境图被细分为多个单元(详见参考文献[1])。

- 双向反射分布函数采样。仅基于照明图构建概率分布函数的主要缺点是:在采样过程中未包括双向反射分布函数,而是在选择采样方向之后进行评估。对于镜面和光面双向反射分布函数来说,这尤其是个大问题。在这种情况下,基于双向反射分布函数的概率分布函数将产生更好的结果。

这当然要求双向反射分布函数可以进行分析采样,但是,除了一些结构良好的双向反射分布函数(例如,Phong BRDF 或 Lafortune BRDF)之外,这并不总是可行的。如果双向反射分布函数无法分析采样,那么也必须对该函数使用逆累积分布技术。

- 对乘积采样。上述第三类方法其实是最佳的方法,即根据照明图和双向反射分布函数的乘积构建采样方案,可能还包括余弦和一些可见性信息。在参考文献[21]中,引入了双向重要性采样(Bidirectional Importance Sampling)技术,它构建了基于拒绝采样的采样程序。该方法的缺点是难以精确地预测将拒绝多少样本,以及由此产生的计算时间。在参考文献[195]中介绍了这种方法的变体,即重新采样的重要性采样(Resampled Importance Sampling)。而在参考文献[27]中还介绍了另外一种采样技术,即小波重要性采样(Wavelet Importance Sampling),该技术可以基于照明图和双向反射分布函数的小波表示构建概率分布函数,但这意味着对可使用的地图类型和双向反射分布函数的一些限制。

5.6　间接照明

本节将介绍对场景中的间接照明的计算。与直接照明计算相反,这个问题通常要困难得多,因为间接光可能从所有可能的方向到达表面点 x。由于这个原因,很难沿着与直接照明相同的线路优化间接照明计算。

间接照明包括在光源和 x 之间的中间表面处的至少一次反射之后才到达目标点 x 的光。间接照明是场景中总体光分布的非常重要的组成部分,并且通常在任何全局照明算法中都是占用最大的工作量。间接照明的真实感渲染常被用来作为一项必要的标准,以判断任何由计算机生成的图像是否具有照片级真实感。

5.6.1　间接照明的均匀采样

在本书 5.4.1 节中,渲染方程式被分为直接照明和间接照明两部分。对 $L(x \rightarrow \Theta)$ 的间接照明贡献表示为

$$L_{indirect}(x \rightarrow \Theta) = \int_{\Omega x} L_r(r(x, \Psi) \rightarrow - \Psi) f_r(x, \Theta \leftrightarrow \Psi) \cos(\Psi, N_x) d\omega_\Psi$$

被积函数包含来自场景中其他点的反射辐射亮度 L_r,它们本身也是由直接照明和间接照明两部分组成的(根据式(5.2))。与直接照明方程所做的不同,开发人员不能将这个积分再次细分为较小的积分域。$L_r(r(x, \Psi) \rightarrow -\Psi)$(在封闭环境中)对于所有 (x, Ψ) 对均具有非零值。因此,整个半球都需要被视为积分域,需要相应地进行采样。

评估间接照明的最常用蒙特卡罗程序是使用任意的半球形概率分布函数 $p(\Psi)$ 并生成 N 个随机方向 Ψ_i。这会产生以下估计量:

$$\langle L_{indirect}(x \rightarrow \Theta) \rangle = \frac{1}{N} \sum_{i=1}^{N} \frac{L_r(r(x, \Psi_i) \rightarrow - \Psi_i) f_r(x, \Theta \leftrightarrow \Psi_i) \cos(\Psi_i, N_x)}{p(\Psi_i)}.$$

为了评估这个估计量,对于每个生成的方向 Ψ_i,需要评估双向反射分布函数和余弦项,追踪 Ψ_i 方向上来自 x 的光线,并评估最接近的交点 $r(x, \Psi_i)$ 上的反射辐射亮度 $L_r(r(x, \Psi) \rightarrow -\Psi)$。最后的评估显示了间接照明的递归性质,因为在交点 $r(x, \Psi_i)$ 上的这种反射辐射亮度可以再次分裂成直接和间接的贡献。评估间接照明的算法如图 5.17 所示,其图形化解释则如图 5.18 所示。

使用俄罗斯轮盘赌技术可以停止递归评估,其方式与简单的随机光线追踪相同。通常,局部半球反射被用作适当的吸收概率。这种选择可以直观地做出解释:算法的工作量(即追踪光线和评估 $L_{indirect}(x)$)应该与场景不同部分中存在的能量总量成正比。

5.6.2　间接照明的重要性采样

$p(\Psi)$ 的最简单选择是均匀概率分布函数 $p(\Psi) = 1/2\pi$,以使方向采样与立体角成比例。这很容易实现。结果图像中的噪声将由双向反射分布函数和余弦评估的方差以及远处点的反射辐射亮度 L_r 的变化引起。

在半球上进行均匀采样并没有考虑任何与间接照明积分中的被积函数有关的信息。为了降低噪声,需要某种形式的重要性采样。所以,可以构造一个与以下任何因素成比例(或近似成比例)的半球形概率分布函数:

```
//间接照明算法
//表面点 x,方向 theta
indirectIllumination (x, theta)
  estimatedRadiance  =  0;
  if  (no  absorption)
      for all indirect paths
        sample direction psi on hemisphere;
      y  =  trace(x,  psi);
      estimated radiance +=
          computeRadiance(y, -psi) * BRDF *
          cos(Nx,  psi)  /pdf(psi);
      estimatedRadiance = estimatedRadiance /#paths;
  return(estimatedRadiance /(1-absorption));

computeRadiance(x, dir)
  estimatedRadiance = Le(x, dir);
  estimatedRadiance += directIllumination(x, dir);
  estimatedRadiance += indirectIllumination(x, dir);
  return(estimatedRadiance);
```

图 5.17　计算间接照明的算法

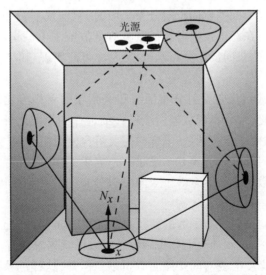

图 5.18　间接照明计算期间生成的路径。用于直接照明的阴影射线以虚线表示

- 余弦因子 $\cos(\Psi_i, N_x)$。
- 双向反射分布函数 $f_r(x, \Theta \leftrightarrow \Psi_i)$。
- 入射辐射场 $L_r(r(x, \Psi_i))$。
- 以上任何一种的组合。

1. 余弦采样

对方向的采样应该与围绕法线 N_x 的余弦因子成比例,这样可以防止在 $\cos(\Psi_i, N_x)$ 等于 0 的半球的水平线附近采样太多的方向。在经过这样的处理之后,预期噪声会减小,因为它减少了对最终估计量的贡献很小的方向的生成概率。所以

$$p(\Psi) = \cos(\Psi, N_x)/\pi$$

如果还假设双向反射分布函数 f_r 在 x 处是漫反射,则可以得到以下估计量:

$$\langle L_{indirect}(x \rightarrow \Theta) \rangle = \frac{\pi f_r}{N} \sum_{i=1}^{N} L_r(r(x, \Psi_i) \rightarrow - \Psi_i)$$

在该估计量中,剩下的唯一噪声源是入射辐射场的变化。

2. 双向反射分布函数采样

当在半球上采样的方向 Ψ 与余弦因子成比例时,并没有考虑到由于 x 点双向反射分布函数的性质,某些方向对 $L_{indirect}(x \rightarrow \Theta)$ 的值贡献更多。

理想情况下,应该更频繁地对具有高双向反射分布函数值的方向进行采样。

当存在光泽或高度镜面的双向反射分布函数时,双向反射分布函数采样是一种很好的降噪技术。它减少了在双向反射分布函数具有低值或零值的情况下采样方向的概率。但是,只有对少数选定的双向反射分布函数模型,才可能实现与双向反射分布函数完全成比例的采样。

更好的做法是尝试与双向反射分布函数和余弦项的乘积成比例。从分析的角度来看,除了少数几个双向反射分布函数模型经过仔细选择的情况之外,这样做会更加困难。一般来说,针对这样的概率分布函数,采样时需要组合使用拒绝采样技术。

另外还有一个耗时的替代方案是:建立一个累积概率函数的数字表,并使用该表生成方向。概率分布函数值不会完全等于双向反射分布函数和余弦因子的乘积,但它仍然可以实现显著减少方差的目标。

可以使用针对双向反射分布函数的狄拉克脉冲(Dirac Impulse)对完美的镜面材料进行建模。在这种情况下,对双向反射分布函数进行采样意味着只有一个可能的方向,即来自该方向的入射辐射亮度需要对间接照明有贡献。但是,这样的狄拉克双向反射分布函数在蒙特卡罗采样框架中是很难适用的,并且通常需要编写特殊的评估程序。

作为一个演示按比例进行双向反射分布函数采样的示例,现在可以来考虑改进的
Phong 双向反射分布函数,

$$f_r(x, \Theta \leftrightarrow \Psi) = k_d + k_s \cos^n(\Psi, \Theta_s)$$

其中 Θ_s 是 Θ 相对于 N_x 法线的完美镜面反射方向。该双向反射分布函数具有漫反射的
部分 k_d 和光泽部分 $k_s \cos^n(\Psi, \Theta_s)$。根据双向反射分布函数的这些项,间接照明积分现
在可以分为以下两部分:

$$L_{indirect}(x \to \Theta) = \int_{\Omega x} L_r(r(x, \Psi) \to -\Psi) k_d \cos(\Psi, N_x) d\omega_\Psi$$

$$+ \int_{\Omega x} L_r(r(x, \Psi) \to -\Psi) k_s \cos^n(\Psi, \Theta_s) \cos(\Psi, N_x) d\omega_\Psi$$

对此总表达式进行采样的过程如下:

(1)使用 3 个事件来构造离散概率分布函数,这 3 个事件具有的相应概率为 q_1、q_2 和
$q_3(q_1 + q_2 + q_3 = 1)$。这 3 个事件相应决定了要采样的照明积分的一部分。最后一个事件
可以用作吸收事件。

(2)使用概率分布函数 $p_1(\Psi)$ 或 $p_2(\Psi)$ 生成 Ψ_i,这两个概率分布函数分别对应于
双向反射分布函数的漫反射和光泽反射两部分。

(3)采样方向 Ψ_i 的最终估计量等于:

$$\langle L_{indirect}(x \to \Theta) \rangle = \begin{cases} \dfrac{L(x \leftarrow \Psi_i) k_d \cos(N_x, \Psi_i)}{q_1 p_1(\Psi_i)} & \text{如果为事件 1(漫反射)} \\[3mm] \dfrac{L(x \leftarrow \Psi_i) k_s \cos^n(\Psi_i, \Theta_s) \cos(N_x, \Psi_i)}{q_2 p_2(\Psi_i)} & \text{如果为事件 2(光泽反射)} \\[3mm] 0 & \text{如果为事件 3(吸收事件)} \end{cases}$$

还有一种替代方法是,将已采样的方向视为单个分布的一部分,并评估总间接照明积
分。生成的方向将具有亚临界分布 $q_1 p_1(\Psi) + q_2 p_2(\Psi)$,相应的主要估计量如下。

$$\langle L_{indirect}(x \to \Theta) \rangle =$$

$$\frac{1}{N} \sum_{i=1}^{N} \frac{L_r(r(x, \Psi_i) \to -\Psi_i)(k_d + k_s \cos^n(\Psi_i, \Theta_s) \cos(N_x, \Psi_i))}{q_1 p_1(\Psi_i) + q_2 p_2(\Psi_i)}$$

对这些不同的概率分布函数有哪些好的选择?当使用 $p_1(\Psi)$ 对双向反射分布函数
的漫反射部分进行采样时,显而易见的选择是根据余弦分布进行采样。光泽部分则既可
以根据余弦分布进行采样,也可以与以 Θ 为中心的余弦 $\cos^n(\Psi, \Theta_s)$ 成比例。

q_1、q_2 和 q_3 的选择对估计量的变化也有重要影响。原则上,任何一组值都可以提供
无偏估计量,但仔细选择这些值将会对最终结果产生影响。有一个很好的做法是,按不同
模式中(最大)反射能量的比例选择这些值。这些值可以通过对沿着表面上的法线 N_x 的

入射方向的反射能量进行积分来计算:

$$q_1 = \pi k_d$$

$$q_2 = \frac{2\pi}{n+2} k_s$$

注意,对于除 N_x 之外的任何其他入射方向,q_2 的值实际上大于凸角中的实际反射能量,因为围绕 Θ_s 的余弦因子的部分位于 x 处的表面下方。因此,相对于凸角中的反射能量,在镜面入射中将产生更多的样本,但是这可以通过不重新采样位于表面下方的部分中的任何方向来调整,从而保持漫反射能量、镜面反射能量和吸收之间的正确平衡。

3. 入射辐射场采样

在计算间接照明时,最后一种可用于减少方差的技术是根据入射辐射亮度值 $L_r(x \leftarrow \Psi)$ 对方向 Ψ 进行采样。在开发人员想要计算 $L_{indirect}(x \rightarrow \Theta)$ 时,这种入射辐射亮度通常是未知的,因此需要使用自适应技术,在算法中建立 $L_r(x \leftarrow \Psi)$ 的近似值,然后将该近似值用于采样方向 Ψ_i。Lafortune 等人(详见参考文献[103])建立的一个 5 维树(其中 3 个维度是位置信息,2 个维度是方向信息),正是基于这一思想而设计的。树的每一片叶子都是入射辐射亮度 $L_r^*(x \leftarrow \Psi)$ 的近似值,它来自于前期评估的结果,可用于构建概率分布函数,而这个概率分布函数随后则用于生成随机方向。

此外,还有一些其他算法,例如光子图(详见参考文献[83]),也可用于根据场景中能量分布的部分信息来指导方向的采样。

5.6.3　区域采样

采样半球是计算间接照明积分的最直接方法。对于每个采样方向来说,必须投射光线以确定最接近的可见点。这是一项非常耗费资源的操作,但它也意味着由于进行了可见性方面错误的检查,所以最终图像中将不会产生噪声。

与直接照明一样,也有很多的方法可以计算间接照明。通过将间接照明写为场景中所有表面上的积分,可以对表面点进行采样并计算估计量:

$$L_{indirect}(x \rightarrow \Theta) = \int_{A_{scene}} L_r(y \rightarrow \overrightarrow{yx}) f_r(x, \Theta \leftrightarrow \overrightarrow{xy}) G(x,y) V(x,y) dA_y$$

在使用概率分布函数 $p(y)$ 时,相应的估计量如下。

$$\langle L_{indirect}(x \rightarrow \Theta) \rangle = \frac{1}{N} \sum_{i=1}^{N} \frac{L_r(y_i \rightarrow \overrightarrow{y_i x}) f_r(x, \Theta \leftrightarrow \overrightarrow{xy_i}) G(x,y_i) V(x,y_i)}{p(y_i)}$$

这与半球估计量有何不同? 在使用区域采样方式时,需要将可见度函数 $V(x, y_i)$ 作为估计量的一部分进行评估;而在对半球进行采样时,可见度隐藏在光线投射函数中,而光线投射函数则是用于查找每个方向上最近的可见点。将可见性置于估计量中会增加相同数量样本的方差。一般来说,区域采样和半球采样之间的差异对于必须在场景中构建路径的任何方法都是存在的。

5.6.4　综合应用

现在可以来盘点一下使用随机路径追踪技术来构建完整全局照明渲染程序的所有算法。完整算法的效率和准确性将由以下所有设置决定。

每个像素的观察光线数。这是指通过像素投射的观察光线的数量 N_p,或者说是$h(p)$ 的支持数量(见式(5.1))。观察光线数量越多,越容易消除混叠伪像并降低图像噪声。

直接照明。对于直接照明而言,必须有多种选择来决定整体效率:

- 从每个点 x 投射的阴影射线总数 N_d。
- 如何从每个阴影射线的所有可用光源中选择单个光源。
- 阴影射线在单个光源区域上的分布。

间接照明。间接照明组件通常使用半球采样来实现:

- 分布在半球 Ω_x 上的间接照射光线的数量。
- 这些光线在半球上的精确分布(均匀、余弦等)。
- 俄罗斯轮盘赌技术的吸收概率,以阻止递归。

用于计算整个图像的全局照明的完整算法如图 5.19 所示。

```
//全局照明算法
//随机光线追踪
computeImage(eye)
    for each pixel
    radiance = 0;
    H = integral(h(p));
    for each sample            //观察光线数 Np
      pick sample point p within support of h;
      construct ray at eye, direction p-eye;
      radiance = radiance  + rad(ray) * h(p);
    radiance = radiance /(#samples * H);


rad(ray)
```

```
    find closest intersection point x of ray with scene;
    return(Le(x,eye-x) + computeRadiance(x,  eye-x));

computeRadiance(x, dir)
    estimatedRadiance += directIllumination(x, dir);
    estimatedRadiance += indirectIllumination(x, dir);
    return(estimatedRadiance);


directIllumination (x, theta)
    estimatedRadiance = 0;
    for all shadow  rays          //阴影射线数 Nd
      select light source  k;
      sample point y on light source k;
      estimated radiance +=
          Le * BRDF * radianceTransfer(x,y) /(pdf(k)pdf(y|k));
    estimatedRadiance = estimatedRadiance /#paths;
    return(estimatedRadiance);


indirectIllumination (x, theta)
  estimatedRadiance = 0;
  if (no absorption)          //俄罗斯轮盘赌技术
      for all indirect paths    //间接光线 Ni
        sample direction psi on hemisphere;
      y  =  trace(x,  psi);
      estimatedRadiance +=
          compute_radiance(y, -psi) * BRDF *
            cos(Nx, psi) /pdf(psi);
    estimatedRadiance = estimatedRadiance /#paths;
    return(estimatedRadiance /(1-absorption));

radianceTransfer(x,y)
  transfer = G(x,y) * V(x,y);
  return(transfer);
```

图 5.19　完整的全局照明算法

很明显,在每个不同的选择点投射的光线越多,解决方案就越准确。此外,重要性采样(Importance Sampling)利用得越好,那么最终图像的效果就越好,令人讨厌的图像噪声就越少。一个很有意思的问题是,当给定每个像素可以投射的光线总数时,应该如何以最佳的方式分布它们,以达到全局照明解决方案的最大精度水平?

这在全局照明算法中仍然是一个没有标准答案的开放性问题。有一些普遍接受的"默认"选择,但并没有硬性规定和快速的规则。一般认为,在树的所有层面上分支过多(即在每个表面点上递归地产生多条射线)则效率较低。为什么这么说呢? 这是因为,分支越深,那么需要投射的光线就会越来越多,而与此同时,这些光线对像素的最终辐射亮度值的贡献却越来越小。对于间接照明而言,通常在第一级之后使用 1 的分支因子。许多实现甚至将间接光线限制为每个表面点一个,但随后通过像素区域产生更多光线来进行补偿。这种方法也就是所谓的路径追踪。许多路径没有任何分支(直接照明除外),它们都是投射产生的。每条路径本身都是总辐射度的不良近似值,但是许多路径组合在一起却能够产生良好的估计结果。

5.6.5　经典光线追踪算法

经典光线追踪(Classic Ray Tracing)有时也被称为怀特迪式光线追踪(Whitted - Style Ray Tracing)(详见参考文献[194]),它是用于计算照片级真实感图像的常用技术。但是,它不会计算渲染方程的完整解。经典光线追踪算法在计算辐射亮度 $L(x \rightarrow \Theta)$ 的估计量时,通常需要计算以下光传输的分量(Component):

• 阴影。在经典光线追踪算法中,阴影的计算方法与本章中针对直接照明所述的方式相同。但是,在使用点光源时,必须注意仍然要使用正确的辐射特性。

• 反射和折射。这通常是唯一存在的间接照明分量。不用对整个半球进行采样以寻找 x 处的入射照明,而是仅需要明确地对两个关注的方向采样,即在表面是镜面的情况下的完美镜面反射方向,以及在表面是透明的情况下的完美折射光线。

因此,经典光线追踪仅计算间接照明的一小部分选定子集,并且不能处理漫反射的相互反射(Interreflection)和焦散(Caustics)等现象。

5.7　光　追　踪

如 5.6 节所述,随机光线追踪是从渲染方程的蒙特卡罗评估中推导出来的。由此产生的算法追踪经过场景的路径,从通过像素可见的点开始,再通过递归方程或阴影射线,这些路径到达光源,并据此找到对要计算的辐射亮度值的贡献。

　　这种从眼睛到光源的光线追踪看起来违反了自然规律,因为光实际上是以另一种方式传播的,即光粒子来自光源并最终到达胶片表面或人眼,在那里它们被记录并添加到测量的强度上。本节介绍了沿着这些线精确进行的光追踪算法(Light Tracing Algorithm)。光追踪是光线追踪的双重算法,光线追踪中使用的许多优化方法也可用于光追踪。

5.7.1　光追踪算法

　　基本光追踪算法将评估单个像素的潜在或重要性方程。重要性方程的编写形式如下:

$$W(x \rightarrow \Theta) = W_e(x \rightarrow \Theta) + \int_{\Omega x} W(x \leftarrow \Psi) f_r(x, \Theta \leftrightarrow \Psi) \cos(\Psi, N_x) d\omega_\Psi \quad (5.6)$$

和重要性方程相伴的单个像素的测量方程的编写形式如下:

$$P = \int_{sources} W(x \rightarrow \Psi) L_e(x \rightarrow \Psi) \cos(N_x, \Psi) dA_x d\omega_\Psi \quad (5.7)$$

光追踪算法然后按如下方式进行(见图5.20)。

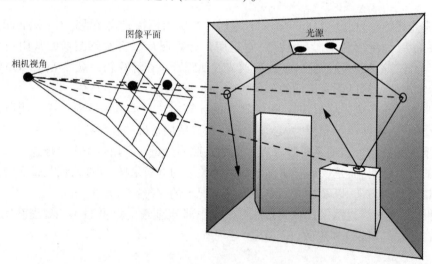

图5.20　在光追踪算法期间追踪的路径。对图像平面的贡献光线显示为虚线

● 测量公式(见式(5.7))将使用蒙特卡罗积分进行评估,生成光源上的点 x_i 和方向 Θ_i(使得 $L_e(x_i, \Theta_i) \neq 0$),对其评估重要性 $W(x \rightarrow \Theta)$。这最终将导致一个通过像素的辐射通量估计量。

● 评估重要性 $W(x \rightarrow \Theta)$ 需要使用重要性方程(见式(5.6))的蒙特卡罗积分。该评估与随机光线追踪算法中渲染方程的评估非常相似,并且可以使用相同的采样方案(半球、区域、双向反射分布函数等)。

● 在随机光线追踪算法中,为路径上的每个表面点生成阴影光线,以计算直接光照。而在光追踪算法中,这种操作的类似做法是:从每个表面点出发,沿着光路将贡献光线发送到相机视角,并检查它是否通过了预先设定的像素。如果是,则记录对该像素的贡献。

前面介绍的算法其实相当低效,因为它必须针对每个单独的像素重复整个算法。实际上,所有像素很明显都可以并行处理,即如果贡献光线通过任何像素,则记录对该特定像素的贡献。因此,该算法不是像随机光线追踪算法那样依次完成像素,而是通过在整个图像平面上累积贡献,逐渐形成图像(见图 5.21)。

100000 光线

1000000 光线

10000000 光线

100000000 光线

图 5.21　在光追踪算法中分别使用 100000 光线、1000000 光线、10000000 光线和 100000000 光线计算的图像

5.7.2　光追踪与光线追踪

随机光追踪和光线追踪是双重算法,并且在理论上解决了相同的传输问题。在光追踪期间,相机充当重要性来源,而光源则是随机光线追踪中的辐射亮度源。阴影射线和贡献射线是彼此的双重机制,用于优化通过像素的最终通量的计算。

哪种算法表现更好或效率更高? 人们普遍认为随机光线追踪效果会更好,但有若干因素可以提高一种算法相对于另一种算法的效率:

- 图像大小与场景大小的对比。如果图像仅显示场景的一小部分,则可以预期在光追踪期间,从光源拍摄的许多粒子将在场景的一些部分中结束,这些部分相对于和图像相关的光传输仅具有微不足道的重要性。随机光线追踪将表现得更好,因为要计算的辐射亮度值是由相机的位置和各个像素驱动的,因此可以预期的是,在计算不相关的传输路径时浪费的工作量会更少。

- 传输路径的性质。传输路径的性质也可能使某一种传输模拟方法比另外一种方法更有优势。由于不能选择方向(朝向光源或朝向相机),阴影射线或贡献射线在漫反射表面时效果最佳。在镜面表面,这些光线极有可能对最终估计量产生非常小的贡献。因此,开发人员可能会希望,在发送阴影射线或贡献射线之前,在镜面上追踪尽可能多的光线。这意味着对于镜面图像(光在到达镜面之前先到达漫反射表面)而言,开发人员更喜欢光线追踪;而对于焦散图像(光在到达漫反射表面之前先到达镜面表面)而言,开发人员则更喜欢光追踪。该原理适用于使用光子映射算法建立焦散图(详见参考文献[83])。

- 来源数量。在光线追踪中,开发人员模拟的传输源是光源;而在光追踪中,重要性来源是单个的像素。这对两种算法的效率也有一定的影响,特别是当要移动来源时,如果算法传输模拟的部分信息存储在场景中,则影响更甚。可以想象,当使用光追踪算法时,可能会存储所有路径的所有端点,并且仅在相机移动时才会再次追踪贡献光线[①],这对于光线追踪来说并不那么容易;另一方面,如果想要将相似的方案应用于光线追踪和移动中的光源,那么它将不是那么简单直接的,因为重要性来源(或像素)的数量要大得多,并且它们所有的信息都需要单独存储。

理论上,光线追踪和光追踪是双重算法,但在实践中,它们并不是等效的,因为开发人员通常想要的是为每个光源计算最终图像而不是"重要性图像"。只有在后一种情况下,算法才真正具有双重性和等效性。

---

① 这应该相当于光路径的所有端点的点渲染。

5.7.3　相关技术和优化

在全局照明文献中,对于从光源开始的光线追踪(Ray Tracing)术语,已经有许多不同形式的应用,并且具有不同的名称。例如,粒子追踪(Particle Tracing)、光子追踪(Photon Tracing)和向后光线追踪(Backwards Ray Tracing)等。虽然光线追踪(Ray Tracing)本身也是一种计算图像的算法(即怀特迪式光线追踪算法),但是它在全局照明文献中主要用作多通道算法的一部分,而与其本身计算图像的算法无关。

在参考文献[23]中,光从光源分布到直接可见的漫反射表面,然后被分类为二级光源。在随后的光线追踪通道中,再将这些新的二级光源视为常规光源。在(详见参考文献[225])中,介绍了使用向后光束追踪计算与焦散相关的复杂相互作用。在光源处产生的光束仅在镜面反射场景中反射,并且在漫反射表面存储焦散多边形。此后,在渲染可见这种焦散的像素时,会考虑焦散多边形。

人们还以各种形式和各种算法提出了用于存储光追踪信息的二维存储图。这些地图也来自光追踪通道,用于在随后的光线追踪过程中读出照明信息。在参考文献[24]和[5]中可以找到二维存储图的示例。

双向光线追踪(Bidirectional Ray Tracing)结合了光线追踪(Ray Tracing)和光追踪(Light Tracing)。当计算像素的辐射亮度值时,在场景中生成从光源开始的路径和从眼睛开始的路径。通过连接它们的终点和中点,可以找到辐射亮度的估计量。该技术能够结合光追踪和光线追踪的优点,并且这两项技术实际上都可以被视为双向光线追踪的特殊情况。

当然,光追踪最成功的应用是光子映射(Photon - Mapping)和密度估计算法(Density - Estimation Algorithm)。第 7 章将对这些技术进行更全面的讨论。

光追踪算法本身也使用自适应采样函数进行了优化。使用若干次迭代光,追踪通道,构建适应性概率分布函数,使朝向相机的粒子追踪更加有效(详见参考文献[41]、[42])。

5.8　小　　结

本章概述了随机路径追踪,这是计算渲染方程全局照明解决方案的最常用算法之一。通过将蒙特卡罗积分方案应用于渲染方程,可以开发出各种随机路径追踪算法,包括简单的随机光线追踪、使用阴影射线实现的优化、针对间接照明的各种方案等。还有一种比较有趣的变体,即随机光追踪,它是随机光线追踪的双重算法,可以追踪从光源到眼睛的光线。有关开发光线追踪算法的更多细节,建议阅读 Shirley 的著作(详见参考文献[170]),这本书是一个很好的起点。

5.9　练　　习

此处列出的所有练习都需要使用光线追踪程序渲染各种图像。在测试各种方法时,通常以低分辨率渲染图像是个好主意。只有当一个人完全相信渲染计算被正确实现时,才能以高分辨率渲染图像,并且每个渲染组件的样本数量可以逐渐增加。

(1)实现一个简单的随机光线追踪程序,并仅使用直接照明渲染场景。包含的几何图元的类型并不重要,它可以仅限于三角形和球体。表面应具有漫反射的双向反射分布函数,并且还应包括区域光源。这种简单的光线追踪程序可以作为基础的光线追踪程序,以便在后续练习中使用。

(2)实验向光源投射多个阴影射线。改变每个光源的样本数量,以及采样模式(均匀、均匀分层等)。比较具有和没有明确光源采样的图像,以计算直接照明。图像应独立于所使用的采样策略,始终收敛到相同的精确解。

(3)实验使用每个像素投射多个观察光线,以解决混叠伪像问题。再次改变光线的数量以及采样模式。放大包含对象-对象视觉不连续性(Object - Object Visual Discontinuity)的图像区域并研究结果。

(4)在基础光线追踪程序中包含第 3 章中介绍的 Cook - Torrance 着色器。镜面高光应特别在圆形物体(如球体)上可见。高光的计算是否受到用于直接照明的采样方案的影响?

(5)将间接照明的计算添加到基础光线追踪程序中。这需要在表面点周围的方向半球上实施采样方案。和以前一样,使用各种采样方案进行实验,以检查间接照明分量的影响。此外,还可以改变俄罗斯轮盘赌终止方案中使用的吸收值。

(6)使用练习(5)中的半球采样,实现直接照明计算,无须明确采样光源。仅当随机射线意外地到达光源时,才发现对像素照明的贡献。

(7)将直接和间接照明分量添加到一起,以渲染给定场景的完整全局照明解决方案。设计用户界面,以便在渲染计算开始之前,用户可以调整所有不同的采样参数。

第6章 随机辐射度算法

本书第5章中讨论的算法是直接计算穿过虚拟屏幕像素的光的强度。相比之下,本章则介绍了计算三维场景中所谓的世界空间(World Space)表示的方法。一般情况下,该对象空间表示由三角形或凸四边形(其中已经嵌合三维模型)上的平均漫反射照明组成,但是,仍然还有很多其他可能性。由于漫反射照明最好用被称为辐射度(Radiosity)的量建模(参见2.3.1节),因此这种方法通常被称为辐射度法(Radiosity Method)。

计算对象空间中照明的主要优点是,与从头开始渲染相比,生成模型的新视图所需的工作量更少。例如,图形硬件可用于"照明"模型的实时渲染,颜色源自预先计算的平均漫反射照明。此外,还可以强化路径追踪,以利用对象空间中预先计算的照明,从而实现非常高的图像质量。在辐射度方法之后再进行路径追踪,这样的组合其实就是一个双通道法(Two-Pass Method)的示例。有关双通道法和其他混合方法的详细信息,可参阅本书第7章的内容。

用于计算对象空间照明表示的最著名的算法是经典辐射度方法(Classic Radiosity Method)(详见参考文献[56、28、133])。本章将简要介绍经典辐射度方法(详见6.1节)。有关经典辐射度方法的更多介绍或更深入地研究可以在各种教科书中找到,例如在参考文献[29]、[172]中列出的教科书。自从这些图书出版以来,对辐射度方法的研究可谓取得了较大成果。本书将重点讨论一些最近才成熟的辐射度方法。特别是基于随机采样的3类辐射度算法。有关随机采样的更多内容,在本书第3章有详细介绍。

第一类称为随机松弛方法(Stochastic Relaxation Method)(详见6.3节),它基于线性系统的经典迭代求解方法的随机适应(Stochastic Adaptation),如雅克比(Jacobi)、高斯·赛德尔(Gauss-Seidel)或Southwell的迭代方法。

线性系统的解决方案,例如在经典辐射度方法中出现的那些,是蒙特卡罗方法[50、224]最早的应用之一。它们基于离散随机游走(Discrete Random Walk)的概念。该概念应用于辐射度方法,即产生了第二类被称为离散随机游走辐射度(Discrete Random Walk Radiosity)方法的算法,这类算法将在6.4节中讨论。

第三类蒙特卡罗辐射度方法(详见6.5节)与线性系统的随机游走方法非常相似,但直接求解了辐射度或渲染积分方程,而不是辐射度线性系统。这些方法的随机游走只不过是模拟光子轨迹(Photon Trajectory)。这些轨迹的表面撞击点(Surface Hit Point)的密度将显示为与辐射度成比例。可以使用统计学中已知的各种密度估计(Density Estimation)方法来估计光子轨迹撞击点的平均值(详见参考文献[175])。

通过应用方差减少技术(Variance - Reduction Technique)和低差异采样(Low - Discrepancy Sampling),可以更加高效地实现这三类蒙特卡罗辐射度方法,这些技术已在第3章中进行了详细讨论。主要技术将在6.6节中介绍。

本章最后讨论了如何将自适应网格划分(Adaptive Meshing)、分层重构(Hierarchical Refinement)和聚类技术(Clustering Technique)纳入蒙特卡罗辐射度算法(详见6.7节)。结合自适应网格划分、分层重构和聚类技术,蒙特卡罗辐射度算法将允许开发人员在最先进的个人计算机上预先计算由无数个多边形组成的三维场景(例如,大型而复杂的建筑的模型)中的照明。

蒙特卡罗辐射度(Monte Carlo Radiosity)方法都有一个非常重要的特点:与其他辐射度算法不同,它们不需要计算和存储所谓的形状因子(Form Factor)(详见6.1节)。这之所以成为可能,是因为形状因子可以解释为可以有效采样的概率(详见6.2节)。在6.5节中介绍的光子密度估计算法甚至根本不需要形状因子。由于避免了精确形状因子计算及其存储等令人讨厌的问题,蒙特卡罗辐射度方法可以可靠地处理更大的模型。与其他辐射度方法相比,它们的实现和使用也要容易得多。此外,它们能非常早就提供视觉反馈,并且不着痕迹地融合在一起。一般来说,它们的渲染速度也更快。

本章将在一个共同的视角中提供大量初看之下不相关的算法,并将它们进行相互比较。我们将通过分析基础蒙特卡罗估计量的方差(详见3.4.4节)来实现这一点。虽然相同的技术也可用于分析其他蒙特卡罗渲染算法,但正如本章所展示的那样,它们更易于说明如何呈现漫反射照明的问题。

6.1　经典辐射度方法

本节首先来简要介绍一下经典的辐射度方法。

6.1.1　简介

经典辐射度方法的基本思想是计算三维模型的每个表面元素或贴片(Patch)i 上的平均辐射度 B_i(见图6.1)。输入的内容包括此类贴片的列表。一般来说,贴片是三角形或凸四边形(Convex Quadrilateral),当然人们也已经探索出了一些诸如二次曲面(Quadratic

Surface)贴片之类的替代方案(详见参考文献[2])。对于每个贴片 i,给出自发射辐射度 B_i^e(单位:[W/m²])和反射率 ρ_i(无量纲)。即使在该模型中没有其他贴片,或者所有其他贴片都是完全黑色的,自发光辐射度是贴片"发射到自身"的辐射度。反射率(Reflectivity)是一个在 0 和 1 之间的数字(对于每个考虑的波长),它表示入射到贴片上的哪一部分的功率被反射(其余部分被吸收)。这些数据足以计算每个贴片的总发射辐射度 B_i(单位:[W/m²]),包含通过场景中其他贴片的任意数量的反弹接收的辐射度,以及自发射的辐射度。

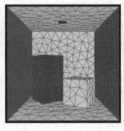

图 6.1　经典辐射度方法输入的内容包括一个贴片列表(在本示例中是三角形),它们具有平均自发射辐射度 B_i^e(左)和反射率 ρ_i(中)。这些数据足以计算平均总辐射率 B_i(右),包括光线反射的效果。计算的辐射度被转换为每个贴片的显示颜色,结果就是图像被"照明"了。模型可以使用图形硬件以交互速率从任何视点渲染

使用所有贴片上的 B_i^e(平均自发射辐射度)和 ρ_i(反射率)关联到 B_i(平均总辐射率)的方程在求解之后,得到的辐射度结果将转换为表面的显示颜色。由于仅计算了漫反射照明,因此表面颜色与观察位置无关。可以使用图形硬件从任意视点进行可视化,允许通过"照明"模型进行交互式"游走"。

经典的辐射度方法其实是一类更大的数字方法的实例,这种数字方法称为有限元方法(Finite Element Method)(详见参考文献[69])。它是一种众所周知的热传输方法,在 1984—1985 年(即在经典光线追踪方法出现几年之后)被引入并应用在图像渲染中(详见参考文献[56]、[28]、[133])。自从这些开创性论文出现以来,已经发表了数百篇的后续论文,提出了重要的改进和计算技术的替代方案。有关经典辐射度方法的优秀入门资料和深入探讨可以在参考文献[29]、[172]中找到。本章只给出了基本方程的简明推导,以及求解辐射度方程的传统方法和对该方法存在的主要问题的讨论。

6.1.2　数学问题描述

上面提到的问题可以按 3 种不同的方式在数学上进行描述,即通过一般的渲染方程、通过简化它在纯粹漫反射环境中的应用,以及后者的离散化版本。

1. 一般渲染方程

如第 2 章所述,三维环境中的光传输由渲染方程描述。因此,由具有区域 A_i 的表面贴片 i 发射的平均辐射度 B_i 可以由下式给出

$$B_i = \frac{1}{A_i} \int_{S_i} \int_{\Omega_x} L(x \to \Theta) \cos(\Theta, N_x) d\omega_{\Theta} dA_x \tag{6.1}$$

另外还有以下公式(参见本书 2.6 节):

$$L(x \to \Theta) = L_e(x \to \Theta) + \int_{\Omega_x} f_r(x; \Theta' \leftrightarrow \Theta) L(x \leftarrow \Theta') \cos(\Theta', N_x) d\omega_{\Theta'} \tag{6.2}$$

2. 辐射度积分方程

在纯粹的漫反射表面上(见 2.3.4 节),自发光辐射亮度 $L_e(x)$ 和双向反射分布函数 $f_r(x)$ 不依赖于方向 Θ 和 Θ'。然后渲染方程变为

$$L(x) = L_e(x) + \int_{\Omega_x} f_r(x) L(x \leftarrow \Theta') \cos(\Theta', N_x) d\omega'_{\Theta}$$

当然,入射辐射亮度 $L(x \leftarrow \Theta')$ 仍然取决于入射方向。它对应于由 y 点向 x 点发射的、从 x 点沿着方向 Θ' 可见的出射辐射亮度 $L(y)$ (详见 2.3.3 节)。如 2.6.2 节所述,以上积分是在半球 Ω_x 上的,它可以转换为在场景中所有表面 S 上的积分。其结果是一个不再出现方向的积分方程:

$$L(x) = L_e(x) + \rho(x) \int_S K(x, y) L(y) dA_y$$

在漫反射环境(详见 2.3.4 节)中,辐射度和辐射亮度的关联可以使用 $B(x) = \pi L(x)$ 和 $B_e(x) = \pi L_e(x)$ 两个等式表示。在上面公式的左侧和右侧乘以 π,即可得到以下辐射度积分方程(Radiosity Integral Equation):

$$B(x) = B_e(x) + \rho(x) \int_S K(x, y) B(y) dA_y \tag{6.3}$$

该积分方程的核心是:

$$K(x, y) = G(x, y) V(x, y) \text{ 和 } G(x, y) = \frac{\cos(\Theta_{xy}, N_x) \cos(-\Theta_{xy}, N_y)}{\pi r_{xy}^2} \tag{6.4}$$

Θ_{xy} 是从 x 指向 y 的方向。r_{xy}^2 是 x 和 y 之间距离的平方。$V(x, y)$ 是表示可见性的谓词(Predicate),如果 x 和 y 相互可见则其值为 1,否则为 0。式(6.1)现在变为

$$B_i = \frac{1}{A_i} \int_{S_i} L(x) \int_{\Omega_x} \cos(\Theta, N_x) d\omega_{\Theta} dA_x$$

$$= \frac{1}{A_i} \int_{S_i} L(x) \pi dA_x$$

$$= \frac{1}{A_i} \int_{S_i} B(x) dA_x \tag{6.5}$$

3. 辐射度线性方程组系统

一般情况下,像式(6.3)这样的积分方程,可以通过将它们简化为线性方程的近似系统来求解,简化的方法是通过一个被称为伽辽金离散化(Galerkin Discretization)的过程(详见参考文献[36]、[98]、[29]、[172])。

假设每个贴片 i 上的辐射度 $B(x)$ 是恒定的,则 $B(x) = B_i', x \in S_i$。式(6.3)可以转换为如下所示的线性系统:

$$B(x) = B_e(x) + \rho(x) \int_S K(x,y) B(y) dA_y$$

$$\Rightarrow \frac{1}{A_i} \int_{S_i} B(x) dA_x = \frac{1}{A_i} \int_{S_i} B_e(x) dA_x$$

$$+ \frac{1}{A_i} \int_{S_i} \int_S \rho(x) K(x,y) B(y) dA_y dA_x$$

$$\Leftrightarrow \frac{1}{A_i} \int_{S_i} B(x) dA_x = \frac{1}{A_i} \int_{S_i} B_e(x) dA_x$$

$$+ \sum_j \frac{1}{A_i} \int_{S_i} \int_{S_j} \rho(x) K(x,y) B(y) dA_y dA_x$$

$$\Leftrightarrow B_i' = B_{ei} + \sum_j B_j' \frac{1}{A_i} \int_{S_i} \int_{S_j} \rho(x) K(x,y) dA_y dA_x$$

如果现在也假设每个贴片的反射率是恒定的,$\rho(x) = \rho_i, x \in S_i$,则可以产生以下经典的辐射度方程系统(Radiosity System of Equation):

$$B_i' = B_{ei} + \rho_i \sum_j F_{ij} B_j' \tag{6.6}$$

因子 F_{ij} 被称为贴片到贴片形状因子(Patch-to-Patch Form Factor):

$$F_{ij} = \frac{1}{A_i} \int_{S_i} \int_{S_j} K(x,y) dA_y dA_x \tag{6.7}$$

本书 6.2 节将讨论这些形状因子的含义和性质。目前要记住的主要是:它们是不同寻常的四维积分。

请注意,求解线性方程组(见式(6.6))后得到的辐射度 B_i' 只是平均辐射度的近似值(见式(6.5))。真正的辐射度 $B(y)$ 在上面的公式中被 B_j' 取代,实际上很少是分段常数!

当然,B_i 和 B_i' 之间的差异在实践中很少是可见的。出于这个原因,本书的其余部分中将使用 B_i 表示平均辐射度(见式(6.5))和式(6.6)中的辐射度系数。

6.1.3　经典辐射度方法

综合前文的基础知识介绍,现在已经可以对经典辐射度方法的实现步骤作如下说明。

(1)将输入的几何体分解为贴片 i。对于每个结果贴片 i,将计算其辐射度值(每个考虑的波长)B_i。

(2)对于每对贴片 i 和 j,计算形状因子 F_{ij}(见式(6.7))。

(3)对辐射度的线性方程组系统(见式(6.6))求得数值解。

(4)显示求解结果,包括将得到的辐射度值 B_i(每个贴片和考虑的波长都有一个辐射度值)转换为显示颜色。这涉及色调映射和伽玛校正(详见8.2节)。

在实践中,这些步骤是相互交织的。例如,形状因子可以仅在需要时才计算;在系统求解过程中就可以显示中间结果;在自适应和分层辐射度算法(详见参考文献[30]、[64])中,分解过程可以在系统求解期间执行。

6.1.4　问题

经典辐射度方法的每一步都是非常重要的,但是第一眼看上去,人们会觉得第 3 步(辐射度系统的求解)将是主要问题:因为需要求解的线性系统的数量可能非常大(每个贴片一个方程式;而且 100000 个贴片都是很常见的)。但实际上,辐射度的线性方程组系统表现非常好,使用一些简单的迭代方法(例如雅克比或高斯・赛德尔迭代)都可以在相对较少的迭代之后就求得其解。

辐射度方法的主要问题与前文介绍的前两个步骤有关。

(1)场景离散化。在进行场景的离散化处理时,贴片应该足够小,以捕捉诸如附近阴影边界之类的照明变化。每个贴片上的辐射度 $B(x)$ 需要近似恒定。图 6.2 显示了不正确的离散化可能导致的图像伪像。另外,贴片的数量不应太大,因为这可能会导致巨量的存储需求和超长的计算时间。

(2)形状因子计算。首先,场景中即使是很简单的对象也可能必须被细分为成千上万个细小的贴片,每个小贴片都可以假设辐射度是恒定的。所以一个场景拥有数十万个贴片是很正常的。在每对贴片之间,都需要计算形状因子。因此,形状因子的数量可以是非常巨大的(高达数十亿),也正因为如此,仅仅在计算机内存中存储形状因子就成了主要问题。其次,每个形状因子都需要求解一个不同寻常的四维积分(见式(6.7))。对于邻接贴片,积分将是单数的,其中式(6.4)的分母中的距离 r_{xy} 消失。由于可见性的变化,被积函数也会出现不同程度的不连续性(见图6.3)。

恒定近似值　　　　"真实"辐射度　　　　二次近似值

平面着色　高洛德着色

图 6.2　左图为具有恒定近似值的辐射度中的网格伪影,其中包括沿着贴片边缘的不连续性(Discontinuity)着色,这是我们不希望看到的。高洛德着色(Gouraud Shading)可用于模糊这些不连续性着色。在辐射度平滑变化的地方,每个贴片上辐射度的更高阶近似值会在同一个网格上产生更准确的图像(在右图中使用了二次近似),但是伪像仍然存在于诸如阴影边界之类的不连续性着色处附近。中间图片显示的则是"真实"辐射度的求解结果(它使用了双向路径追踪计算)

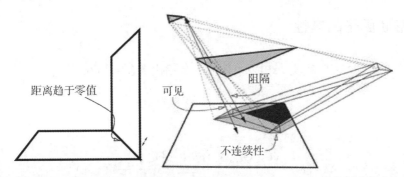

距离趋于零值　　可见　　阻隔　　不连续性

图 6.3　形状因子难题:由于形状因子积分(见式(6.7)和式(6.4))包含分母中各点之间的距离的平方,这可能导致邻接贴片的奇点(Singularity),其原因如图中的左图所示,两点之间的距离无限趋近于零值。改变可见性会在形状因子被积函数中引入不同程度的不连续性,如图中的右图所示。由于这个问题,可靠的形状因子积分变成了一项艰巨的任务

为了解决这些问题,人们已经进行了广泛的研究。提出的解决方案包括自定义形状因子积分算法(例如半立方算法、剔除部分光线以加速光线追踪等)、不连续性网格划分、自适应和分层细分、聚类、形状因子缓存策略、视图重要性的使用和更高阶的辐射度近似性等。

在本章介绍的算法中,后一个问题是通过完全避免形状因子的计算和存储来解决的,

这样做的结果是产生的算法更可靠(因为没有形状因子计算错误的问题),需要的存储空间也更少(因为不需要存储形状因子)。此外,所提出的算法也更容易实现和使用,生成图像的质量也更合理,能显示出多种相互反射的效果,有时还比其他辐射度算法要快得多。

而对于前一个问题,即因场景离散化而造成的伪像问题,将使用更高阶的近似来解决,最重要的手段就是分层重构和聚类(详见6.7节)。

6.2　形状因子

对每一对输入的贴片之间的形状因子 F_{ij} 进行稳健而高效的计算是经典辐射度方法需要解决的主要问题。本节将证明,可以将形状因子视为概率;并且还描述了根据形状因子概率而提出的采样算法。形状因子是可以有效采样的概率,这一事实意味着,在算法中可以求解辐射度的方程组系统而无须计算形状因子的值。在本章6.3节和6.4节中将详细描述这些算法。

6.2.1　形状因子的属性

如前文所述,形状因子 F_{ij} 是由以下四维积分给出的(见式(6.7)):

$$F_{ij} = \frac{1}{A_i} \int_{S_i} \int_{S_j} K(x,y) \, dA_x dA_y$$

和

$$K(x,y) = \frac{\cos(\Theta_{xy}, N_x)\cos(-\Theta_{xy}, N_y)}{\pi r_{xy}^2} V(x,y)$$

现在需要规定形状因子的以下属性。

(1)在由封闭的不透明物体组成的场景中,形状因子都是正值或零值:它们不能是负的,因为被积函数是正值或零值。对于彼此不可见的一对贴片 i 和 j,它们之间的形状因子将等于零值。

(2)贴片 i 与场景中所有其他贴片 j 之间的形状因子 F_{ij} 总和至多为1。如果场景是封闭的,则有以下推导:

$$\sum_j F_{ij} = \frac{1}{A_i} \int_{S_i} \sum_j \int_{S_j} \frac{\cos(\Theta_{xy}, N_x)\cos(-\Theta_{xy}, N_y)}{\pi r_{xy}^2} V(x,y) \, dA_y dA_x$$

$$= \frac{1}{A_i} \int_{S_i} \int_{S} \frac{\cos(\Theta_{xy}, N_x)\cos(-\Theta_{xy}, N_y)}{\pi r_{xy}^2} V(x, y) \, dA_y dA_x$$

$$= \frac{1}{A_i} \int_{S_i} \frac{1}{\pi} \int_{\Omega_x} \cos(\Theta_{xy}, N_x) \, d\omega_{\Theta_{xy}} dA_x$$

$$= \frac{1}{A_i} \int_{S_i} \frac{\pi}{\pi} \, dA_x$$

$$= 1$$

如果场景不是封闭的,则形状因子的总和小于 1。

(3)形状因子满足以下互反关系(Reciprocity Relation):

$$A_i F_{ij} = A_i \frac{1}{A_i} \int_{S_i} \int_{S_j} K(x, y) \, dA_x dA_y$$

$$= A_j \frac{1}{A_j} \int_{S_j} \int_{S_i} K(y, x) \, dA_y dA_x$$

$$= A_j F_{ji}$$

任何总和至多为 1 的正数都可以被视为概率。由于这个简单的原因,具有任何其他贴片 j 的固定贴片 i 的形状因子 F_{ij} 总是可以被视为一组概率。

6.2.2　形状因子的解释

现在不妨来回想一下辐射度方程(见式(6.6)):

$$B_i = B_{ei} + \rho_i \sum f_{ij} B_j$$

该等式表明,贴片 i 处的辐射度 B_i 是两个贡献的总和。第一个贡献包括自发射的辐射度 B_{ei}。第二个贡献是指在 i 处反射的辐照度(指的是入射辐射功率,详见本书 2.3.1 节)的分数 $\sum_j F_{ij} B_j$。形状因子 F_{ij} 表示 i 上的辐照度的哪个部分来自 j。

回想一下,辐射度和辐射通量的关联表达式是 $P_i = A_i B_i$ 和 $P_{ei} = A_i B_{ei}$(详见第 2 章)。通过将式(6.6)的两边乘以 A_i 并使用形状因子的互反关系,即可获得以下线性方程组系统,它可以与场景中的贴片发射的功率 P_i 建立相关:

$$B_i = B_{ei} + \rho_i \sum_j F_{ij} B_j$$

$$\Leftrightarrow A_i B_i = A_i B_{ei} + \rho_i \sum_j A_i F_{ij} B_j$$

$$\Leftrightarrow A_i B_i = A_i B_{ei} + \rho_i \sum_j A_j F_{ji} B_j$$

$$\Leftrightarrow P_i = P_{ei} + \sum_j P_j F_{ji} \rho_i$$

　　该方程组系统表明,由贴片 i 发射的功率 P_i 也由两部分组成:自发射功率 P_{ei} 和从其他贴片 j 接收和反射的功率。形状因子 F_{ji} 表示由贴片 j 发射到 i 上的功率的部分,或者反过来,F_{ij} 表示由贴片 i 发射到 j 上的功率的部分。

　　当然,由于形状因子是正值数量(辐射度或功率)的比率,所以它不能是负数,这对于前面 6.2.1 节中所讲的形状因子的第一个属性也给出了直观解释。

　　形状因子的第二个属性(总和为 1)也很容易看出来:由于存在辐射亮度的能量守恒定律,因此 i 发出并在其他贴片 j 上接收的总功率必须等于封闭场景中的 P_i。在非封闭场景中,功率 P_i 的某些部分将消失在背景中,从而解释了为什么在场景未封闭的情况下形状因子 F_{ij} 的总和将小于 1。

6.2.3　使用局部光线的形状因子采样

　　形状因子的解释是:第一个贴片 i 发射的功率的一部分立即出现在第二个贴片 j 上,这表明可以通过非常简单而直接的模拟来估计形状因子(见图 6.4)。假设 i 是数量为 N_i 的虚拟粒子的来源,其行为类似于源自漫反射表面的光子。落在第二个贴片 j 上的这些粒子的数量 N_{ij} 产生了形状因子的估计:$N_{ij} / N_i \approx F_{ij}$。

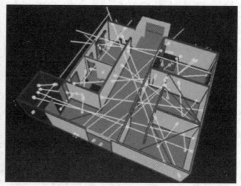

　　图 6.4　形状因子采样:在左图中,撞击特定目标贴片的局部光线的部分是源和目标之间的形状因子的估计;在右图中则构造了全局光线而不用参考场景中的任何贴片。当然,它们与场景中的表面的交叉点也是均匀分布的。这些线与每个相交表面上的法线之间的角度是余弦分布的,这和局部光线是一样的。交叉点定义在每条线上。每一根全局光线的跨度(Span)可以双向使用,以便在连接的贴片之间进行形状因子计算

　　实际上,假设有一个粒子起源于 S_i 上均匀选择的位置 x 并且相对于 x 处的表面法线 N_x 被射入余弦分布方向 Θ,则与该粒子相关的概率密度 $p(x, \Theta)$ 是

$$p(x,\Theta) = \frac{1}{A_i} \times \frac{\cos(\Theta, N_x)}{\pi}$$

请注意,这里的概率分布函数已经正确规范化:

$$\iint_{S_i} \int_{\Omega_x} p(x,\Theta) dA_x d\omega_\Theta = \int_{S_i} \frac{1}{A_i} \int_{\Omega_x} \frac{\cos(\Theta, N_x)}{\pi} d\omega_\Theta dA_x$$

$$= \frac{1}{A_i} \int_{S_i} \frac{\pi}{\pi} dA_x$$

$$= 1$$

现在,令 $\chi_j(x, \Theta)$ 是取值为 1 或 0 的谓词。谓词的意思就是 $\chi_j(x, \Theta)$ 是取值为 1 还是 0,取决于从 x 射入 Θ 的射线是否撞击到第二个贴片 j。如果该射线落在第二个贴片 j 上,则概率 P_{ij} 就是

$$P_{ij} = \iint_{S_i} \int_{\Omega_x} \chi_j(x,\Theta) p(x,\Theta) dA_x d\omega_\Theta$$

$$= \iint_{S_i} \int_S \chi_j(x,\Theta) \frac{1}{A_i} \frac{\cos(\Theta_{xy}, N_x) \cos(-\Theta_{xy}, N_y)}{\pi r_{xy}^2} V(x,y) dA_y dA_x$$

$$= \frac{1}{A_i} \iint_{S_i} \int_{S_j} \frac{\cos(\Theta_{xy}, N_x) \cos(-\Theta_{xy}, N_y)}{\pi r_{xy}^2} V(x,y) dA_y dA_x$$

$$= F_{ij}$$

当从 i 发射 N_i 个这样的粒子时,贴片 j 上的预期命中数将是 $N_i F_{ij}$。像在蒙特卡罗方法中一样,从 i 射出的粒子越多(即 N_i 越大),则 N_{ij}/N_i 的比率越接近 F_{ij}。该二项式估计量的方差(详见 3.3.1 节)是 $F_{ij}(1-F_{ij})/N_i$。这种估计形状因子的方法是在 20 世纪 80 年代末期提出的,是用于形状因子计算的半立方算法的光线追踪替代方案(详见参考文献[171]、[167])。

但是,如前文所述,人们其实不需要明确地计算形状因子,因为对人们来说重要的是:单个这样的粒子击中贴片 j 的概率等于形状因子 F_{ij}。换句话说,如果给出贴片 i,就可以通过从 i 射出光线,在场景中的所有贴片中选择后续贴片 j,概率等于形状因子 F_{ij}。

6.2.4 使用全局光线的形状因子采样

6.2.3 节的算法要求射出所谓的局部光线(Local Lines),这些光线其实就是具有场景中的特定贴片 i 选择的原点和方向的直线。但是,也有很多算法在进行形状因子采样时是基于均匀分布的全局光线(Uniformly Distributed Global Lines)。在选择全局光线的原点和方向时,不考虑场景中的任何特定表面,例如,可以在场景的边界球上连接均匀分布的

采样点。可以证明的是，无论实际场景的几何体是什么样的，在任何给定表面位置处找到这些光线的交叉点的概率是均匀的。对于这些光线的结构和性质，在积分几何（Integral Geometry）领域已经进行了广泛研究（详见参考文献[155]、[160]、[161]）。人们已经提出了若干种像这样的采样算法用于辐射度。具体示例可以参见参考文献[160]、[142]、[128]、[161]、[189]。

以这种方式构造的光线通常会穿过场景中的若干个表面。交叉点和交叉表面一起定义了沿该光线相互可见的贴片的跨度（见图 6.4）。每条这样的光线的跨度对应于两个局部余弦分布线，线条的两个方向各一个，这是因为全局均匀分布的光线可相对于场景中的每个贴片均匀分布。这与局部光线不同，局部光线仅针对采样原点的贴片均匀分布。

可以证明，用上述算法生成的全局均匀线与给定贴片 i 相交的概率与表面积 A_i 是成比例的（详见参考文献[161]）。如果生成 N 条全局光线，则穿过贴片 i 的光线数量 N_i 将是

$$N_i \approx N \frac{A_i}{A_T} \tag{6.8}$$

还可以证明，如果 N_{ij} 是贴片 i 和 j 上与场景中的曲面连续交叉的光线数量，则

$$\frac{N_{ij}}{N_i} \approx F_{ij}$$

全局光线相对于局部光线的主要优点是：可以利用几何场景的一致性，以便更有效地生成全局光线；也就是说，对于相同的计算成本，可以生成比局部光线更多的全局光线跨度。

与局部光线相比，全局光线的主要限制是：它们的构造不能很好地适应给定贴片上的光线密度的增加或减少，当应用于形状因子计算时尤其如此。可以证明，形状因子方差与源贴片 i 的面积 A_i 近似成反比。也就是说，小贴片上的方差反而很大。

6.3　随机松弛辐射度

本节和下一节（6.4 节）将主要讨论辐射度算法，这些算法使用 6.2 节中讨论的形状因子采样来求解辐射度的方程组系统（见式（6.6））。可以看到，形状因子将同时出现在要评估的数学表达式的分子和分母中，因此其实永远不需要它们的数值。也正是因为如此，才可以简单地避免精确计算形状因子以及存储方面的各种问题。所以，这些算法允许付出一部分存储成本使用其他辐射度算法，从而渲染更大的模型。此外，蒙特卡罗比率算法具有更好的时间复杂度：其贴片数量基本上是对数线性而不是像其他算法那样的二次

方差。简而言之,它们不仅需要的存储空间更少,而且还可以在更短的时间内完成计算。

采用蒙特卡罗技术,基本上有两种方法可以求解辐射度线性方程组系统(见方程6.6)。本节将介绍第一种方法:随机松弛方法(Stochastic Relaxation Method);6.4 节将介绍第二种方法:离散随机游走方法(Discrete Random Walk Method)。

随机松弛方法的主要思想是使用诸如雅克比、高斯·赛德尔或 Southwell 迭代的迭代求解方法来求解辐射度方程组系统(详见参考文献[29]、[172])。这种松弛方法的每次迭代由以下各项组成:形状因子矩阵的一行的点积与辐射度或功率矢量。当使用蒙特卡罗方法估算这些总和时,如 3.4.2 节所述,将产生随机松弛方法。

6.3.1　用于辐射度的雅克比迭代法

1. 基本概念

雅可比迭代方法是使用非常简单的迭代方案求解线性方程组 $x = e + Ax$ 的方法。假设要求一个具有 n 个方程和 n 个未知数的系统,e、x 和 x 的任何近似是 n 维向量,或 n 维欧几里得空间中的点。雅可比迭代方法的思想是从该空间中的任意点 $x^{(0)}$ 开始。在每次迭代期间,通过将 $x^{(k)}$ 填充到等式的右边,即 $x^{(k+1)} = e + Ax^{(k)}$,从而将当前点(也就是 $x^{(k)}$)变换为下一个点 $x^{(k+1)}$。可以证明,如果 A 呈现为收缩(Contraction),则点 $x^{(k)}$ 的序列将总是收敛到相同的点 x,即该系统的解。点 x 也称为该迭代方案的固定点(Fixed Point)。如果 A 的矩阵范数严格小于 1,则 A 就是收缩的,这意味着重复应用 A 最终将会减少被转换的点之间的距离(见图 6.5)。

辐射度或功率方程组系统(见方程(6.6)或方程(6.8))中的系数矩阵满足了这一要求。在辐射度计算的上下文环境中,像 x 和 e 这样的矢量对应于场景表面上的光功率分布。L. Neumann 建议将场景中光功率的分布视为这种 n 维空间中的一个点,并应用上面描述的迭代方案(详见参考文献[128])。辐射度或功率方程组系统矩阵模拟了场景中相互反射的光的单次反射。例如,与自发射的辐射度或功率矢量相乘将导致直接照射。当应用于直接照明时,将获得一次反射的间接照明。每一次雅可比迭代都包括计算单次反射光的相互作用,然后重新添加自发射功率。场景中的平衡照明分布则是该过程的固定点。

Neumann 和其他人则提出了许多用于模拟单次反射光相互作用的统计技术。这些方法优于其他方法的主要优点在于,它们基于随机游走,模拟单次反射光的相互作用比一次性模拟任意数量的反射更容易。

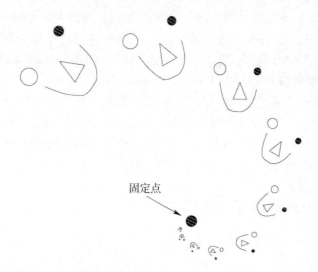

固定点

图 6.5　在二维中雅克比迭代法的基本思想。左上角的图形反复按比例缩小并旋转。当其中一个持续这样做时,平面上的所有点,包括图形,都将朝中间的点移动。旋转和缩小变换的组合是收缩变换。最终,平面中的所有点都彼此靠近。中间的点是转换的固定点,反复应用。以相同的方式,辐射度或功率方程组系统的右侧包含 n 维空间中的收缩变换,n 是贴片的数量。通过将该变换重复应用于任意初始辐射度或功率分布矢量,即可求解辐射度问题

接下来,需要对以上阐述的基本概念进行具体化以加强理解。首先,可以看到 3 种略有不同的方式,这些方式均可以重复单次反射光相互作用的步骤,以解决辐射度问题;然后,将重点关注单次反射光相互作用的统计模拟。

2. 常规辐射度收集

现在首先将上述基本概念应用于辐射度的方程组系统(见式(6.6))。作为起始辐射度分布,$B_i^{(0)} = B_{ei}$,它可以采用自发射辐射。然后通过在式(6.6)的右侧填充上一个近似值 $B^{(k)}$ 来获得下一个近似值 $B^{(k+1)}$:

$$B_i^{(0)} = B_{ei}$$
$$B_i^{(k+1)} = B_{ei} + \rho_i \sum_j F_{ij} B_j^{(k)} \qquad (6.9)$$

例如,半立方体算法(Hemicube Algorithm)(详见参考文献[28])允许同时计算固定贴片 i 的所有形状因子 F_{ij}。在根据上述方案执行该操作时,其中的迭代步骤可以被解释为收集(Gathering)步骤,也就是说,在每个步骤中,所有贴片 j 的上一个辐射度近似值 $B_j^{(k)}$ 都将被"收集",以获得 i 处的辐射度 $B^{(k+1)}$ 的新近似值。

3. 常规功率发射

当应用于功率方程组系统时,上述迭代算法的发射(Shooting)变体如下:

$$P_i^{(0)} = P_{ei}$$

$$P_i^{(k+1)} = P_{ei} + \sum_j P_j^{(k)} F_{ji} \rho_i \qquad (6.10)$$

再次使用和半立方体类似的算法(详见参考文献[28]),可以一次计算固定 j 和变量 i 的所有形状因子 F_{ji}。在结果算法的每个步骤中,通过 j 可见的所有贴片 i 的功率估计值 $P_i^{(k+1)}$ 将基于 $P_j^{(k)}$ 的值更新,因为 j 将向所有其他贴片 i "发射"其功率。

4. 增量发射功率

上面的每个常规功率发射迭代都使用了新的近似值 $P^{(k+1)}$ 代替上一个功率 $P^{(k)}$ 的近似值。这与渐进优化的辐射度算法(详见参考文献[31])类似,它可以构建迭代,在其中传播未发射(Unshot)功率而不是总功率,然后在每个迭代步骤中计算增量 $\Delta P^{(k)}$ 之和,从而获得总功率的近似值。

$$\Delta P_i^{(0)} = P_{ei}$$

$$\Delta P_i^{(k+1)} = \sum_j \Delta P_j^{(k)} F_{ji} \rho_i$$

$$P_i^{(k)} = \sum_{l=0}^{k} \Delta P_i^{(l)}$$

5. 讨论

通过确定性求和方法,在使用上述 3 种迭代方案完成迭代之后,它们的结果之间并没有差异。但是,下面将会看到,当随机估计总和时,它们会导致出现有很大不同的算法。

请注意,每次迭代的计算成本是贴片数量的二次方程式。

6.3.2　随机雅克比辐射度

现在就来看一看,如果使用蒙特卡罗方法估计 6.3.1 节所述迭代公式中的总和(Sum)会发生什么情况。在 3.4.2 节中已经解释过,可以根据某种概率随机选择总和中的项(Term),然后按随机的方式估计总和。基于总和中的项被选择的概率,被选择的项(Picked Terms)其值的平均比率(Average Ratio)将产生对该总和的无偏估计。

当上述过程应用于 6.3.1 节中介绍的计算辐射度的迭代公式时,该过程对应于通过追踪一次反射光子路径直接模拟单次反射光的相互作用(见图 6.6)。

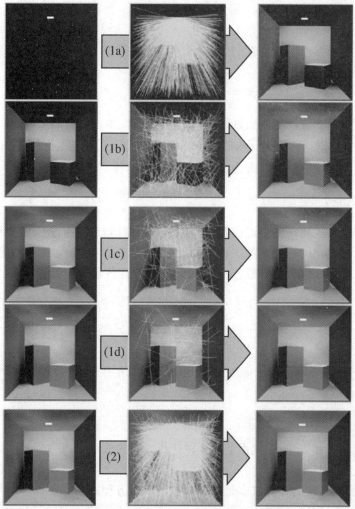

图 6.6　随机雅克比辐射度算法实例。图片左上角为初始近似值：自发光照明；图片顶部中间为从光源射出的按余弦分布的光线，按这种方式来传播自发射功率；图片右上角为该步骤导致的直接照明的第一个近似值。以下各行(指从(1b)到(1d))演示了后续的增量发射步骤。在每个步骤中,通过发射余弦分布的光线来传播在上一个步骤期间接收到的照明。被选择的射线的数量与要传播的功率量成正比,使得所有射线携带相同的量。片刻之后,分配的功率和光线数量都会降到一个很小的阈值以下。当发生这种情况时(在本示例中即指(1d)最右侧图片),可以获得第一个"完整的"辐射度求解结果。这个初始求解结果显示了光的所有相关高阶相互反射的效果,但是可能有噪声。从该点起,总功率在所谓的常规发射步骤(最底下一行)中传播。常规发射迭代将产生新的完整求解结果,这些求解结果的近似值都已经很好,并且与输入无关。通过对这些完整的求解结果求平均则可以降低噪声

1. 功率的随机增量发射

现在来看一看前面所讲的增量功率发射迭代。由于纯粹的技术原因,可以通过引入克罗内克(Kronecker,德国数学家)的 delta 函数($\delta_{li} = 1$(如果 $l = i$)或 0(如果 $l \neq i$))将上面的和 $\sum_j \Delta P_j^{(k)} F_{ji} \rho_i$ 写为 double 类型的和:

$$\Delta P_i^{(k+1)} = \sum_{j,l} \Delta P_j^{(k)} F_{jl} \rho_l \delta_{li} \tag{6.11}$$

可以使用 6.2 节中讨论的任何形状因子采样算法随机估计这个 double 类型的和。具体步骤如下。

(1)通过以下任意一种方式来选择项(也就是贴片对)(j, l)。

① 通过局部光线采样。

- 选择一个来源(Source)贴片 j,概率 p_j 与其未发射功率成正比:

$$p_j = \Delta P_j^{(k)} / \Delta P_T^{(k)} \text{ 和 } \Delta P_T^{(k)} = \sum_j \Delta P_j^{(k)}$$

- 选择一个目标(Destination)贴片 l,其条件概率 $p_{l|j} = F_{jl}$,具体的选择方法是通过跟踪局部光线,这在 6.2.3 节中已有解释。

- 选择一对贴片 (j, l) 的组合概率是

$$p_{jl} = p_j p_{l|j} = \Delta P_j^{(k)} F_{jl} / \Delta P_T^{(k)} \tag{6.12}$$

② 通过全局光线采样(详见参考文献[128]、[191]中介绍的透视照明方法(Transillumination Method)),每条全局光线(详见 6.2.4 节)与场景中的表面相交,其交点定义了沿着该光线相互可见的点对的跨度。每一对这样的点都对应于总和中的项(j, l)。其相关联的概率是

$$p_{jl} = A_j F_{jl} / A_T$$

(2)每个被选择的项都会产生一个分数,等于该项的值除以其概率 p_{jl}。其平均分就是对 $\Delta P_i^{(k+1)}$ 的无偏估计。例如,使用 N 个局部光线估计将产生

$$\frac{1}{N} \sum_{s=1}^{N} \frac{\Delta P_{j_s}^{(k)} F_{j_s, l_s} \rho_{l_s} \delta_{l_s, i}}{\Delta P_{j_s}^{(k)} F_{j_s, l_s} / \Delta P_T^{(k)}} = \rho_i \Delta P_T^{(k)} \frac{N_i}{N} \approx \Delta P_i^{(k+1)} \tag{6.13}$$

其中,$N_i = \sum_{s=1}^{N} \delta_{l_s, i}$ 就是落在 i 上的局部光线的数量。

上述过程可用于同时估计所有贴片 i 的 $\Delta P_i^{(k+1)}$,并且也可以应用于类似的样本(光线或光子)(j_s, l_s),它们之间的差异仅在于分数不同(见式(6.13)),共同点则是基本上都要求计算击中每个贴片的射线数量。通过分层局部光线采样,算法 1 将可获得需要的结果。

算法 1　增量随机雅克比迭代法

(1)设初始化总功率为 $P_i \leftarrow P_{ei}$,未发射功率为 $\Delta P_i \leftarrow P_{ei}$,所有贴片 i 已接收到的功率为 $\delta P_i \leftarrow 0$,由此可计算出总的未发射功率 $\Delta P_T = \sum_i \Delta P_i$ 。

(2)在 $\| \Delta P_i \| \leqslant \varepsilon$ 或步数超过最大值之前,执行以下操作。

　① 选择样本数量 N 。

　② 生成一个随机数 $\xi \in (0, 1)$ 。

　③ 初始化 $N_{prev} \leftarrow 0; q \leftarrow 0$ 。

　④ 迭代所有贴片 i ,对于每个 i ,执行以下操作。

　　(a) $q_i \leftarrow \Delta P_i / \Delta P_T$ 。

　　(b) $q \leftarrow q + q_i$ 。

　　(c) $N_i \leftarrow \lfloor Nq + \xi \rfloor - N_{prev}$ 。

　　(d) 执行 N_i 次:

　　A. 在 S_i 上采样随机点 x 。

　　B. 在 x 处采样按余弦分布的方向 Θ 。

　　C. 通过场景的表面确定包含源自点 x 和方向 Θ 的光线的最近交叉点的贴片 j 。

　　D. 递增 $\delta P_j \leftarrow \delta P_j + \dfrac{1}{N} \rho_j \Delta P_T$ 。

　　(e) $N_{prev} \leftarrow N_{prev} + N_i$ 。

　⑤ 迭代所有贴片 i ,递增总功率 $P_i \leftarrow P_i + \delta P_i$,替换未发射功率 $\Delta P_i \leftarrow \delta P_i$,并清除已接收的功率 $\delta P_i \leftarrow 0$ 。动态计算新的总未发射功率 ΔP_T 。

　⑥ 使用 P_i 显示图像。

2. 功率的随机常规发射

常规功率发射迭代(见式(6.10))中的总和可以使用与上述增量功率发射非常相似的蒙特卡罗方法进行估算。由 L. Neumann 和 M. Feda 等人提出的第一个随机雅克比辐射度算法(详见参考文献[123])就完全由这种迭代组成。与其确定性对应方法不同,这种算法每次迭代产生的辐射度求解结果就是平均的,而不是使用新迭代的结果取代上一次的求解结果。仅使用常规迭代的主要缺点是:结果中的高阶相互反射影响仅在缓慢速度下出现,特别是在明亮的环境中。这个问题被称为暖化(Warming - up)或老化(Burn - in)问题(详见参考文献[123]、[128]、[124]、[127])。

如前文所述,通过首先执行一系列增量功率发射迭代直到获得收敛,可以避免暖化问题。这将产生第一个完整的辐射度求解结果,包括更高阶的相互反射作用。特别是当样本数 N 相当低时,这个第一个完整的求解结果将出现噪声伪像。然后可以使用随机常规功率发射迭代来减少这些伪像。常规功率发射迭代可以被视为一种转换,它将第一个完整的辐射度求解结果转变为新的完整求解结果。可以看到,其输出在很大程度上与输入无关。随后获得的两个辐射度分布的平均值与具有两倍样本数的一次迭代的结果一样,都具有良好的近似值。图 6.6 说明了这个过程。

3. 辐射度的随机常规收集

可以使用前面介绍的程序将常规辐射度收集迭代(见式(6.9))转换为随机变体。它与功率发射迭代的主要差异在于,使用辐射度的随机常规收集迭代时,新的辐射度估计值是一个关联的平均分,该分数是从每个贴片 i 射出的光线获得的,而不是从落在 i 上的光线获得的。收集迭代主要用于清除小贴片中的噪声伪像,小贴片在发射迭代中有很小的概率会被射线击中,因此表现出高方差。

6.3.3　讨论

本节还有几个问题需要回答:样本数 N 是如何被选择的? 提出的算法在什么时候会表现良好,而在什么时候它们却不是最理想的? 如何对它们进行比较? 方差分析将使得开发人员能够回答这些问题。

上述算法中成本最高的操作是射线发射。在给定精度、给定可信的情况下,为计算场景中的辐射度,需要发射的光线数量由所涉及的估计量的方差决定。

1. 增量发射

附录 C 中详细分析了随机增量发射算法。该分析的结果可归纳如下:

- 每个贴片 i 的最终辐射度估计 $\hat{B}_i$ 具有良好的近似值,其方差由以下公式给出:

$$V[\hat{B}_i] \approx \frac{P_T}{N} \frac{\rho_i(B_i - B_{ei})}{A_i} \qquad (6.14)$$

特别是,它与表面积 A_i 成反比,这意味着增量发射不是小贴片的最佳求解结果。常规收集则没有这个缺点,所以可以用来清理小贴片上的噪声瑕疵。

- 算法 1 的步骤(2)中① 的样本数量 N 的选择应与每次迭代中要传播的功率量 $\Delta P_T^{(k)}$ 成正比,以使射线始终携带相同的功率量。要获得一系列迭代直至收敛的射线的总数,可采用启发式算法,其计算公式如下。

$$N \approx 9 \cdot \max_i \frac{\rho_i A_T}{A_i} \qquad (6.15)$$

在实际操作中,使用最大比率 ρ_i / A_i 跳过场景中 10% 的贴片是非常有意义的。请注意,在这里只要对 N 执行粗略的启发式算法就已经足够了：通过对该算法的几次独立运行的结果进行平均,始终可以获得更高的精度。

- 用于辐射度的随机雅克比迭代算法的时间复杂度大致是对数线性的。这远比确定性雅克比迭代的二次方程时间复杂度低得多。

图 6.7 演示了随机松弛算法可以比相应的确定性松弛算法更快地产生有用的图像。

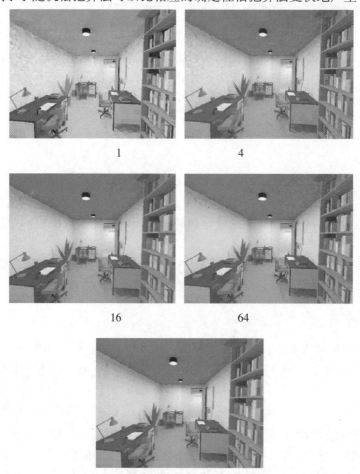

图 6.7　随机松弛算法可以比它们对应的确定性算法更快地产生有用的图像。本图示例中显示的环境(场景)包含了 30000 个以上的贴片。上面的图像使用了大约 10^6 条射线,在 2GHz 主频的奔腾 4 PC 上,通过随机增量功率发射迭代,花了大约 10 秒钟获得了上面的图像。如果采用确定性算法而不是随机算法,那么即使每种形状因子仅使用 1 条射线,也需要 9×10^8 条射线。虽然在图片中仍然可以看到噪声伪影,但使用常规随机功率射击迭代可以让它们逐渐减少。大约 3 分钟后,它们不再可见

　　这种渐进性的方差减少在底部图像中可以看得很清楚。这些图像没有进行高洛德着色,使得图像的噪声伪像更加明显。示例图像(从左到右,从上到下)分别是在 1、4、16、64和 252 次迭代后获得的,每次迭代大约 10 秒钟。图中显示的模型是加州大学伯克利分校提供的 Soda 教学楼虚拟现实建模语言(VRML)模型的已编辑部分。

　　2. 常规发射

　　对常规发射迭代方差的类似分析表明:当使用"完整"辐射度求解结果作为其输入时,常规发射迭代的方差与增量迭代收敛时的整个序列相同(当然,发射的射线总数也要求是相同的)。该方差也可以由式(6.14)给出。基于这个原因,可以在一系列递增迭代直至收敛之后,获得"完整"辐射度结果,再加上随后常规迭代的结果,即可通过简单的平均而实现最佳组合。

　　3. 常 规 收 集

　　常规收集的方差实际上常高于发射的方差,但它的优点是可以不依赖于贴片区域。因此,收集可用于"清除"来自小贴片的噪声伪像,小贴片有很小的可能会被来自其他地方的射线击中,而被击中则会使它产生高方差。

　　4. 其他用于辐射度的随机松弛方法

　　可以以同样的精神设计其他松弛方法的随机适应性。Shirley 研究了可以被视为随机增量的高斯·赛德尔迭代和 Southwell 迭代算法(详见参考文献[167]、[169]、[168])。Bekaert 研究了过度松弛(Over - Relaxation)随机适应算法、切比雪夫(Chebyshev,俄国数学家)迭代方法和共轭梯度法(由 L. Neumann 推荐)。人们已经开发出了这么多的松弛方法以期减少收敛的迭代次数。由于确定性迭代具有固定的计算成本,与线性系统的大小密切相关,因此,减少迭代次数也就明显降低了收敛的总计算成本。但是,对于随机算法来说却并非如此。随机松弛方法的计算成本由要采用的样本数量决定。样本数量仅与系统的大小松散相关。在辐射度算法的应用情形中,结果表明上述简单的随机雅克比迭代方法至少不比其他随机松弛方法差。

6.4　用于辐射度的离散随机游走方法

　　在 6.3 节中,描述了求解辐射度方程组系统(见式(6.6))或等效的功率方程组系统(见式(6.8))的第一类随机方法,使用了一些非常著名的线性系统迭代求解方法的随机性变体,例如雅可比迭代法。结果表明,第一类随机方法有效地避免了形状因子的计算和存储,使开发人员能够在大型模型中计算辐射度。与其相对应的确定性方法相比,随机松弛辐射度方法消耗的计算机存储空间更少,计算的时间也更短。

本节将介绍具有相同属性的第二类方法。这里讨论的方法将基于在所谓的离散状态空间(Discrete State Space)中随机游走(Random Walk)的概念。有关离散状态空间概念的详细信息请阅读 6.4.1 节。与随机松弛方法不同,线性系统的随机游走方法在蒙特卡罗文献[62]、[183]、[61]、[43]、[153]中有很翔实的阐述。自 20 世纪 50 年代初以来,它们被提出用于求解很多类似于辐射度方程组系统的线性系统(详见参考文献[50]、[224])。它们在辐射度中的应用已在参考文献[161]、[162]中提出。

事实证明,这些算法并不比 6.3 节的随机雅克比算法更好,但是,本节将会介绍一些在后面的章节中需要用到的基本概念,而目前正是理解这些概念的好时候。

6.4.1　离散状态空间中的随机游走

现在不妨先来做一个实验,假设有一组茶壶,数量为 n 个,标记为 $i,i = 1,\cdots, n$。其中有一个茶壶内放入了一个球,这个实验的主题就是下面的"机会游戏":

● 球最初放入一个随机选择的茶壶中。所以,球放在茶壶 $i(i = 1,\cdots,n)$ 中的概率是 π_i。当然,这些概率是正确归一化的: $\sum_{i=1}^{n}\pi_i = 1$。它们被称为源概率(Source Probability)或初始概率(Birth Probability)。

● 球从一个茶壶随机移动到另一个茶壶中。将球从茶壶 i 移动到茶壶 j 的概率 p_{ij} 称为转移概率(Transition Probability)。来自固定茶壶 i 的转移概率不需要总和为 1。如果球在茶壶 i 中,那么游戏将被终止的概率 $\alpha_i = 1 - \sum_{j=1}^{n}p_{ij}$。 α_i 称为茶壶 i 处的终止概率(Termination Probability)或吸收概率(Absorption Probability)。任何给定的茶壶的转移概率和终止概率之和等于 1。

● 重复上一步,直至采样到终止概率。

假设该游戏玩了 N 次。在游戏期间,保持每个茶壶 i 被球"访问"的次数。然后有趣的是研究在每个茶壶中观察到球的预期次数 C_i。事实证明

$$C_i = N\pi_i + \sum_{j=1}^{n} C_j p_{ji}$$

该等式右边的第一项表示球最初放入茶壶 i 的预期次数。第二项表示球从另一个茶壶 j 移动到茶壶 i 的预期次数。

一般来说,茶壶就是所谓的状态(State),而球就是所谓的粒子(Particle)。上面介绍

的这个机会游戏其实就是离散随机游走过程(Discrete Random Walk Process)的示例。该过程之所以被称为离散(Discrete),是因为状态集是可数的。在 6.5 节中,还将遇到连续状态空间中的随机游走。每次随机游走的预期访问次数 C_i 称为碰撞密度(Collision Density),它以 χ_i 表示。具有源概率 πi 和转移概率 p_{ij} 的离散随机游走过程的碰撞密度是线性方程组系统的解:

$$\chi_i = \pi_i + \sum_{j=1}^{n} \chi_j p_{ji} \tag{6.16}$$

注意, χ_i 可以大于 1。因此, χ_i 被称为碰撞密度而不是概率。总之,已经可以证明,至少某类线性方程组(例如,上面所说的方程组)可以通过模拟随机游走并保持记录每个状态被访问的频率来求解。随机游走的状态对应于该系统的未知数。

6.4.2　用于辐射度的发射随机游走方法

式(6.16)中的方程组系统类似于功率方程组系统(见式(6.8)):

$$P_i = P_{ei} + \sum_{j} P_j F_{ji} \rho_i$$

但是,功率方程组系统中的源项 P_{ei} 的总和并不是 1。当然,补救措施也非常简单:只要将方程式的两边除以总的自发射功率 $P_{eT} = \sum_i P_{ei}$ 即可:

$$\frac{P_i}{P_{eT}} = \frac{P_{ei}}{P_{eT}} + \sum_{j} \frac{P_j}{P_{eT}} F_{ji} \rho_i$$

该方程组系统即可建议采用离散随机游走过程处理:

● 初始概率 $\pi_i = P_{ei} / P_{eT}$:粒子在光源上随机产生,其概率与每个光源的自发射功率成正比。

● 转移概率 $p_{ij} = F_{ij}\rho_j$:首先,通过追踪局部光线(详见 6.2.3 节)对候选转移进行采样。[①]候选转移之后,粒子将经过接受/拒绝测试,其生存概率(Survival Probability)等于反射率 ρ_j。如果粒子在测试过程中不再生存,则称其被吸收(Absorbed)。

通过以这种方式模拟 N 个随机游走,并且保持对每个贴片 i 的随机游走访问的计数 C_i,可以将光功率 P_i 估计为

$$\frac{C_i}{N} \approx \frac{P_i}{P_{eT}} \tag{6.17}$$

---

① 这里所说的追踪局部光线只是举例。实际上,目前也已经提出了基于全局光线采样的类似算法。详见参考文献[157]、[161]。

　　因为模拟粒子起源于光源,所以这种用于辐射度的随机游走方法被称为发射随机游走方法(Shooting Random Walk Method)。它被称为生存随机游走估计量(Survival Random Walk Estimator),因为粒子只有在它们经过拒绝测试后仍然生存才能被计数(见图 6.8)。

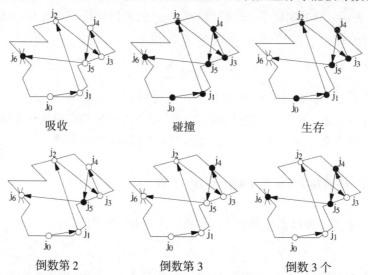

图 6.8　当粒子撞击被计数时,吸收(Absorption)、碰撞(Collision)和生存(Survival)随机游走的估计量是不一样的,它们分别对应的是被吸收时、与表面发生碰撞而仍然生存时,以及始终生存时。黑点表示粒子被计数时;白点表示发生了碰撞但是不被计数。当粒子被计数时,会记录一个分数,这个分数反映了这种选择。吸收、碰撞和生存估计并不是仅有的可能性。图中底下的一行显示了文献中描述的一些替代方案。

　　一般来说,光源处的粒子不加入计数,因为它们估计的是自发光分布,而这是已知的。这种情况称为源项估计抑制(Source Term Estimation Suppression)。

1. 碰撞估计

　　如上所述的转移采样是次优的,因为候选转移采样涉及成本很高的射线发射操作(Ray Shooting Operation),但是,如果该候选转移未被接受,则这种成本很高的操作就变成徒劳无功。在遇到黑色表面时,通常会出现这种情况。无论粒子是否存活,对访问贴片的粒子进行计数总是更有效。当然,这之后需要减少估计值(见式(6.17)),以便对粒子计数太多的事实进行补偿。产生的碰撞随机游走估计(Collision Random Walk Estimate)如下:

$$\rho_i \frac{C_i'}{N} \approx \frac{P_i}{P_{eT}} \tag{6.18}$$

C_i' 表示撞击贴片 i 的颗粒总数。在 i 上生存的预期粒子数是 $\rho_i C_i' \approx C_i$。

2. 吸收估计

第 3 个相关的随机游走估计量只计算粒子被吸收的数量。得到的吸收随机游走估计（Absorption Random Walk Estimate）如下：

$$\frac{\rho_i}{1 - \rho_i} \frac{C_i''}{N} \approx \frac{P_i}{P_{eT}} \tag{6.19}$$

C_i'' 表示在 i 上吸收的粒子数。它执行了 $C_i' = C_i + C_i''$。在 i 上被吸收的预期的粒子数量是 $(1 - \rho_i) C_i' \approx C_i''$。碰撞估计量通常比吸收估计量更有效（但并非总是如此）。可以通过计算随机游走方法的方差来进行详细比较（详见 6.4.4 节）。

6.4.3　伴随系统、重要性或潜力，以及辐射度的收集随机游走方法

上面的估计量也被称为发射估计量（Shooting Estimator），因为它们模拟了源自光源的假想粒子的轨迹。每当粒子撞击到想要估算光功率的贴片时，就对它们进行计数。或者也可以按另外一种方法来估计给定贴片 i 上的辐射度，即对于源自 i 的粒子，当它们撞击到光源时，就给它们计数。这种收集随机游走估计量（Gathering Random Walk Estimator）可以以强有力的方式推导出，类似于第 5 章中路径追踪算法的开发。当然，对于收集随机游走估计量，还有一种虽然稍嫌抽象但是却更加简练的解释：收集随机游走估计量和用于求解伴随方程组系统（Adjoint System of Equations）的发射随机游走估计量是相对应的。

伴随方程组系统。现在来看一个线性方程组 $\mathbf{Cx} = \mathbf{e}$，其中 $\mathbf{C}$ 是系统的系数矩阵，具有的元素为 c_{ij}；$\mathbf{e}$ 是源向量，而 $\mathbf{x}$ 则是未知数的向量。代数的一个众所周知的结果表明，线性系统的求解结果 $\mathbf{x}$ 的每个标量乘积 $\langle \mathbf{x}, \mathbf{w} \rangle = \sum_{i=1}^{n} x_i w_i$，具有任意权重向量（Weight Vector）$\mathbf{w}$，也可以作为源项 $\mathbf{e}$ 的标量乘积 $\langle \mathbf{e}, \mathbf{y} \rangle$ 获得，它的解其实就是线性方程组 $\mathbf{C}^{\mathrm{T}} \mathbf{y} = \mathbf{w}$ 的伴随（Adjoint）系统：

$$\langle \mathbf{w}, \mathbf{x} \rangle = \langle \mathbf{C}^{\mathrm{T}} \mathbf{y}, \mathbf{x} \rangle = \langle \mathbf{y}, \mathbf{Cx} \rangle = \langle \mathbf{y}, \mathbf{e} \rangle$$

$\mathbf{C}^{\mathrm{T}}$ 表示矩阵 $\mathbf{C}$ 的转置。例如，如果 $\mathbf{C} = \{c_{ij}\}$，则 $\mathbf{C}^{\mathrm{T}} = \{c_{ji}\}$。上面推导的第二个相等项是标量乘积的基本属性，它非常容易验证自己。

辐射度方程组的伴随系统，以及重要性或潜力的概念。对应于辐射度方程组（见方程（6.6））的伴随系统如下所示：

$$Y_i = W_i + \sum_j Y_j \rho_j F_{ji} \tag{6.20}$$

　　这些伴随系统和上述说法的解释如下(见图 6.9)：

　　假设由贴片 k 发射的功率为 P_k。P_k 可以写为标量乘积 $P_k = A_k B_k = \langle B, W \rangle$，另外还有等式 $W_i = A_i \delta_{ik}$：直接重要性(Direct Importance)向量 W 的所有分量都是 0，当然，第 k 个分量除外，因为它等于 $W_k = A_k$。上面的说法暗示 P_k 也可以按以下方式获得：$P_k = \langle Y, E \rangle = \sum_i Y_i B_{ei}$，它是场景中光源自发光辐射度的加权和(Weight Sum)。伴随系统(见式(6.20))的求解结果 Y 表示每个光源对 k 的辐射度的贡献程度。Y 在参考文献 [181]、[140]、[25] 中被称为重要性(Importance)或潜力(Potential)函数。更多信息可参考本书 2.7 节。

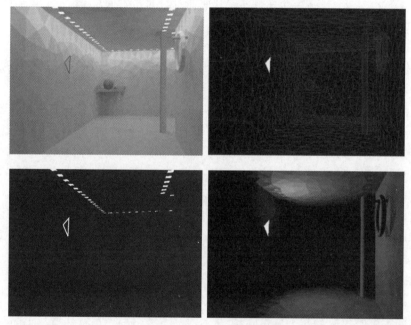

图 6.9　辐射度收集和射击之间的双重性。由右上方图像中明亮显示的贴片发出的光通量可以通过两种方式获得：①作为辐射度 B 的标量乘积(左上)和响应或测量函数 W(右上)；②作为自发光辐射度 E 的标量乘积(左下)和重要性 Y(右下)

　　辐射度的收集随机游走估计量。辐射度系统的伴随方程组(见式(6.20))也具有正确顺序的形状因子的指数，因此可以使用随机游走模拟来求解它们，该模拟将使用局部或全局光线来采样。但是，粒子现在是从感兴趣的贴片($\pi_i = \delta_{ki}$)而不是从光源发射的。转移概率是 $p_{ji} = \rho_j F_{ji}$：首先，进行吸收/生存测试。如果粒子存活，则将其传播到新的贴片，其概率对应于形状因子。只要假想的粒子击中光源，就会对贴片 k 的辐射度产生非零值的贡献。它的物理解释是收集(Gathering)。

以上描述的收集随机游走估计量是碰撞(Collision)估计量。其实也可以构建生存或吸收收集估计量。例如,生存收集随机游走估计量将仅对在命中光源上存活的粒子进行计数。

6.4.4 讨论

总结前文所述,可以根据以下标准对用于辐射度的离散随机游走估计量进行分类:
- 它们是发射还是收集。
- 根据它们产生贡献的地方:吸收、生存、每次碰撞。

为了说明这些离散随机游走方法的变体如何相互比较以及与 6.3 节中讨论的随机雅克比方法进行比较,需要计算这些方法的方差。吸收估计量的方差计算非常简单,就只有命中(Hit)或未击中(Miss)两种情况。除了吸收估计量的方差之外,随机游走方差的计算相当复杂和冗长。在表 6.1 和 6.2 中对这些结果进行了总结。这些结果的推导可以在参考文献[161]、[162]、[15]中找到。

表 6.1　用于辐射度的离散发射随机游走估计量的分数和方差

估 计 量	分数 $\tilde{s}(j_0, \cdots, j_\tau)$	方差 $V[\tilde{s}]$
吸收	$\dfrac{\rho_k}{A_k}\dfrac{P_{eT}}{1-\rho_k}\delta_{j\tau k}$	$\dfrac{\rho_k}{A_k}\dfrac{P_{eT}}{1-\rho_k}b_k - b_k^2$
碰撞	$\dfrac{\rho_k}{A_k}P_{eT}\sum_{t=1}^{\tau}\delta_{jtk}$	$\dfrac{\rho_k}{A_k}P_{eT}(1+2\zeta_k)b_k - b_k^2$
生存	$\dfrac{1}{A_k}P_{eT}\sum_{t=1}^{\tau-1}\delta_{jtk}$	$\dfrac{1}{A_k}P_{eT}(1+2\zeta_k)b_k - b_k^2$

表 6.2　用于辐射度的离散收集随机游走估计量的分数和方差

估 计 量	分数 $\tilde{s}(j_0=k, \cdots, j_\tau)$	方差 $V[\tilde{s}_k]$
吸收	$\rho_k\dfrac{B_{ej\tau}}{1-\rho_{j\tau}}$	$\rho k\sum_s\dfrac{B_{es}}{1-\rho_s}b_{ks} - b_k^2$
碰撞	$\rho_k\sum_{t=1}^{\tau}B_{ejt}$	$\rho_k\sum_s(B_{es}+2b_s)b_{ks} - b_k^2$
年存	$\rho_k\sum_{t=1}^{\tau-1}\dfrac{B_{ejt}}{\rho_{jt}}$	$\rho k\sum_s\dfrac{B_{es}+2b_s}{\rho_s}b_{ks} - b_k^2$

在表 6.1 中, j_0 是随机游走最开始所使用的贴片。它是场景中光源位置的贴片,选

中它的概率与其自发射功率成正比。$j_1, \cdots, j_\tau$ 是随机游走随后访问的贴片。通过首先进行生存/吸收测试,可以对转移进行采样,生存概率等于反射率。确定生存之后,通过追踪局部或全局光线,选择下一个访问过的贴片,其概率等于形状因子。τ 是随机游走的长度:随机游走在击中贴片 j_τ 后被吸收。所有这些估计量的期望值等于贴片 k 处的非自发射辐射度 $b_k = B_k - B_{ek}$(源项估计被抑制)。ζ_k 是在贴片 k 处的循环辐射度:如果 k 是辐射度的唯一来源,具有单位强度,则 k 上的总辐射度将大于 1,比如 I_k,因为场景中的其他贴片反射了 k 发出的光的一部分到 k。然后,反复反射的辐射度将是 $\zeta_k = I_k - 1$。反复反射的辐射度也表示访问贴片 k 的随机游走将返回 k 的概率。一般来说,该概率非常小,并且可以忽略包含 ζ_k 的项。

表 6.2 显示了离散收集随机游走的分数和方差。它的期望值也是 $b_k = B_k - B_{ek}$,但是这一次 k 指的是随机游走首次到达的贴片: $k = j_0$。转移采样的方式则与发射随机游走完全相同。b_{ks} 是由于光源 s 到达 k 处而产生的辐射度,它可以是直接接收或通过其他贴片的相互反射而接收到的:$b_k = \sum_s b_{ks}$。

1. 发射与收集对比

表 6.1 和表 6.2 中的方差表达式使得开发人员能够对离散发射和收集随机游走进行详细的理论上的比较。发射估计量的方差更低,当然,很小的贴片除外,因为小贴片被光源射出的光线击中的可能性很小。与发射估计量不同的是,收集估计器的方差并不依赖于贴片区域 A_k。所以,对于足够小的贴片而言,采用收集方法将更加高效。与随机松弛方法一样,收集可以用于在发射后"清理"小贴片上的噪声伪像。

2. 吸收、生存还是碰撞

表 6.1 和表 6.2 中的方差结果还表明,生存估计量总是比相应的碰撞估计量更差,这是因为反射率 ρ_k(发射)或 ρ_s(收集)总是小于 1。

通常来说,碰撞估计量的方差也低于吸收估计量:

- 发射估计量:反复反射的辐射度 ζ_k 通常是可忽略的,并且 $1 - \rho_k < 1$。
- 收集估计量:一般而言,光源自发射的辐射度 B_{es} 比非自发射的辐射度 b_s 大得多,并且 $1 - \rho_s < 1$。

当根据形状因子对转移进行采样时,这些结果成立。例如,当转移概率被调整以便将更多光线射入重要方向时(详见 6.6.1 节),则吸收估计有时可能比碰撞估计还要更好。特别是,可以证明碰撞估计量永远不会是完美的,因为随机游走可以贡献不同数量的分数。反观吸收估计量则总是产生单个分数,因此它不会受到这种方差的影响。所以,至少在理论上,吸收估计量可以是完美的。

3. 离散碰撞发射随机游走与随机雅克比松弛对比

如表 6.1 所示，N^{RW} 离散碰撞发射随机游走的方差近似于：

$$\frac{V^{RW}}{N^{RW}} \approx \frac{1}{N^{RW}} \frac{\rho_k}{A_k} P_{eT}(B_k - B_{ek})$$

使用 N^{SR} 射线的增量功率发射（见式（6.14））的方差近似于：

$$\frac{V^{SR}}{N^{SR}} \approx \frac{1}{N^{SR}} \frac{\rho_k}{A_k} P_T(B_k - B_{ek})$$

可以看出，N^{RW} 随机游走是在被发射的 $N^{RW} P_T / P_{eT}$ 射线中平均得到的。因此，在上面的表达式中填充 $N^{SR} = N^{RW} P_T / P_{eT}$ 表示：如果射线的数量相同，则离散碰撞发射随机游走和增量功率发射雅克比迭代的效率大致相当。这一观察已在实验中得到证实（详见参考文献［11］）。

这种非常意外的结果可以按如下方式解读。这两种算法都从粒子的意义上做出了直观的解释。粒子从贴片上发射，在贴片上具有均匀的起始位置，并且它们具有相对于贴片上的法线的余弦分布方向。从每个贴片上发射出的粒子数量与从贴片上传播的功率成正比。由于这两种方法计算的结果相同，因此将从每个贴片中发射相同数量的粒子。如果相同的随机数也用于从每个贴片射出粒子，则粒子本身也可以预期是相同的。主要区别在于粒子被发射的顺序：它们在随机放松中是按宽度优先（Breadth First）的顺序发射，而在随机游走中则是按深度优先（Depth First）的顺序发射（见图 6.10）。对于方差来说，这其实没有任何不同。

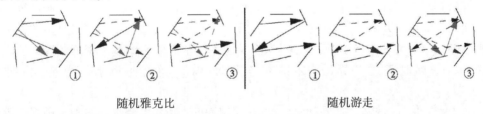

随机雅克比　　　　　　　　　　　　　　随机游走

图 6.10　该图片说明了粒子在随机雅克比迭代中的发射（"宽度优先"顺序）和在随机游走辐射度算法中的碰撞发射（"深度优先"顺序）的区别。最终发射的粒子非常相似

当然，算法之间存在其他更微妙的差异，特别是在生存采样中：在随机游走算法中，对于所有粒子，将一个一个独立决定粒子是否能够在贴片上生存。在随机松弛辐射度算法中，对于在上一次迭代步骤中落在贴片上的一组粒子，做出一次性的决定。例如，如果有 10 个粒子落在反射率为 0.45 的贴片上，则在随机游走方法中，将有任何数量（范围从 0~10）的粒子可能在贴片上存活。在随机松弛算法中，生存粒子的数量将为 4 或 5。在这

两种情况下,平均值将为4.5。使用非常简单的场景进行实验,例如空的立方体,其中反复反射的辐射度 ζ_k 很重要,确实显示出不同的性能(详见参考文献[11])。

当使用高阶近似(Higher - Order Approximations)或低差异采样(Low - Discrepancy Sampling),或与方差减少技术相结合时,随机雅可比迭代(Stochastic Jacobi Iteration)和随机游走(Random Walk)同等效率的结论也不再正确。许多方差减少技术和低差异采样更容易实现,并且对随机松弛而言比随机游走更有效(详见6.6节)。

6.5　光子密度估计方法

6.3节和6.4节中讨论的算法随机地求解了辐射度系统的线性方程组(见式(6.6))。通过对形状因子进行采样,达到了根本不需要形状因子数值的效果。在本节中,将讨论与6.4节高度相关的一些随机游走方法,但它们求解了辐射度积分方程(见式(6.3))或一般渲染方程(见式(6.2)),而不是辐射度方程组系统。实际上,就像离散随机游走用于求解线性系统一样,连续状态空间(Continuous State Space)中的随机游走可用于求解诸如辐射度或渲染积分方程之类的积分方程。因此,它们有时也称为连续随机游走辐射度方法(Continuous Random Walk Radiosity Method)。

本节中介绍的随机游走只不过是光源发射的光子及其在整个场景中反弹的模拟轨迹,这是由第2章中描述的光发射和散射定律所决定的。这些光子的表面撞击点被记录在数据结构中,供以后使用。这种粒子撞击点的一个基本特性是:它们在任何给定位置的密度(每单位面积的命中数)与该位置的辐射度成正比(详见6.5.1节)。通过统计学中已知的密度估算方法,可以在任何需要估算其密度的表面位置估算该密度(详见参考文献[175])。本章从6.5.2节~6.5.5节介绍了用于全局照明的基本密度估计方法。此外,Keller的即时辐射度算法(详见参考文献[91])也在本章有详细介绍(详见6.5.6节)。

光子密度估计方法的主要好处是可以在一定程度上考虑非漫射光发射和散射。就像6.4节的方法一样,这里描述的方法不允许在每个表面点精确地求解渲染方程。此外,还需要选择场景中表面上的照明的一些世界空间表示(World - Space Representation),这些世界空间表示具有相应的近似误差(例如模糊的阴影边界或光泄漏)。但是,光子密度估计方法开辟了比表面贴片上的平均辐射度更复杂且令人更满意的照明表示的方式。因此,它们在过去几年中获得了相当大的重视和关注。例如,在光子映射方法(详见参考文献[83])中,光照的表示与场景几何无关,这允许开发人员以直接的方式使用非多边形几何表示(Nonpolygonized Geometry Representation)、诸如分形(Fractal)之类的过程几何

(Procedural Geometry)和对象实例化(Object Instantiation)等。

6.5.1　光子传输模拟和辐射度

根据第 2 章介绍的物理定律,光子轨迹模拟(Photon Trajectory Simulation)被称为模拟光子轨迹模拟(Analog Photon Trajectory Simulation)。这里首先解释模拟光子轨迹模拟的工作原理以及如何将其用于计算辐射度。图 6.11 说明了这个过程。

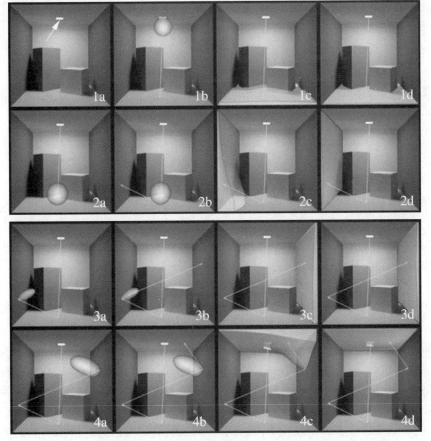

图 6.11　模拟式光子传输模拟,从初始粒子位置的选择到最后被吸收

现在从图像(1a)开始,在光源上选择初始粒子的位置 x_0。选择的方法是使用与自发射辐射度成正比的(正确标准化的)概率。

$$S(x_0) = \frac{B_e(x_0)}{P_{eT}} \tag{6.21}$$

x_0 是随机游走的起点。$S(x_0)$ 称为初始密度(Birth Density)或源密度(Source Density)。

接下来,使用在 x_0 处光源的定向发光分布选择初始粒子方向 Θ_0,乘以输出余弦。对于图像(1b)中的漫反射光源来说,

$$T(\Theta_0 \mid x_0) = \frac{\cos(\Theta_0, N_{x_0})}{\pi}$$

现在考虑从采样位置 x_0 发射到选定方向 Θ_0 的光线。这种撞击物体表面的光线其撞击点 x_1 的密度取决于表面方向、距离和与 x_0 相关的可见性:

$$T(x_1 \mid x_0, \Theta_0) = \frac{\cos(-\Theta_0, N_{x_1})}{r_{x_0 x_1}^2} V(x_0, x_1)$$

图像(1c)中的透明表面显示了在所示模型的底部表面上的密度。在图像(1d)中,考虑到这些几何因素以及 x_0 处的(漫反射)发光特性,显示了输入命中的密度:

$$\begin{aligned} T^{in}(x_1 \mid x_0) &= T(\Theta_0 \mid x_0) T(x_1 \mid x_0, \Theta_0) \\ &= \frac{\cos(\Theta_0, N_{x_0}) \cos(-\Theta_0, N_{x_1})}{\pi r_{x_0 x_1}^2} V(x_0, x_1) = K(x_0, x_1) \end{aligned}$$

接下来,在图像(2a)中,对获得的表面撞击点 x_1 进行了生存测试:随机决定是采样吸收(并且路径也将终止)还是反射。采样反射的概率 $\sigma(x_1)$ 等于反照率(Albedo)$\rho(x_1, -\Theta_0)$,即从 x_0 处进入的功率在 x_1 处反射的部分。对于漫反射表面,反照率与反射率 $\rho(x_1)$ 相同。因此,从 x_0 到 x_1 的完全转移密度(Transition Density)是

$$T(x_1 \mid x_0) = T^{in}(x_1 \mid x_0) \sigma(x_1) = K(x_0, x_1) \rho(x_1) \tag{6.22}$$

如果采样存活,则根据双向反射分布函数乘以输出余弦选择反射的粒子方向。对于图像(2b)中的漫反射表面,再次仅剩下输出的余弦。

如果粒子未被吸收,则将以相同的方式对后续转移进行采样。即发射光线、执行生存测试并对反射进行采样。图像(2c)显示了和 x_1 相关的场景左表面上的表面方向、距离和可见性的影响。图像(2d)显示了 x_1 和前者的余弦分布的组合效应。图 6.11 的第 3 和第 4 行两次说明了这个过程,不过这次演示的是非漫反射光反射。

现在,不妨来考虑在表面位置 x 附近的每单位面积,以及由这种模拟产生的粒子命中的预期数量 $\chi(x)$。该粒子撞击命中密度由两个贡献组成:由 $S(x)$ 给出的在 x 附近出现的粒子密度,以及在访问其他一些表面位置 y 之后再访问 x 的粒子密度。来自其他地方的粒子密度取决于其他地方的密度 $\chi(y)$ 和转移到 x 的密度 $T(x \mid y)$:

$$\chi(x) = S(x) + \int_S \chi(y) T(x \mid y) dA_y$$

对于漫反射环境,初始密度和转移密度由式(6.21)和(6.22)给出:

$$\chi(x) = \frac{B_e(x)}{P_{eT}} + \int_S \chi(y)K(y,x)\rho(x)dA_y \Rightarrow \chi(x) = \frac{B(x)}{P_{eT}} \qquad (6.23)$$

换句话说,在表面位置 x 附近,预期的每单位面积的粒子命中数与辐射度 $B(x)$ 成正比。在这里推导出的结果是针对漫反射环境的,但是在非漫射光发射和散射的情况下,模拟式光子传输模拟后的粒子命中密度将与辐射度成正比,如图 6.12 所示。当然,这并不奇怪:它是人们关于自然如何运行的心理模型,并且已经在计算机上以直接的方式模拟。

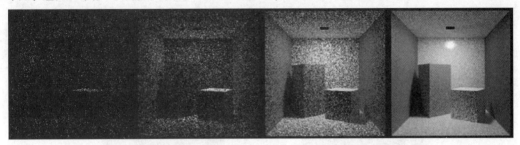

图 6.12　根据光发射和散射的物理特性,在光子传输模拟之后,粒子的密度与辐射度函数成正比。上面这些图像分别显示了 1000、10000、100000 和 1000000 个路径的粒子撞击命中结果

因此,计算辐射度的问题已经简化为估计粒子命中密度的问题:估计给定表面位置处每单位面积的粒子命中数。在统计学中已经深入研究了仅仅考虑一组样本点位置来估计密度的问题(详见参考文献[175])。接下来的小节将介绍在渲染的背景下应用的主要密度估算方法:直方图方法(Histogram Method)、正交序列估计(Orthogonal Series Estimation)、内核方法(Kernel Method)和最近邻方法(Nearest Neighbor Method)。

此外,还有一种替代性的方法,就是将当前问题视为蒙特卡罗积分问题:开发人员想要计算未知辐射度函数 $B(x)$ 与给定测量或响应函数 $M(x)$ 的积分(详见本书 2.8 节):

$$B_M = \int_S M(x)B(x)dA_x$$

辐射度函数 $B(x)$ 因此变成了被积函数,不能先验地评估,但由于模拟式光子传输模拟得到密度为 $\chi(x_s) = B(x_s)/P_{eT}$ 的表面点 x_s,则 M 可以估计为

$$B_M \approx \frac{1}{N}\sum_{s=1}^{命中数}\frac{M(x_s)B(x_s)}{B(x_s)/P_{eT}} = \frac{P_{eT}}{N}\sum_{s=1}^{命中数}M(x_s)$$

基本上,开发人员所要做的全部就是模拟一些光子轨迹,并累计在光子表面命中点 x_s 上的测量函数 $M(x_s)$ 的值。[①]这些测量函数对应于如下文所述的直方图方法、正交序列估

---

① 请注意,这里是对各个采样点累计总和,然后再除以光子轨迹的数量。

计和内核方法。

请注意,此处说明的程序与6.4.1节中的生存估计量非常接近：粒子只有在表面上生存后才会被考虑在内。像以前一样,可以定义吸收和碰撞估计量,并且可以抑制源项估计。在实践中,优选碰撞估计,即对落在表面上的所有粒子进行计数。和前文所说的一样,这种"过度计数"应该通过将所有得到的表达式乘以反射率来进行补偿。

6.5.2 直方图方法

估计密度函数最简单的、并且也可能是最常使用的方法就是：通过将样本域划分到容器中(在此情形下,容器指的就是表面贴片),然后对每个容器中样本的数量 N_i 进行计数(见图6.13)。N_i / A_i 的比率将产生每个容器中粒子密度的近似值。

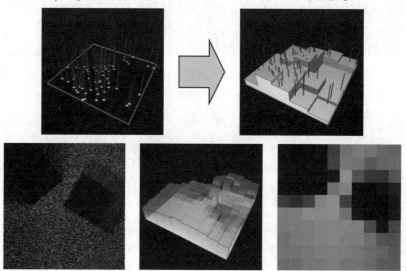

图6.13 直方图方法,演示了撞击命中立方体底面的粒子。该立方体取材自图6.12

还有一种解释如下：回想一下贴片 i 上的平均辐射度 B_i,它的定义值是由 $B(x)$ 的以下积分给出的：

$$B_i = \frac{1}{A_i}\int_{S_i} B(x)\,dA_x$$

按这种方式构造的随机游走是使用密度 $\chi(x) = B(x) / P_{eT}$ 对点 x 进行采样的技术。通过 N 个随机游走,B_i 可以被估计为

$$\frac{P_{eT}N_i}{NA_i} \approx B_i$$

其中 N_i 是对贴片 i 的访问次数。直方图方法的测量函数 $M^{hist}(x)$ 是表面贴片的所谓特征函数(Characteristic Function):该函数对表面贴片上的点取值为 1,对其他点取值为 0。

在参考文献[5]、[70]、[138]中已经提出了用于辐射度计算的直方图方法,后来其他人也有提出。由于其相对比较简单,这种形式的密度估计非常受开发人员的欢迎。更多示例见图 6.14 和图 6.15。

图 6.14　图 4 显示了汽车模型中真实世界照明模拟的结果,它使用了直方图方法(详见 6.5.2 节)。图 1 通过以各种快门速度拍摄镜面球体并将这些图像组合成单个高动态范围环境地图来捕获真实世界的照明。图 2 显示了一个镜面球体,使用此环境贴图跟踪光线。图 3 显示了从图 2 获得的着色照明级别,其在 200~30000 尼特(nit,亮度单位)之间变化。与大多数其他随机辐射度方法一样,直方图方法可轻松处理任意光源,例如本示例中的高动态范围环境地图

6.5.3　正交序列估计

直方图方法可以为每个表面贴片产生单个平均辐射度值。对于辐射度函数 $B(x)$,也可以获得线性、二次、三次或其他更高阶近似值。计算这种高阶近似值的问题可以归结为计算 $B(x)$ 的以下分解中的系数 $B_{i,\alpha}$:

$$\tilde{B}_i(x) = \sum_{\alpha} B_{i,\alpha} \psi_{i,\alpha}(x)$$

图 6.15　这些图像使用了直方图方法（详见参考文献［206］）进行渲染,并考虑了测量的双向反射分布函数。在第二遍中通过光线追踪添加了镜面反射效果。（图片由德国萨尔布吕肯市马克斯·普朗克计算机科学研究所 F. Drago 和 K. Myszkowski 提供。）

函数 $\psi_{i,\alpha}(x)$ 称为基函数（Basis Function）。总和是在贴片 i 上定义的所有基函数之和。当每个贴片仅使用一个基函数 $\psi_i(x)$ 时即获得恒定近似,其在贴片上取值为 1,在外部则取值为 0。在这种情况下,将再次获得 6.5.2 节的直方图方法。图 6.16 说明了可用于四边形的更高阶基函数。该想法是将 $B(x)$ 近似为这些函数的线性组合。

系数 $B_{i,\alpha}$ 可以作为具有所谓的双基函数（Dual Basis Function）$\tilde{\psi}_{i,\alpha}$ 的标量积获得：

$$B_{i,\alpha} = \int_S B(x)\tilde{\psi}_{i,\alpha}(x)\,dA_x \tag{6.24}$$

每个双基函数 $\tilde{\psi}_{i,\alpha}$ 都是原始基函数 $\psi_{i,\beta}$ 的唯一线性组合,它满足以下关系（固定值 α,变量 β）：

$$\int_{S_i} \tilde{\psi}_{i,\alpha}(x)\psi_{i,\beta}(x)\,dA_x = \delta_{\alpha,\beta}$$

在恒定近似的情况下,如果 $x \in S_i$,则双基函数 $\tilde{\psi}(x) = 1/A_i$,其他地方则取 0 值。

对于 N 个光子轨迹,式（6.24）可以估算为：

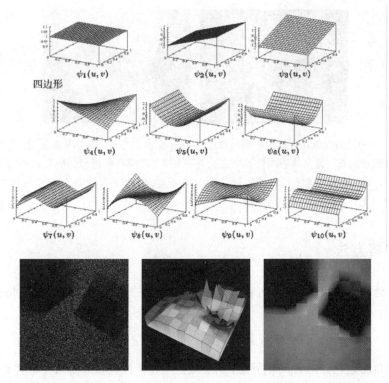

图 6.16　顶部图像显示了一组正交函数,可用于四边形的正交序列估计。底部图像显示了图 6.12所示立方体底部粒子撞击密度的线性近似

$$\frac{P_{eT}}{N} \sum_s \tilde{\psi}_{i,\alpha}(x_s) \approx B_{i,\alpha}$$

以上公式中的总和是随机游走所访问的所有点 x_s 的总和。正交序列估计的测量函数是双基函数 $\tilde{\psi}_{i,\alpha}$。

Bouatouch 等人(详见参考文献 [18])和 Feda(详见参考文献 [44])已经提出了通过正交序列估计(Orthogonal Series Estimation)进行辐射度计算的方法。

正交序列估计相对于直方图方法的主要优点是可能在固定网格上实现更平滑的辐射度近似。它的主要缺点是成本,需要消耗较多的计算资源。在参考文献[44]、[13]中可以看到这样一个示例,用 K 基函数计算一个高阶近似到固定统计误差的成本是计算恒定近似的成本的约 K 倍。高阶近似的计算时间的增加要大于确定性方法(详见参考文献[69]、[228]),但是采用这种方法得到的算法实现起来则要容易得多,并且仍然不需要存储形状因子,对计算错误的敏感性也要小得多(见图 6.17)。

图 6.17　从相同的收敛立方近似求解结果产生的两幅图像。一旦获得求解结果,就可以在几分之一秒内生成新视点的新图像。这些图像说明正交序列估计(以及高阶近似的随机松弛方法)可以在光照平滑变化的区域中产生非常高的图像质量。但是,在不连续的相邻区域中,可能会保留图像伪像。通过不连续性网格化将可以消除这些伪像

6.5.4　内核方法

在点 z 处的辐射度 $B(z)$ 也可以写成一个包含狄拉克脉冲函数(Dirac Impulse Function)的积分:

$$B(z) = \int_S B(x)\delta(x - z)dA_x$$

使用随机游走估计后者的积分是行不通的,因为狄拉克脉冲函数在任何地方都是零,不过,当它的参数为零时除外。在理论上,发现粒子精确击中点 z 的概率为零。[①]即使能够找到精确击中 z 的粒子,狄拉克脉冲的值也不确定。它不可能是有限的,因为狄拉克脉冲函数除了在一个点上之外,在其他任何地方都是零,而在这个点上它的积分等于 1。但是,通过使用不同的、归一化的密度内核(Density Kernel)或足迹函数(Footprint Function)$F(x, z)$,可以得到 z 处辐射度的近似值。该足迹函数的宽度非零并且以 z 为中心:

$$B_F(z) = \int_S B(x)F(x,z)dA_x \approx B(z) \tag{6.25}$$

一般来说,选择的是对称内核(Symmetric Kernel)函数,其仅取决于 x 和 z 之间的距离:$F(x, z) = F(z, x) = F(r_{xz})$。其示例包括圆柱形内核(如果 $r < R$ 则 $F(r) = 1/2\pi R$,否则为 0)或高斯钟形(Gaussian Bell)。

对于 N 个光子轨迹,式(6.25)中的积分可以估算为

$$\frac{P_{eT}}{N} \sum_s F(x_s, z) \approx B_F(z)$$

---

① 在实践中,由于算术精度有限,所以该概率不会是零。

　　这里的总和仍然是对随机游走所访问的所有点 x_s 求和。这次的测量函数是以查询位置 z 为中心的内核函数 $F(x, z)$。

　　对于对称内核,还可以按如下方式解释该结果:内核函数 $F_s(z) = F(x_s, z)$ 被放置在每个粒子命中点 x_s 处,然后通过在 z 处对这些核的值求总和来获得表面点 z 处的辐射度估计。

　　Chen(详见参考文献 [24])、Collins(详见参考文献 [32])以及 Shirley 和 Walter 等人(详见参考文献[166]、[210])都使用了这种形式的内核密度估计(Kernel Density Estimation)。

　　内核方法的主要优点是:它们允许表示不一定基于网格的照明,或允许以后验(Posteriori)估计构建合适的网格(也就是说,在进行粒子追踪和密度估计之后再构建精确捕获场景中的光照变化的网格),这使得开发人员可以摆脱边缘不连续性问题(见图 6.2)。另一方面,内核带宽(Bandwidth)的选择是一个很困难的问题,开发人员为了避免在表面边缘出现的低估(Underestimation)现象,需要做出很大的努力,这种低估就是所谓的边界偏差(Boundary Bias)(见图 6.18)。此外,内核评估的计算成本也可能相当高,例如,对于高斯内核而言就是如此。有关内核密度估计允许后验网格化的示例,可参见图 6.19。

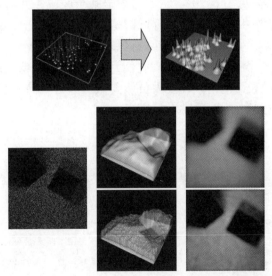

　　图 6.18　对于内核方法可以作如下解释:归一化内核函数放置在每个粒子命中点的中心。通过对这些内核求和来估计辐射度。该图下面的 2 行显示了圆柱形内核(中间行)和高斯内核(最底下一行)产生的结果。内核具有相同的带宽。高斯内核将产生更平滑的结果,但是比圆柱形内核具有更高的计算成本。请注意,边缘处产生的辐射度估计量仅为它们应有值的一半。由于在查询位置周围发现粒子的区域受到限制(没有超出边缘的粒子),这一事实造成的影响被称为边界偏差

图 6.19 使用参考文献[210]中介绍的内核密度估计方法获得的图像。内核密度估计允许后验网格化,即在粒子追踪和密度估计之后再构建精确捕获场景中的光照变化的网格。可以使用图形硬件实时渲染生成的网格(图片由康奈尔大学计算机图形学专业 B. Walter、Hubbard 博士、P. Shirley 和 D. Greenberg 提供。)

6.5.5 最近邻方法

Jensen 等人的光子映射算法(详见参考文献[81])和 Keller 的即时辐射度算法(详见参考文献[91])均基于类似的原理。

光子映射使用了被称为最近邻估计(Nearest Neighbor Estimation)的技术。最近邻估计可以按如下方式理解(见图 6.20):它不是固定某个区域 A 并对该区域上的粒子数 N 进行计数(在直方图方法中就是这样做的),而是固定一些粒子数 N,然后寻找一个包含这个数量的粒子的区域。如果在一个较小的区域上可以找到 N 个粒子,则其密度(N/A)将会很高。如果是在一个很大的区域发现它们,则密度将会很低。最近邻估计的主要优点是:它可以完全摆脱表面网格。开发人员所要做的只是存储一组粒子命中点的位置。有关光子映射的详细信息,请参阅本书 7.6 节。

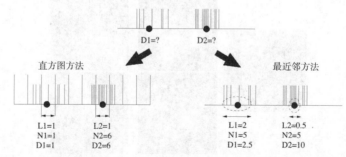

图 6.20 估算在指定位置附近的样本 D1 和 D2(顶行)的密度的两种方法:①直方图方法(左下)首先将域细分为容器(这里的容器大小为 L = 1)并对需要估算密度的容器中的样本 N_1 和 N_2 进行计数;②最近邻估计方法(右下)固定样本的数量 N(本示例中 N = 5),然后在查询位置查找包含该数量样本的区域(大小为 L_1 和 L_2)。在这两种情况下,密度被估计为在被考虑区域的大小 L 上的样本数 N。在大量样本和小容器的限制下,这些方法将产生相同的结果

对应于最近邻估计方法的测量函数比先前的密度估计方法的函数更复杂。它们取决于整个样本位置,因此只能进行后验估计(详见参考文献[175]第 1 章)。

6.5.6　即时辐射度

即时辐射度(Instant Radiosity)(详见参考文献[91])基于以下观察结果:辐射度积分方程(见式(6.3))的右侧也是包含辐射度函数的积分。

$$B(z) = B_e(z) + \rho(z) \int_S K(z,x) B(x) dA_x$$

在这里,也可以通过追踪多个光子轨迹来估计该积分。这导致对以下形式的 $B(z)$ 的估计:

$$B(z) \approx B_e(z) + \rho(z) \frac{P_{eT}}{N} \sum_s K(z,x_s)$$

右侧的总和可以解释为 z 处的直接照明,因为点光源在每个光子撞击点 x_s 处放置了强度 P_{eT}/N。有关即时辐射度的详细信息,请参阅本书 7.7 节。

6.5.7　讨论

现在来讨论收集变体(Gathering Variant)并对各种算法进行相互比较,然后对辐射度计算使用离散随机游走方法。

1.连续收集随机游走

本节中介绍的算法是发射算法。就像离散随机游走方法(详见 6.4.3 节)一样,收集变体可以通过引入积分方程的伴随系统来获得。例如,辐射度积分方程的伴随方程组系统看起来就像

$$I(x) = M(x) + \int_S I(y) \rho(y) K(y,x) dA_y \tag{6.26}$$

它们的解释与 6.4.3 节中解释的完全相同。连续收集随机游走是在第 5 章中讨论的路径追踪算法的基础。它们很少关注对世界空间照明表示的计算。然而,它们可能有助于在直方图方法中或在使用正交序列估计时"清理"小块上的噪声伪像。它们在对象空间照明计算的双向算法的背景下也可能是很有价值的,因为它们可以填补发射随机游走的不足。

2. 方差

无论是对各种连续随机游走估计量进行彼此之间的详细比较,还是比较连续与离散随机游走,都需要计算连续随机游走估计量的方差。连续随机游走方差的计算可以按与离散随机游走完全相同的方式完成。基于格林函数(Green's Function)的辐射度积分方程的简化推导可以在参考文献[11]中找到。具有源项估计抑制和使用测量函数 $M(x)$ 的连续碰撞发射随机游走方法的结果是:

$$V[\hat{b}_M] = P_{eT}\int_S \rho(x)[M(x) + 2\zeta(x)]M(x)b(x)dA_x - \left(\int_S M(x)b(x)dA_x\right)^2 \quad (6.27)$$

在该等式中,$\zeta(x) = I(x) - M(x)$,其中 $I(x)$ 是伴随积分方程(见方程(6.26))与源项 $M(x)$ 的求解结果。绝大多数情况下,$\zeta(x)$ 远小于1,因此可以忽略它。其期望值是 $b_M = \int M(x)b(x)dA_x$,其中 $b(x) = B(x) - B_e(x)$,非自发射辐射度。通过填充适当的响应函数 $M(x)$,可以为上述任何密度估计方法计算方差。

3. 偏差

这里描述的所有密度估计算法都计算出一种辐射度函数的转换:

$$B_M(z) = \int_S M(z,x)B(x)dA_x \neq B(z)$$

近似(Approximations)在图像中以伪像的形式可见,例如模糊的阴影边界、边缘不连续、光或阴影泄漏,以及边界偏差伪像。出于这个原因,密度估计通常不是直接可视化的,而是执行最终的收集步骤以避免伪影。最终收集和其他混合方法是第7章的主题。

可以证明,这里讨论的所有密度估计方法都具有相似的偏差(Bias)与方差(Variance)权衡(见图6.21和图6.22)。响应函数(Response Function)对大量样本和贴片的支持更好,例如,包含大量贴片的直方图方法,或具有更宽的宽带的内核方法,都会产生较低的方差。当然,不利的方面是,对大量样本的支持通常也意味着辐射度函数会更加模糊。相反的情况也是成立的:窄带响应函数虽然可以降低模糊程度,但也因此导致了更锐利的阴影边界,并且要付出更高方差的代价。

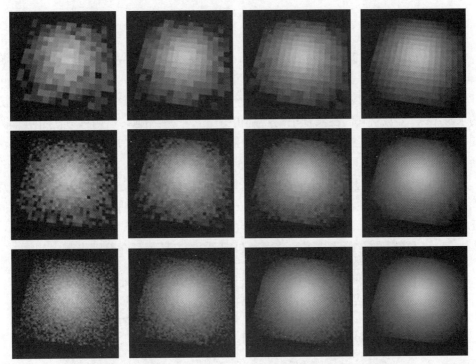

图 6.21　密度估计算法的方差与偏差权衡：在所有图像中显示了相同的场景，从上到下逐渐增加离散化(Discretization)，从左到右逐渐增加样本数量。贴片数量在顶行为 256，在中间行为 1024，在底行为 4096。样本数量与贴片数量是成正比的：从左到右，图像的样本数量分别是贴片数量的 10 倍(最左侧)、40 倍、160 倍和 640 倍(最右侧)。这些图像说明直方图方法的方差与贴片面积成反比：同一列中的图像具有相同的方差。所有其他光子密度估计算法也表现出类似的偏差和方差权衡

图 6.22　内核密度估计方法中的方差与偏差权衡：粒子的数量保持不变，而内核带宽则从左到右递增。更大的带宽(右图)产生的噪声很低，但是辐射度的效果很模糊(图片由康奈尔大学计算机图形学专业 B. Walter、Hubbard 博士、P. Shirley 和 D. Greenberg 提供。)

4. 连续随机游走与离散随机游走对比

使用直方图方法的连续随机游走（Continuous Random Walk）和离散随机游走（Discrete Random Walk）都可以求解不同的问题。使用直方图方法的连续随机游走可以估计贴片上的连续辐射度函数 $B(x)$ 的区域平均值，而离散随机游走则可以估计线性方程组的求解结果。当然，它们在实践中的区别很少引人注意：例如，这两种方法都有漏光的问题，但是离散随机游走方法泄漏的光会照射到其他表面，而采用连续随机游走方法则不会。

这两种方法在算法上的差异也很小。采用连续随机游走方法时，粒子总是从贴片上的入射点反射回来；而在离散随机游走中，粒子从其落点所在的贴片上均匀选择的不同位置反射（见图 6.23）。

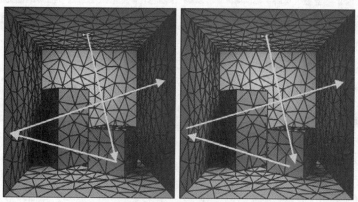

图 6.23　连续随机游走（左图）与离散随机游走（右图）在粒子的反射方式上略有不同：在连续随机游走中，粒子从其入射点反射，而在离散随机游走中，反射从其击中的贴片上均匀选择的新位置出现

连续和离散碰撞发射随机游走的比较实验表明，它们的方差也没有显著区别。要解释这一现象，可以比较直方图方法的式（6.27）和本书 6.4.4 节中表 6.1 中的离散碰撞发射随机游走的方差。直方图方法的响应函数是 $M(x) = \chi_k(x) / A_k$，其中，$\chi_k(x)$ 是贴片 k 的特征函数。

但是，对于低差异采样来说，使用离散随机游走似乎比使用连续随机游走要有效得多（详见参考文献[15]）。

6.5.8　密度估计算法的随机迭代变量

6.3 节的随机雅克比方法只允许开发人员计算表面贴片上的平均辐射度。本节中的连续随机游走方法允许更高级的辐射度表示。本节将展示如何扩展随机雅克比方法,以计算更高级的辐射度表示。通过这样做,低差异采样变得更有效,并且更容易获得减少方差的效果。

辐射度测量方程如下所示。

$$B_M(z) = \int_S M(z,x) B(x) dA_x,$$

基于辐射度测量方程设计随机雅克比方法的一般做法如下。首先,可以使用辐射度方程的右边取代 $B(x)$,

$$B(x) = B_e(x) + \rho(x) \int_S K(x,y) B(y) dA_y$$

这将产生以下等式。

$$B_M(z) = \int_S M(z,x) B_e(x) dA_x + \iint_S M(z,x) \rho(x) K(x,y) B(y) dA_y dA_x$$

假设 $B(y)$ 的某些近似值 $B_M^{(k)}(y)$ 可用,现在可以将这个近似值替换到上面表达式的右侧中,然后在左侧出现的就是下一个近似值 $B_M^{(k+1)}(z)$:

$$B_M^{(k+1)}(z) = \int_S M(z,x) B_e(x) dA_x$$
$$+ \iint_S M(z,x) \rho(x) K(x,y) B_M^{(k)}(y) dA_y dA_x$$

该迭代公式可用于构造随机迭代算法,其方式与 6.3 节中所述的相同。特别是,右侧的双重积分建议以下采样方法:

(1)在场景表面上采样点 y,概率密度与 $B_M^{(k)}(y)$ 成正比。

(2)根据条件概率密度 $K(y, x) = K(x, y)$,以 y 为条件对点 x 进行采样。这可以通过从 y 发射出余弦分布的射线来完成。该射线击中的第一个表面点是 x。

(3)每个样本贡献的分数基本上是 $M(z, x) \rho(x)$。每个 z 都有一个非零分数,因为 $M(z, x)$ 就是一个非零值。

这种方法已被证明可以很好地用于计算高阶辐射度近似(详见参考文献[13])。类似的随机迭代方法也被提出用于漫反射照明(详见参考文献[193])。

6.6　方差减少和低差异采样

通过使用方差减少技术和低差异采样,可以使前面章节中的基本算法更有效。本节将通过以下技术来讨论减少方差的方法:视图重要性采样(View‐Importance Sampling)、控制变量(Control Variates)、使用相同的随机游走或射线组合收集和发射估计量,以及加权重要性采样等。本节所讨论的主题具有非常重要的实际意义,也可作为第 3 章讨论的方差减少技术的一个例证。

6.6.1　视图重要性驱动的发射

1. 视图重要性

在前面各个章节的基本算法中,都使用了反映物理定律的概率对转移进行采样。计算所获得结果的质量主要取决于贴片的面积和反射率,但是在整个场景中更均匀。然而,有时候,人们希望通过仅对场景中的一部分执行高质量计算来节省计算时间。例如,在视图中可见的场景部分质量要高,而对于场景中不重要的部分,则可以做出质量上的妥协(见图 6.24)。例如,当计算具有若干个楼层的大型建筑物内的单个房间内的图像时,每个楼层包含许多房间,基本估计量将需要花费大量工作来计算所有楼层所有房间中的照明,以达到相似的质量。人们可能更愿意将计算工作集中在一个房间内,而对其他房间和建筑物的其他楼层,则适当降低辐射度求解结果的质量。利用视图重要性采样,可以调整(Modulate)蒙特卡罗辐射度算法中的采样概率,调整的方式是:在场景的重要区域中采集更多样本,而在不太重要的区域中则采集更少的样本。

这需要测量场景中表面上的照明的重要性。如 6.4.3 节所述,辐射度方程组系统的伴随方程组可以产生这样的度量。在这里,使用功率方程组系统的伴随方程组会更加方便(见式(6.8)):

$$I_i = V_i + \sum_j F_{ij} \rho_j I_j \text{ [①]} \tag{6.28}$$

I_i 的重要性总是针对某些直接重要性分布(Direct Importance Distribution)V_i 来定义的。当为视图中可见的贴片 i 选择 $V_i = 1$ 而对视图中不可见的贴片选择 $V_i = 0$ 时,I_i 即被称为视图重要性(View Importance),并且指示辐射度 B_i 的一部分,这一部分将贡献给在视图中可见(直接可见或通过相互反射可见)的贴片。

场景表面上的连续视图重要性函数(Continuous View-Importance Function)$I(x)$ 可以按类似的方式定义,即通过辐射度积分方程(见式(6.3))的伴随方程组。

$$I(x) = V(x) + \int_S I(y)\rho(y)K(y,x)dA_y \tag{6.29}$$

---

① 通过将式(6.28)的左侧和右侧与贴片面积 A_i 相乘,即可获得辐射度方程组系统的伴随方程组(见式(6.20))。公式 6.20 中的 Y_i 和 W_i 与这里的 I_i 和 V_i 相关,其中 $Y_i = A_i I_i$ 并且 $W_i = A_i V_i$。

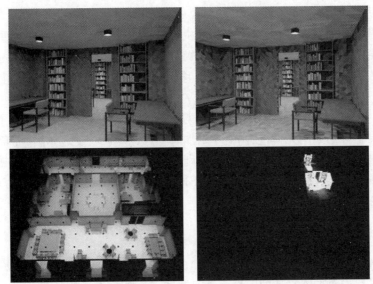

图 6.24　由视图重要性驱动的随机雅克比辐射度算法。第一行的两幅图像是使用大致相同的总工作量($3.3×10^6$ 射线数量,在 1 分钟的计算时间内)获得的。左上角的图像在计算时使用了视图重要性方法,很明显,它的噪声要比右上角的图像少得多,而右上角的图像则是在没有计算和利用视图重要性的情况下获得的。左下角的图像显示了视图采用的场景的概观。该场景细分为 162000 个贴片。右下角的图像显示了视图的重要性分布。光的强度越高表示其视图重要性越高。图中显示的模型是加州大学伯克利分校提供的 Soda 教学楼虚拟现实建模语言模型的已编辑部分

对于要获得重要性求解结果的方程组来说,其形式与描述光传输的方程组的形式相同,因此可以使用与光传输相同的算法来计算场景中的重要性。这可以在单独的阶段发生,也可以同时发生。此外,通过利用重要性的伴随系统(辐射度),还有可能加快重要性的计算。在实践中,如果重要性求解结果足够稳定,则开发人员应该注意,重要性仅用于计算辐射度(反之亦然)。

2. 视图重要性驱动的发射随机游走

视图重要性 I_i 可以在随机游走采样过程中以各种方式使用:

- 用于调整转移概率,以便随机游走优先分散到高重要性区域。不幸的是,这不能再使用均匀分布的局部或全局光线来完成,而是需要存储每个贴片传入的重要性,或者可以按某种方式有效地查询(详见参考文献[103]、[192])。
- 仅用于调整生存概率,因此重要区域附近的粒子将获得更高的生存机会。在重要性较低的区域,粒子将被消灭,其被消灭的概率高于反射率(采用俄罗斯轮盘赌技术)。在关注的区域中,甚至可以将粒子拆分成两个或更多个新粒子,其中的分数

将被适当地组合(使用拆分技术)。

- 用于调整初始概率,以便让更多的随机游走从重要光源开始,而从不重要光源开始的则更少。这可以与重要性调整转移采样(Importance-Modulated Transition Sampling)相结合,或者可以通过模拟转移采样(Analog Transition Sampling)来完成。在后一种情况下,通过视图重要性的平方根(Square Root)调整光源处的模拟初始概率(与自发射功率成正比)即可获得最佳结果(详见参考文献[163])。

为了保持估计结果的无偏性,当概率增加时,分数应减少,反之亦然。例如,如果在俄罗斯轮盘赌技术中减少了粒子的生存机会,则应增加测试中存在的粒子的贡献,以便进行补偿。基于视图重要性的采样已被研究用于连续随机游走和离散随机游走(详见参考文献[140]、[42]、[163]、[158]、[15])。

3. 视图重要性驱动的随机松弛辐射度

在增量和常规功率发射(详见6.3.2节)的背景下,视图重要性可用于以下事项。

- 将粒子优先对准感兴趣的区域。该问题和采用随机游走方法的问题是相同的:局部或全局光线采样不再有用,并且需要存储每个贴片传入的重要性。
- 增加或减少从给定贴片发射光线的概率:这将产生与俄罗斯轮盘赌技术相同的效果,拆分和调整随机游走中的初始概率。使用局部光线采样非常容易实现。

一般而言,视图重要性驱动的随机松弛方法的推导与模拟随机松弛(Analog Stochastic Relaxation)方法的推导方式完全相同,即考虑将功率方程组(见式(6.8))修改为

$$P_i I_i = P_{ei} I_i + \sum_j P_j (I_j - V_j) F_{ji} \frac{\rho_i I_i}{I_j - V_j}$$

非视图重要性驱动的随机松弛辐射度对应于选择 $I_i = 1/\rho_i$ 和 $V_i = 1/\rho_i - 1$(这些选择在闭合环境中始终是式(6.28)的有效求解结果)。图6.24显示了使用 Neumann 和 Bekaert 开发的算法(详见参考文献[126]、[15])获得的一些结果。

6.6.2　控制变量

回想一下,控制变量以减少方差的主要思想(详见3.6.6节)如下。假设函数 $f(x)$ 是数值性的积分,并且已经知道类似函数 $g(x)$ 的积分 G。如果 $f(x) - g(x)$ 的差是良好的近似常数,那么使用蒙特卡罗方法对 $f(x) - g(x)$ 的差积分然后再加上 G 将更有效。函数 $g(x)$ 称为控制变量(Control Variate)。Lafortune 已经提出在随机光线追踪中使用控制变量减少方差的算法(详见参考文献[101])。以下将讨论离散随机游走和随机松弛的应用。

1. 线性系统的控制变量

这个想法可以按照以下方式应用于线性系统(和积分方程组)的求解：假设已经知道 $\mathbf{x} = \mathbf{e} + \mathbf{Ax}$ 的解 $\mathbf{x}$ 的近似值 $\tilde{\mathbf{x}}$。校正值 $\Delta\mathbf{x} = \mathbf{x} - \tilde{\mathbf{x}}$ 满足以下等式。

$$\Delta\mathbf{x} = (\mathbf{e} + \mathbf{A}\tilde{\mathbf{x}} - \tilde{\mathbf{x}}) + \mathbf{A} \cdot \Delta\mathbf{x} \tag{6.30}$$

证明：

$$\Delta\mathbf{x} = (\mathbf{I} - \mathbf{A}) \cdot \Delta\mathbf{x} + \mathbf{A} \cdot \Delta\mathbf{x}; (\mathbf{I} - \mathbf{A}) \cdot \Delta\mathbf{x} = \mathbf{x} - \mathbf{Ax} + \mathbf{A}\tilde{\mathbf{x}} - \tilde{\mathbf{x}} = \mathbf{e} + \mathbf{A}\tilde{\mathbf{x}} - \tilde{\mathbf{x}}$$

无论近似值 $\tilde{\mathbf{x}}$ 中的误差如何都是如此。现在假设使用随机游走方法计算 $\Delta\mathbf{x}$，结果估计值 $\widetilde{\Delta\mathbf{x}}$ 对于校正 $\Delta\mathbf{x}$ 将不精确，因此就算是 $\tilde{\tilde{\mathbf{x}}} = \tilde{\mathbf{x}} + \widetilde{\Delta\mathbf{x}}$，也不会完全等于要求解的系统的解 $\mathbf{x}$。然而，无论第一个近似值 $\tilde{\mathbf{x}}$ 上的误差如何，新近似值 $\tilde{\tilde{\mathbf{x}}}$ 的误差仅由计算出的校正值 $\widetilde{\Delta\mathbf{x}}$ 的误差确定。有时，对校正值 $\widetilde{\Delta\mathbf{x}}$ 的估计可以比 $\mathbf{x}$ 本身更有效。

2. 在随机游走辐射度中的常数控制变量

在需要计算辐射度的情况下，允许对 $\mathbf{A}\tilde{\mathbf{x}}$ 进行分析计算的 $\tilde{\mathbf{x}}$ 的唯一选择是常数(Constant)选择 $\tilde{B}_i = \beta$。有了这个选择，即可得到以下等式。

$$\Delta B_i = \left(B_{ei} + \sum_j \rho_i F_{ij}\beta - \beta \right) + \sum_j \rho_i F_{ij}\Delta B_j$$
$$= (B_{ei} - (1 - \rho_i)\beta) + \sum_j \rho_i F_{ij}\Delta B_j$$

现在的问题是如何确定 β 的最佳值。用于选择 β 的启发式方法可以通过最小化随机游走估计量的预期均方误差(Expected Mean Square Error)来推导出。当然，这需要进行几次粗略的近似，并且在实践中，这些好处并不是十分重要。

3. 在随机松弛辐射度中的常数控制变量

然而，在随机雅克比松弛算法中，通过常数控制变量(Constant Control Variates)减少方差更容易实现并且更有效。蒙特卡罗求和应适用于以下修改后的功率方程：

$$P'_i = P_{ei} + A_i\rho_i\beta + \sum_i \sum_j A_j(B_j - \beta)F_j\rho_i\delta_{ik}$$

控制辐射度 β 的良好值可以通过数值优化获得。优化的函数公式为 $F(\beta) = \sum_s A_s |B_s - \beta|$ (详见参考文献[15]、[125])。

辐射度中的常数控制变量的一个缺点是，正在渲染的场景需要满足某些要求：

- 它需要封闭，因为如果不封闭的话，对于场景中的某些贴片 i 来说，$\sum_j F_{ij}\beta \neq \beta$。
- 场景中不能有不接收任何光线的封闭的"洞"，例如盒子的内部。

通过常数控制变量可以获得的计算加速通常在 5%～50% 的范围内。

6.6.3　自由收集

如果给定数量的蒙特卡罗估计量不止一个,那么它们的结合也可以显著减少方差。特别是在蒙特卡罗的辐射度算法中,人们总会找到与每个发射估计量相对应的收集估计量。一般来说,收集比发射的效果要差(很小的贴片除外),但是,通过将对随机游走的收集和发射和对发射的光线采样组合在一起,就有可能在几乎不增加额外成本的情形下减少方差。

回想一下,基本上有两种组合估计量的方法(详见本书 3.6.5 节)。

(1)经典方式。对于数量 S,结合其两个估计量 $\hat{S}_1$ 和 $\hat{S}_2$ 的经典方式是:基于任何线性组合 $w_1\hat{S}_1 + w_2\hat{S}_2$ 的观察结果,其中,常量权重 $w_1 + w_2 = 1$,这对于 S 来说也将是一个无偏的估计量。对于独立估计量,最优组合权重可以显示为与方差成反比:

$$\frac{w_1}{w_2} = \frac{V[\hat{S}_2]}{V[\hat{S}_1]}$$

在实践中,权重可以通过以下两种不同的方式获得。

- 使用解析表达式来确定所涉及的估计量的方差(如本节内容所述)。
- 根据实验中的样本使用方差的后验估计(详见本书 3.4.5 节)。这样做会产生轻微的偏差,但是随着样本数量的增加,偏差将消失:组合渐近无偏或一致。

一般来说,M 估计量的组合,每个都有 N_m 个样本,看起来如以下公式。

$$\sum_{m=1}^{M} \omega_m \frac{1}{N_m} \sum_{k=1}^{N_m} \tilde{S}_m^k \approx S$$

(2)多重重要性采样。对于所有样本来说,采用相同的组合权重 w_m 既无必要,也不是最佳选择。通过对每个样本 k 使用可能不同的权重集合 ω_m^k,通常可以实现更稳健的组合:

$$\sum_{m=1}^{M} \frac{1}{N_m} \sum_{k=1}^{N_m} \omega_m^k \tilde{S}_m^k \approx S$$

对于每个样本来说,只要 $\sum_{m=1}^{M} \omega_m^k = 1$,结果就是无偏的。

用于选择组合权重的常用启发式算法是平衡启发式(Balance Heuristic)算法。利用该启发式,权重 ω_m^k 的选择与概率成正比,这个概率是使用第 m 个技术 $\hat{S}m$ 乘以 N_m 生成样本 k 的概率。

1. 组合离散随机游走辐射度中的收集与发射

要组合在单个随机游走集合上的收集和发射,可以通过以下若干种方式完成:

(1)使用多重重要性采样。基本观察结果是在路径段 j_t, j_{t+1},…, j_s 上收集辐射度,这和在反向段 j_s, j_{s-1},…, j_t 上发射功率是一样的。如果来自端点(Endpoint)j_t 和 j_s 的子路径的概率都是已知的,则可以应用多重重要性采样。在实践中,基于多重重要性采样的收集和发射的组合仅对全局光线有用,可用于全局多路径(Multipath)算法(详见参考文献[157]、[161])。而对于局部光线来说,遗憾的是事先不知道所需的概率。

(2)使用后验方差估计。这种估计可以通过近似解析表达式来获得(详见参考文献[159])。或者,基于样本的方差估计也是可能的(详见参考文献[15])。基于样本的方差估计最终会产生非常好的权重,但是在计算开始时权重是不可靠的,只有少数随机游走一直在访问贴片。后验方差估计(Posteriori Variance Estimation)允许开发人员将发射和收集与局部光线采样组合在一起。图 6.25 显示了与单个路径相关的发射和收集贡献。

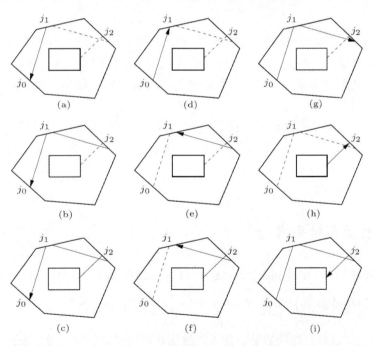

图 6.25　自由收集(Gathering For Free)的主要思想。单个随机游走 j_0、j_1、j_2 和 j_3 产生多个分数(Score),这些分数以可证明的良好方式组合,以可忽略的额外计算成本产生更低的方差:(a)(b)(c)在 j_0 位置收集;(d)在 j_1 位置发射;(e)(f)在 j_1 位置收集;(g)在 j_2 位置发射;(h)在 j_2 位置收集;(i)在 j_3 位置发

将随机游走辐射度中的收集和发射组合起来,可以产生适度的方差减少,减少的幅度同样为 5%~50%,但额外的计算成本则可以忽略不计。

2. 组合随机雅克比辐射度中的收集与发射

在随机雅克比迭代中组合采集和发射同样非常简单(详见参考文献[15])。在功率发射迭代中发射的每一条光线(详见 6.3.2 节)都会对它所击中的贴片产生贡献,而在收集迭代时,该光线会对发射来源地点所在的贴片产生贡献。此外,收集对应于反向线路上的发射。与随机游走不同,随机雅克比方法从每个贴片发射光线的概率是已知的,因此可以使用多重重要性采样。结果就是可以记录每条发射光线的两端的分数。对于连接贴片 i 和 j 的光线,两个端点处的分数如下。

$$w_{ij}S_{ij}^{\leftarrow} = \frac{\rho_i P_j}{p_i A_j + p_j A_i} \quad \text{在贴片 } i \text{ 上}$$

$$w_{ij}S_{ij}^{\rightarrow} = \frac{\rho_j P_j}{p_i A_j + p_j A_i} \quad \text{在贴片 } j \text{ 上}$$

和以前一样,p_i 和 p_j 表示从 i 和 j 发射出一条线的概率。使用局部光线,可以选择与从 i 发射的功率成比例的 p_i。对于全局光线,则 p_i 与贴片面积 A_i 成比例。

该技术实现起来非常简单,使用起来非常安全,无须额外成本,并且可以提供合理的加速:高达 2 倍。

在本书 7.3 节中,将讨论双向路径追踪。双向路径追踪结合了光追踪和路径追踪(详见本书第 5 章),这也是一对发射和相应的收集算法。前面描述的技术使用了单次发射或收集路径同时进行发射和收集。在双向路径追踪中,分离的发射路径和收集路径对(Pairs)将会组合在一起。

6.6.4　加权重要性采样

加权重要性采样(Weighted Importance Sampling)的基本思想可以直观地解释如下:假设某个开发人员需要计算一个积分 $F = \int f(x)\,dx$,他还知道第二个相似的积分 $G = \int g(x)\,dx$,并且具有相同的域。他可以使用相同的样本估计这两个积分,然后可以将由蒙特卡罗方法获得的 G 的估计值 $\tilde{G}$ 与 G 的真实已知值进行比较。由于其随机性质,估计值 $\tilde{G}$ 有时会大于 G,而有时则会更小。假设开发人员已经知道 F 的相应估计值 $\tilde{F}$,在 $\tilde{G}$ 大于 G 的情况下,$\tilde{F}$ 也大于 F,则对于 F 的更准确的估计可能是 $\tilde{F}G/\tilde{G}$;如果 $\tilde{G}>G$ 则 $\tilde{F}$ 减少;而如果 $\tilde{G}<G$ 则 $\tilde{F}$ 增加。简而言之,加权重要性采样是乘法的(Multiplicative)而不是加法的(Additive)控制变量方差减少技术。

与前面描述的方差减少技术不同,加权重要性采样是有偏差的,但如果 f 和 g 满足某些要求,则它将是一致的。偏差按 $1/N$(N 是样本数)的速度消失,这比统计误差快得多,统计误差按 $1/\sqrt{N}$ 的速度消失。在参考文献[14]中可以找到对这种思想的更详尽阐述,以及应用于形状因子积分和随机松弛辐射度的示例。

6.6.5　低差异采样

如本书 3.6.7 节所述,通过使用低差异采样,通常有可能获得比 $\mathcal{O}(1/\sqrt{N})$ 快得多的收敛速度(详见参考文献[132])。低差异采样的主要思想是使用比随机数更均匀的样本数序列。①使用低差异数序列的积分也称为准蒙特卡罗积分(Quasi – Monte Carlo Integration)。与基于统计的蒙特卡罗积分不同,准蒙特卡罗方法在数论中具有非常不同的起源。

然而,在实践中,经常会通过用低差异数序列替换随机数发生器来获得改进的收敛速度。例如,局部光线采样(详见 6.2.3 节)需要四维随机向量:选择光线原点需要两个随机数,而另外两个则用于采样余弦分布的方向。Keller 证明,当使用局部光线计算形状因子时,使用四维低差异向量将产生大约一个数量级的加速(详见参考文献[89])。Neumann 等人在随机松弛辐射度(Stochastic Relaxation Radiosity)中使用准随机数(Quasi – Random Number)而不是随机数时观察到类似的收敛加速(详见参考文献[127])。在连续发射随机游走辐射度中,通过准随机采样获得的收敛加速度则要小得多(详见参考文献[90])。在离散发射随机游走辐射度中,它与随机松弛辐射度具有相同的加速幅度,并且通常远高于连续随机游走(详见参考文献[15])。Szirmay – Kalos 已经对辐射度中准随机采样的收敛速度进行了详细的理论研究(详见参考文献[190])。

随机采样和准随机采样之间存在着若干个重要的差异。实践中的主要差异是:准随机样本在统计上不是独立的。它们甚至可以非常强地相关,从而产生令开发人员头痛的混叠图案。幸运的是,存在非常简单而有效的技术来打破这些相关性,同时仍然保持快速收敛(详见参考文献[96]、[127])。

---

① 用所谓的随机数算法生成的数字并不是真正随机的。它们只是通过了一组真正的随机数也会通过的统计测试。真正的随机数只能通过专门的电子设备(或某些有缺陷的计算机设备)生成。

6.7　分层细化和聚类

到目前为止,本章所涉及的所有基于网格的算法都有一个共同的缺点,如图 6.26 所示。如果选择的贴片太小,则方差会很高。但是,如果选择的贴片太大,则会导致干扰性的离散化伪像(Discretization Artifacts),例如过于平滑的照明和模糊的阴影边界。以下将讨论如何将层次结构改进(Hierarchical Refinement)(详见参考文献[30]、[64]、[164])和聚类(Clustering)(详见参考文献[182]、[174])结合到随机辐射度算法中。这样做可以显著减少这些问题并大大提高随机辐射度算法的性能。

图 6.26　左图显示了采用随机辐射度的网格化差异。一方面,小贴片的高方差导致令开发人员头痛的噪声伪像:这些贴片中有一部分将接收不到光线,因此它们将呈现黑色,而其他小贴片则显得过于明亮。例如,此图像中的大块贴片(例如墙壁和地板)看起来过于平滑,因为它只为整个贴片计算了一个辐射度值。而自适应网格划分、分层改进和聚类则可以减少这些问题(右图)(图中显示的模型由加州大学伯克利分校劳伦斯−伯克利实验室的 Anat Grynberg 和 Greg Ward 提供。)

在辐射度算法中引入了分层改进和聚类,并考虑了两个目标:自动的、自适应网格化和减少形状因子的数量。首先,它将大块贴片分成较小的贴片,以便在必要时获得更准确的辐射度求解结果。另一方面,小贴片的集合也可以组合为单个集群元素(Single Cluster Element),以表现得像较大贴片。第二个关键思路是计算辐射度的多分辨率表示(Multi-resolution Representation)。所谓的启示函数(Oracle Function)预测在多分辨率表示中的给定元素对(贴片或集群)之间是否可以足够精确地计算光传输。它确保始终以正确的细节水平计算光传输。与传统的辐射度方法相比,这样做可以显著减少要计算的形状因子的数量:$\mathcal{O}(N \log N)$ 而不是 $\mathcal{O}(N^2)$,其中 N 是贴片的数量。

已经有若干位研究人员将自适应网格划分(Adaptive Meshing)与局部光线形状因子

计算(详见 6.2.3 节)结合在一起(详见参考文献[106]、[94]、[92])。这 3 个提议中的基本思想是相同的:从源贴片中发射出大量光线。周围的场景被细分为接收方元素(Receiver Element),以便每个接收方元素(表面或集群)接收相同数量的光线。缺点是这些技术仅在从发射贴片同时射出大量光线时才起作用,而在最近的随机松弛算法中则不是这样。

Tobler 等人已经提出了直方图方法(详见 6.5.2 节)的自适应网格划分方案(详见参考文献[197])。通过同时追踪连续分层元素(Successive Hierarchical Element)级别上的入射粒子,可以检测到平滑假设违规(Smoothness Assumption Violation)。另外,Myszkowski 等人已经提出了直方图方法的自适应网格划分技术(详见参考文献[121])。

在参考文献[12]中提出了一种真正的多分辨率蒙特卡罗辐射度算法。其基本观察是,非分层(Nonhierarchical)随机雅克比辐射度中发射的每条线都会携带一些光的通量(Flux),从包含其原点的贴片传输到包含其目标点的贴片(见图 6.27)。通过分层改进,有一大堆元素都位于两个端点。可以使用与确定性分层辐射度(Deterministic Hierarchical Radiosity)中相同的改进启示函数(Refinement Oracles)来预测每条发射光线,以确定应该在哪一个包含光线目标点的元素分层级别上,放置由该光线携带的通量。在此动态计算过程中,元素将被逐级重新定义。

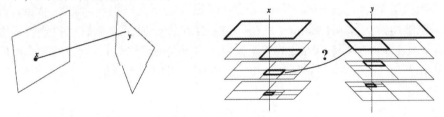

图 6.27　随机雅可比辐射度中每条光线的分层改进。对于连接两个点 x 和 y 的每条光线发射,算法将确定 x 和 y 处的哪个元素分层(Element Hierarchy)级别适合于计算从 x 到 y 的光传输。元素分层结构是逐级构造的。在非分层蒙特卡罗辐射度中,总是在包含光线端点 x 和 y 的最上层的贴片之间计算光传输

低成本的启示函数,例如基于运输的功率,对于每条光线的改进效果都非常好(详见参考文献[64])。在图 6.28 中提供了一些结果示例。分层随机雅克比辐射度可用于快速计算辐射度求解结果,使得普通 PC 也可以轻松渲染包含数百万个多边形(例如整个建筑物和汽车模型)的场景。

图 6.28　使用分层蒙特卡罗辐射度方法(详见参考文献[12])渲染的图像。这些图像中的元素数量从 88000 个(剧院)到超过 500000 个(小隔间办公空间)不等。这些图像的辐射度计算在仅有 256MB 内存的 2GHz 主频 Pentium 4 PC 上花费不到 1 分钟。一旦计算完成,就可以使用低成本的 PC 三维图形加速卡实时地从新的视点渲染照明模型

该模型版权信息:Candlestick Theater(烛台剧院)(左上角图片)。设计:Mark Mack Architects。三维建模:Charles Ehrlich 和 Greg Ward(在接受加州大学伯克利分校环境设计学院 Kevin Matthews 教授教导的 239X 课程期间的研究项目作品)。会议室和小隔间办公空间模型作者为 Anat Grynberg 和 Greg Ward。(图片由加州大学伯克利分校劳伦斯–伯克利实验室提供。)

6.8　练习

(1)计算以下配置的形状因子。两个相同的矩形平板彼此平行放置(见图 6.29)。使用蒙特卡罗积分计算该形状因子并与分析的求解结果进行比较。绘制绝对误差图,作为所使用的采样线条数的函数。比较经验性分层、非分层和低差异采样(例如,Halton 序列或 Niederreiter 序列,详见本书 3.6.7 节)。

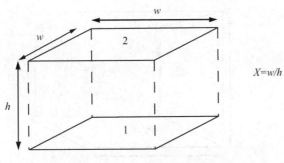

图 6.29　两个平行的矩形平板

$$F_{12} = \frac{2}{\pi X^2}\left(\ln\left(\frac{1+X^2}{\sqrt{1+2X^2}}\right) + 2X\sqrt{1+X^2}\tan^{-1}\frac{X}{\sqrt{1+X^2}} - 2X\tan^{-1}X\right)$$

（2）重复练习（1），但现在平板彼此垂直（见图 6.30）。

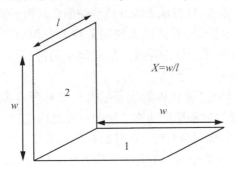

图 6.30　两个相互垂直的矩形平板

$$F_{12} = \frac{1}{\pi X}\left(2X\tan^{-1}\frac{1}{X} - X\sqrt{2}\tan^{-1}\frac{1}{X\sqrt{2}} + \frac{1}{4}\ln\left(\frac{(1+X^2)^2}{1+2X^2}\left(\frac{1+2X^2}{2(1+X^2)}\right)^{2X^2}\right)\right)$$

（3）在比较练习（1）和练习（2）中的蒙特卡罗结果时，这两种情况的收敛速度是否有差异？如果有，请解释这个差异。如果收敛速度没有差异，又是为什么呢？

（4）给定图 6.31 中的场景包含 3 个漫反射多边形，其反射率值分别为 0.3、0.4 和 0.5；有 1 个漫反射光源，发射功率为 500 瓦，覆盖整个天花板。

请使用上面给出的分析表达式计算相关的形状因子，并计算此场景的辐射度求解结果。可以手动求解线性方程组系统或使用数学工具软件。

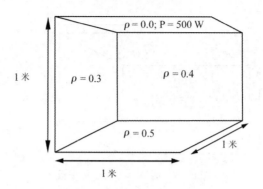

图 6.31　4 个漫反射方形平面

(5)将场景中所有漫反射表面的反射率提高 10%。新辐射度值的结果是什么？新的辐射度值的增加是多于还是少于 10%？为什么？

(6)将上面给出的场景的辐射度求解结果与仅计算直接照明的求解结果进行比较(假设所有形状因子都是零值,只有从光源开始传输的形状因子除外)。

(7)不使用分析性形状因子,而是插入使用蒙特卡罗积分计算的形状因子。如果蒙特卡罗对一般场景中形状因子的评估导致对形状因子的过高估计,那么所产生的结果对于辐射度算法有何影响呢？

(8)考虑一个封闭的环境(没有辐射能量损失),已知所有表面的平均反射率 $\rho_{average}$。请找到场景中所有表面上发射和反射功率总量的一般表达式。

(9)请编写一个基本的辐射度程序,使用如 6.3.1 节所述的确定性发射雅克比迭代进行系统求解。使用 6.2.3 节中描述的局部光线方法来计算形状因子。与之前练习题中的成对形状因子蒙特卡罗积分进行比较。(提示:由于本练习中的大多数工作都是编写用于读取 3D 模型、追踪光线和显示图像的代码,因此最好从简单的光线追踪程序开始,然后对其进行扩展。)

(10)调整上一个练习的基本辐射度程序,以本章讨论的其他方式计算辐射度,例如:

- 通过局部光线实现随机常规发射、增量发射和常规收集。根据获得的结果对这些方式进行比较。
- 实现局部和全局光线采样,并对它们进行比较。
- 实现离散随机游走辐射度:比较发射和收集,并且比较吸收、生存和碰撞采样。
- 实现光子密度估计算法。将直方图方法与离散随机游走辐射度方法进行比较。在正交序列估计中,将图像质量和计算时间与常数、线性、二次和三次近似进行比较(提示:既可以通过光线投射显示结果图像,也可以通过 GPU 上的片段着色程序生成图像)。使用内核方法进行实验,比较圆柱形内核、高斯内核、Epanechnikov 内核和可能在其他引用的文献中发现的内核。

- 在离散随机游走辐射度和随机雅克比方法中尝试使用视图重要性变体驱动的采样、控制变量以及自由收集等。

(11)对于数学感兴趣的学生,可以尝试以下练习:从一些简单的情形开始,熟悉方差计算。例如,推导出以下项目的方差。

- 常规收集随机雅克比辐射度。
- 吸收随机游走辐射度:比较发射与收集,并对比离散与连续。

(12)请直观地解释为什么碰撞随机游走通常比吸收或生存随机游走更有效。

(13)请直观地解释为什么发射通常比收集更有效。

第7章 混合算法

本书第 5 章和第 6 章描述了两种最流行的全局照明算法：光线追踪和辐射度。这些算法自首次引入以来已经有了很大的发展，但是两者的主要核心思想仍然相同：光线追踪算法通过生成在像素和光源之间的路径来计算最终图像中每个像素的辐射亮度值；而辐射度算法则计算场景中每个网格元素的辐射亮度值，然后使用任何可以将多边形投影到屏幕的方法显示此求解结果。

本章重点介绍那些尝试将两者的优势结合在一起的算法，这些算法通常使用前面提到的方法中的各种元素，因此可以将它们称为混合算法(Hybrid Algorithm)。

7.1 最终收集

一旦计算出了辐射度的求解结果并生成了场景图像，则高洛德着色常用于在网格顶点处的辐射亮度值之间进行插值，从而获得平滑的着色图像。这种技术可能会错失重要的着色功能，通常很难产生准确的阴影；阴影可能会在表面下缓慢移动(即阴影泄漏和漏光)，导致有可能出现马赫带效应(Mach - band Effects)，并且还可能出现其他次要照明效应，例如，频率高于网格可以描绘的能力。所谓"马赫带效应"，是指 1868 年由奥地利物理学家马赫发现的一种明度对比的视觉效应。它是一种主观的边缘对比效应，当观察两块亮度不同的区域时，边界处亮度对比加强，使轮廓表现得特别明显。

解决此问题的方法之一是，将辐射度求解结果视为场景中光分布(Light Distribution)的粗略的预先计算(Precomputed)的求解结果；而在第二阶段期间，也就是要实际生成图像时，则基于光线追踪算法计算更精确的每个像素的照度值。

如本书第 5 章所述，用于计算像素辐射亮度的光线追踪设置由下式给出

$$L_{pixel} = \int_{imageplane} L(p \to eye) h(p) \, dp$$

$L(p \to eye)$ 等于 $L(x \to \Theta)$，其中 x 是场景中的可见点，而 Θ 则是从 x 到眼睛的方向。假设在一个漫反射场景中有一个预先计算的辐射亮度求解结果，对每个表面点 y 由 $\tilde{L}(y)$

给出。然后就可以通过将它写入渲染方程来获取 $L(x \rightarrow \Theta)$ 的值。通过 $\tilde{L}(y)$ 获得传输方程核心中的辐射亮度分布近似值：

$$L(x \rightarrow \Theta) = L(x) = L_e(x) + f_r(x) \int_A \tilde{L}(y) G(x,y) V(x,y) dA_y \qquad (7.1)$$

或者也可以使用半球上的积分来获得等价公式：

$$L(x) = L_e(x) + f_r(x) \int_{\Omega_x} \tilde{L}(r(x,\Psi)) \cos(N_x, \Psi) d\omega_\Psi \qquad (7.2)$$

现在可以使用蒙特卡罗积分技术来评估该积分。这种方法与随机光线追踪算法的主要区别在于,它没有对于辐射亮度分布的递归评估,而是采用了预先计算的辐射度求解结果作为替代。因此,这种方法既使用了快速预先计算的有限元方法,又可以充分利用精确计算每个像素方法的优点。

现在可以使用各种采样策略来评估方程式(7.1)或方程式(7.2)。在漫反射场景中,对于每个表面元素 j 具有恒定的辐射亮度值 $\tilde{L}_j$,因此,上述等式也可以重写为

$$L(x) = L_e(x) + f_r(x) \sum_j \tilde{L}_j \int_{A_j} G(x,y) V(x,y) dA_y \qquad (7.3)$$

7.1.1 简单的半球采样

最直接的方法是对半球上的随机方向进行采样,并评估在最近的交叉点上的 $\tilde{L}$ 值。这种策略与简单的随机光线追踪方法(详见 5.3 节)非常相似,并且会在最终图像中产生大量噪声。其原因与随机光线追踪算法的原因相同：仅对半球进行随机采样就会漏掉光源。因此,将积分拆分成直接和间接项是提高精度的好方法。

为了节省时间,可以仅对直接照明使用每个像素的收集步骤进行计算(详见参考文献[167]),而对于间接照明则可以直接从辐射度求解结果的插值中读出。当然,主光源和辅助光源之间的区别就更随意了,所以,最重要的二次光源的照明也可以直接重新评估(详见参考文献[93])。

7.1.2 重要性采样

重要性采样可用于评估式(7.3)或其等效公式。开发人员想要构建一个概率密度函数,以尽可能密切地匹配积分的内核。一般来说,由于开发人员已经有一个预先计算的求解结果,它可以用于对场景中的明亮区域的表面元素和方向进行采样。根据所使用的辐射度算法,可以使用以下数据构建概率分布函数：

- 每个表面元素 j 的平均辐射亮度值,即：

$$\tilde{L}_j = \frac{1}{A_k} \int_{A_k} \tilde{L}(y)\, dA_y$$

- 表面元素 i 和 j 之间的形状因子 $F_{i \to j}$。这只对传统的辐射度算法有效,因为传统辐射度算法的表面元素之间的链接会明确存储。

在此之后即可构建重要性采样过程,方法是:首先选择表面元素,然后对该表面元素内的表面点进行采样。

(1)选择表面元素 j 的概率应该考虑下式所描述的比例关系:

$$\int_{A_j} \tilde{L}(y)\, G(x,y)\, V(x,y)\, dA_y \approx \pi F_{i \to j} \tilde{L}_j,$$

其中,表面元素 i 包含点 x。

因此,每个表面元素 j 被赋予的选择概率就是

$$P_j = \frac{F_{i \to j} \tilde{L}}{\sum_j F_{i \to j} \tilde{L}_j}$$

(2)第二个步骤则涉及对以下积分的评估:

$$\frac{1}{P_j} \int_{A_j} \tilde{L}(y)\, G(x,y)\, V(x,y)\, dA_y \tag{7.4}$$

对于在步骤(1)中选择的表面元素 j,可以使用若干种评估该积分的方法。在此仅列出几种可能性:

① 在表面元素 j 上选择具有均匀概率 $1/A_j$ 的样本点 y。这样则式(7.4)的总估计量将由下式给出:

$$\frac{A_j \tilde{L}(y)\, G(x,y)\, V(x,y)}{P_j}$$

② 在参考文献[6]中,提出了一种算法,用于在球面三角形 Ω_j 上以均匀概率 $1/\Omega_j$ 对随机方向进行采样。该采样程序可用于采样表面点 y,方法是先选择方向 $\Theta_x \in \Omega_j$,然后在沿着 Θ_x 的方向上找到表面元素 j 上的点 y。那么这种算法的总估计量就是

$$\frac{\Omega_j \tilde{L}(y)\, \cos(N_x, \Theta_x)\, V(x,y)}{P_j}$$

③ 也可以考虑余弦因子 $\cos(N_x, \Theta_x)$ 的作用(通过使用拒绝采样方法)。对于半球上的 Ω_j 来说,可以在边界区域 $\overline{\Omega_j}$ 上采样方向。首先需要选择该边界区域,然后才能根据余弦分布进行采样。如果采样方向落在 Ω_j 之外,则估计量评估为 0。或者,开发人员也可以生成样本,直到生成一个非拒绝的(Nonrejected)样本。在这两种情况下,都必须注意使用正确的采样密度。

④ 当表面元素 j 从点 x 完全可见时,即可通过分析计算从点到表面的形状因子,这意味着不需要蒙特卡罗采样。

7.1.3 结果

图 7.1 显示了将最终收集(Final Gathering)方法应用于预先计算的辐射度求解结果之后的效果。左侧的场景显示了预先计算的辐射度求解结果。着色中的网格伪像和阴影清晰可见。右边的图像是使用最终收集方法计算的,可以看到它所有的照明效果都更加平滑流畅。

图 7.1 　最终收集:左边的场景是辐射度求解结果,右边的场景则是最终收集算法的计算结果
(图片由比利时鲁汶大学计算机科学系 Frank Suykens – De Laet 提供。)

最终收集技术也可以扩展到非漫反射表面的场景。在这种情况下,非漫反射的双向反射分布函数应包括在积分评估中。

7.2 多通道方法

最终收集算法其实是一类更广泛的方法的示例,这类更广泛的方法称为多通道方法(Multipass Method)。多通道方法使用各种算法(基于有限元、基于图像等)并将它们组合成单个的图像生成算法。必须注意的是,光传输分量不能被计数两次,否则会在生成的图像中出现错误。同时,所有可能的光传输模式至少需要涵盖一个通道。一个好的多通道算法会尝试利用不同的单独通道的各种优点。

本节将遵循参考文献[99]中给出的对于多通道算法的解释。

7.2.1　正则表达式

正则表达式(Regular Expression)通常用于表示哪个光传输模式被哪个光通道涵盖。开发人员可以引入以下符号:

- L: 场景中的一个光源。
- D: 双向反射分布函数的漫反射分量(Component)。
- G: 双向反射分布函数的半漫反射或光泽反射分量。
- S: 双向反射分布函数的完美镜面反射分量。
- E: 眼睛或虚拟相机。

光源和相机之间的光传输路径,仅在漫反射表面上反射,然后可以正式写成 LD^+E 类型。D^+ 表示至少一个漫反射表面的路径反弹。漫反射表面反射到可见的镜面材质中,则将由 $LDSE$ 类型的路径描述。场景中的所有可能路径由 $L(D \mid G \mid S)^*E$ 描述,其中,* 表示零或更多反射。

现在可以通过描述算法所涵盖的光传输路径来表征算法。辐射度算法涵盖 LD^*E 类型的所有路径,或者所有漫反射的反弹。经典的光线追踪算法,在非镜面表面上停止反射光线的递归,涵盖 $LD^{0\cdots1}(G \mid S)E$ 类型的所有路径,其中,$D^{0\cdots1}$ 表示在漫反射表面上的反射率为 0 到 1。

7.2.2　多通道算法的构造

多通道算法通常以一个或多个对象空间(Object-Space)方法开始,这些方法将存储场景中光传输的部分近似值。例如,辐射度方法可能仅存储漫反射光的相互作用,并且可能忽略所有其他类型的光传输。更复杂的算法可能还包括一些非漫反射表面的反射。

图像空间(Image-Space)算法将计算每个像素的辐射亮度值,但它们需要依赖之前的通道已经部分计算和存储的光传输近似值。要访问这些已存储的求解结果,它们需要一个读出策略(Read-Out Strategy)。这种读出策略本身可能包括一些计算或插值,这取决于已存储的部分求解结果的性质。读出策略还将确定图像空间通道所涵盖的路径的性质。

一些典型的读出策略包括:

- 对已存储的求解结果的直接可视化。对于每个像素,直接访问已存储的光传输求解结果,并将结果值贡献给像素。辐射度求解结果通常以这种方式显示。涵盖的光传输路径与由对象空间通道涵盖的路径完全相同。

- 最终收集。对于通过像素可见的每个点,最终收集方法将重建半球上的入射辐射亮度值。这些辐射亮度值是从已存储的辐射亮度求解结果中读取的。假设已存储的辐射亮度求解结果仅涵盖 LD^* 类型的路径,因为最终收集考虑了通过像素可见点处的完整双向反射分布函数,所以该多通道算法所涵盖的路径是 $LD^*(D \mid G \mid S)E$ 类型,并且当光源直接可见时则涵盖的路径是 LE 类型。

- 递归随机光线追踪。递归光线追踪算法可用作读出策略,但路径仅反射在那些表面上;仅使用未被对象空间通道所涵盖的反射分量。例如,如果第一个通道存储了辐射度的求解结果,涵盖 LD^* 类型的所有路径,那么递归的光线追踪通道将仅反射 G 或 S 表面上的光线。在每个 D 表面,读出在预先计算的求解结果中已存储的值,并将其并入该反射点的估计量中。因此,被涵盖的路径是 $LD^*(G \mid S)^*E$ 类型的。

7.2.3 加权多通道算法

大多数多通道策略将确保不同通道中涵盖的光传输路径不会重叠。否则,某些光传输可能会被计数两次,并且在场景的某些部分中所得到的图像看起来太亮。多通道算法的每个通道都涵盖了不同的单独类型的光传输。

另一种方法是在不同的通道之间让它们有一些重叠,但是要对它们进行适当加权,以便仍然能获得正确的图像。现在的问题是要找到正确的加权启发式方法(Weighting Heuristic),以便以最佳方式使用每个单独通道的长处。有一个非常好的策略是:为每个通道中的不同类型的路径分配权重,分配的依据便是用于生成这些路径的相应概率密度函数。因此,焦散效果(Caustic Effect)可能主要是使用了双向光线追踪通道的结果,而直接照射效果则可能主要是来自于光线追踪或辐射度通道。在参考文献[99]中可以找到对该技术的非常详细的讨论和良好的阐述。

图 7.2 给出了一个示例。该示例总共使用了 3 个通道。首先,计算辐射度求解结果,随后通过随机光线追踪程序增强了该辐射度求解结果(右上角的图像)。该具体示例仅涵盖 $LD(G \mid S)(D \mid G \mid S)^*E$ 类型的路径。第 3 个通道则涉及双向光线追踪程序(左上角的图像),由于采样过程的性质,它会生成相同类型但具有不同概率的路径。

当应用加权启发式方法时,可以看到地面上的焦散(由于通过玻璃球体的折射形成)主要分配给了双向路径追踪,而直接照射则主要分配给了辐射度和随机光线追踪的求解结果。有一些很困难的效果,则是任何一种方法都没能够很好地涵盖,于是它们的权重就比较均衡,例如图 7.2 示例中光源上方白色板子右面墙壁上的反射。

双向路径追踪　　　　　　　　　辐射度+随机光线追踪

加权双向路径追踪　　　　　　　加权辐射度+随机光线追踪

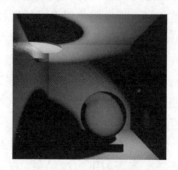

组合之后的求解结果

图 7.2　在右侧列中显示了辐射度和随机光线追踪的结果;双向路径追踪则显示在左侧列中。最终的结果图像是两幅加权图像的总和,显示在底部(图片由比利时鲁汶大学计算机科学系 Frank Suykens – De Laet 提供。)

7.3　双向追踪

在本书第 5 章中，详细描述了路径追踪算法。其中，光线追踪（Ray Tracing）从表面点开始追踪通过场景的路径，最终在光源处结束（无论是否使用显式光源采样）；而光追踪（Light Tracing）则是方向完全相反的另一种路径追踪算法：路径从光源开始，最终以到达任何相关像素中结束。

双向光线追踪（Bidirectional Ray Tracing）在单个算法中结合了上述两种方法，因此可以被视为双通道算法，其中的两个通道紧密地交织在一起。双向光线追踪将生成从光源和从表面点同时开始的路径，并在中间连接这两条路径，以找到光源和需要计算辐射亮度值的点之间的光传输的贡献。因此，它结合了光线追踪和光追踪算法各自的优点。双向光线追踪算法是由 Lafortune（详见参考文献［102］）和 Veach（详见参考文献［200］）独立开发的。

双向路径追踪（Bidirectional Path Tracing）是从本书第 4 章中描述的全局反射分布函数（Global Reflection Distribution Function，GRDF）的公式开始的少数算法之一。辐射通量 $\Phi(S)$（可以认为 S 由通过像素可见的表面点定义）由式（4.7）给出：

$$\Phi(S) = \int_A \int_{\Omega_x} \int_A \int_{\Omega_y} L_e(x \to \Theta) G_r(x \leftarrow \Theta, y \to \Psi) W_e(y \leftarrow \Psi)$$
$$\times \cos(N_x, \Theta) \cos(N_y, \Psi) d\omega_\Psi dA_y d\omega_\Theta dA_x$$

该算法的核心思想是，当计算通过某个像素的辐射通量的蒙特卡罗估计量时，可以获得两个不同的路径生成公式：

- 从通过像素可见的已采样表面点 y_0 开始追踪眼睛的路径。方法是生成一条长度为 k 的路径，路径由一系列表面点 $y_0, y_1, \ldots, y_k$ 组成。路径的长度采用俄罗斯轮盘赌技术进行控制。生成该路径的概率可以由沿路径生成的每个连续点的各个概率分布函数值组成。
- 类似地，从光源开始生成长度为 l 的光的路径。该路径 $x_0, x_1, \ldots, x_l$ 也具有其自己的概率密度分布。

通过将眼睛路径的端点 y_k 与光的路径的端点 x_l 连接在一起，即可获得重要性（Importance）源 S 和光源之间的路径总长度 $k + l + 1$。该路径的概率密度函数是光的路径和眼睛路径的各个概率分布函数的乘积。

因此，使用该单个路径的辐射通量 $\Phi(S)$ 的估计量可以由下式给出：

$$\Phi(S) = \frac{K}{pdf(y_0, y_1, \cdots, y_k, x_l, \cdots, x_1, x_0)}$$

其中

$$K = L_e(x_0 \rightarrow \overrightarrow{x_0 x_1}) G(x_0, x_1) V(x_0, x_1) f_r(x_1, \overrightarrow{x_1 x_0} \leftrightarrow \overrightarrow{x_1 x_2}) \cdots$$
$$G(x_l, y_k) V(x_l, y_k) f_r(y_k, \overrightarrow{y_k x_l} \leftrightarrow \overrightarrow{y_k y_{k-1}}) \cdots$$
$$f_r(y_1, \overrightarrow{y_1 y_0} \leftrightarrow \overrightarrow{y_1 y_2}) G(y_1, y_0) V(y_1, y_0) W_e(y_0 \leftarrow \overrightarrow{y_0 y_1})$$

现在可以通过使用不同的组合生成一定长度的路径。例如,长度为3的路径可以由长度为2的光的路径和长度为0的眼睛路径(这意味着它是单个点 y_0)生成;或者也可以通过长度为1的光的路径和长度为1的眼睛路径;又或者通过长度为0的光的路径(这意味着它是光源处的单个点)和长度为2的眼睛路径。因此,随机光线追踪和光追踪其实可以被看作是双向光线追踪的特殊情况。当在随机光线追踪中追踪阴影射线时,实际上生成的就是长度为0的光的路径,并且它连接到眼睛路径。这些产生给定长度路径的不同组合如图7.3所示。

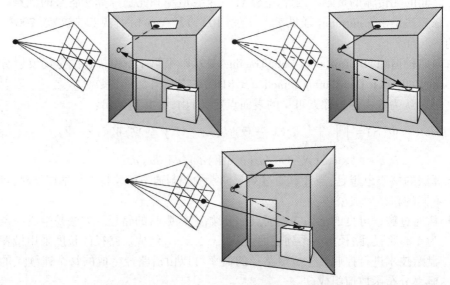

图 7.3　长度为3的路径的不同组合:眼睛路径的长度为2,光的路径的长度为1(左上角),眼睛路径和光的路径的长度均为1(中间),眼睛路径的长度为0,光的路径的长度为2(右上角)

根据光传输模式以及 G、V 和 f_r 函数的顺序,使用光的路径或眼睛路径可以更好地生成一些光分布效果。例如,当渲染在图像中可见的镜面反射时,最好在眼睛路径中生成那些镜面反射。类似地,在光的路径中可以更好地生成焦散效果中的镜面反射。通常情况下,如果 f_r 具有尖峰(Sharp Peak),则最好使用双向反射分布函数 f_r 对下一个点或方向进行采样。如果 f_r 主要是漫反射,则沿着两条路径之间的连接进行的能量传输将不受双向反射分布函数值的影响,因此不可能对整个估计量产生低贡献。这种方法还有一个优点是,如果光源被隐藏,则可能更容易生成光的路径以分布光,而不是指望阴影射线能够到达光源。

当实现双向路径追踪时,长度为 $k-1$ 的眼睛路径或光的路径可以扩展到长度为 k 的路径。因此,开发人员可以多次使用相同的子路径。直观地说,这意味着如果有了一条光的路径和眼睛路径,则不但可以连接端点,而且还可以连接所有可能的子路径(见图 7.4)。必须要注意确保蒙特卡罗估计量仍然是正确的。这可以通过按最优化方式组合每个单独子路径的采样方法来实现。更多细节和展开讨论可以在参考文献[204]中找到。

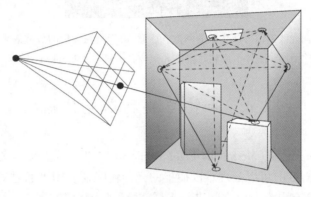

图 7.4　在双向光线追踪算法中可以重复使用眼睛路径和光的路径的所有子路径

图 7.5 显示了一个简单的场景,分别按随机光线追踪、光追踪和双向光线追踪方法生成了图像并进行了比较。在这些图像中,路径的总数是相同的,因此每幅图像计算所花费的时间是相同的。图 7.6 显示了由双向光线追踪方法所生成的图像,其中包含大量的焦散效果,如果使用随机光线追踪方法生成的话,则需要很长的时间。

图 7.5　左图:随机光线追踪;中间:光线追踪;右图:双向光线追踪(图片由比利时鲁汶大学计算机科学系 Frank Suykens - De Laet 提供。)

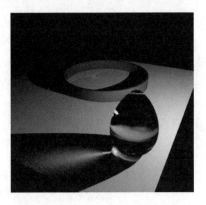

图 7.6　使用双向光线追踪方法生成的图像。注意,由于存在大量的焦散效果,所以如果使用随机光线追踪方法实现会很困难(图片由比利时鲁汶大学计算机科学系 Frank Suykens – De Laet 提供。)

7.4　米特罗波利斯光传输

米特罗波利斯光传输(Metropolis Light Transport,MLT)(详见参考文献[202])旨在实现卓有成效的全球照明,可以处理难以捕捉的光传输路径。MLT 通过对所有可能路径的极高维度(注意,是有限维度!)空间进行采样,演示了米特罗波利斯采样(Metropolis Sampling)技术(详见参考文献[119])在图像生成中的应用。

米特罗波利斯采样技术首次出现是在 1953 年,它可以从非负函数 f 生成一系列样本,使得样本根据 f 分布,即 f 越大的地方则样本数量越多,反之亦然。米特罗波利斯采样的这一重要特性是在不了解 f 或其概率分布函数的情况下实现的;它唯一的要求是应该可以评估每个已生成样本的函数 f。

MLT 将此采样技术应用于路径的有限维空间。MLT 的主要思想是根据路径对最终图像的贡献对路径进行采样。该算法通过将随机突变(Random Mutation)应用于前一路径来生成一系列光传输路径。举例来说,突变可能是在路径中添加顶点,也可能是删除现有顶点等。每个提议的突变都可以被接受或拒绝;选择一个概率来确定是接受还是拒绝,以便根据路径对图像平面的贡献来对它们进行采样。最后,可以通过对许多路径进行采样并记录它们对图像平面的贡献来计算图像。

MLT 算法的主要优点是:它是一种无偏的算法,可以处理很多难以计算的照明情形。例如,MLT 非常适合计算具有强烈间接照明场景的图像,这些场景仅通过一个很小的路径集合产生。这样做的原因是,一旦算法找到了一条重要但难以找到的光传输路径,它就会通过突变探索“靠近”该路径的其他路径,假设探索路径空间的那一部分将找到其他重要的光传输路径。与其他方法(如双向路径追踪)相比,对路径空间的局部探索(Local Exploration)可以使场景中的收敛更快。此外,米特罗波利斯采样的基本框架确保它可以实现更快的收敛,同时仍保持无偏的技术。

这种方法的另一个(相对次要的)好处是可以相对低成本地计算新路径的贡献。这是因为整个路径只有一小部分被突变改变,并且不需要重新计算路径的未改变段的可见性信息。

1. 细致平衡

更正式地说,给定一个状态空间 Ω,非负函数 $f: \Omega \rightarrow \mathrm{R}^+$,以及初始种子 $x_0 \in \Omega$,米特罗波利斯采样算法可以生成一个随机游走 $x_0, x_1, \ldots$,使得 x_i 最终根据 f 分布,而不考虑 x_0 的选择。为了实现样本的这种稳态分布,必须仔细接受或拒绝突变。接受概率 $a(x \rightarrow y)$ 给出了从 x 到 y 的突变被接受的概率。转换函数 $T(x \rightarrow y)$ 给出了突变技术将提出从状态 x 到 y 的突变的概率密度。对于稳定状态(Steady-State)中的随机游走,两个状态之间的过渡密度(Transition Density)必须相等:

$$f(x)\,T(x \rightarrow y)\,a(x \rightarrow y) = f(y)\,T(y \rightarrow x)\,a(y \rightarrow x)$$

这种情况称为细致平衡(Detailed Balance)。由于已经给出了 f 和 T,因此以下 a 的选择将导致平衡最快达成:

$$a(x \rightarrow y) = min\left(1, \frac{f(y)\,T(y \rightarrow x)}{f(x)\,T(x \rightarrow y)}\right)$$

2. 算法

米特罗波利斯光传输(MLT)算法以一组 n 个随机路径开始,使用双向路径追踪方法构建,从灯光到图像平面。[①]然后使用下述突变策略来使这些路径产生突变。当路径 x 被突变以产生路径 y 时,基于上面给出的概率 a 接受突变。特别要指出的是,如果新路径 y 对图像没有贡献(例如,因为路径的两个相邻顶点相互不可见,则 $f(y) = 0$),则接受概率 a 变成 0,突变将被拒绝。

Veach 定义了若干种可以使路径突变的方法,这些突变策略中的每一个都进行了优化,以找到一些光传输路径的集合。

- 双向突变。此突变将删除路径的子路径,使用一个或多个顶点扩展剩余的两个子路径的末端,然后将这些末端连接在一起。基于接受概率 a 接受路径。

---

① 有一些重要的细节可以消除必须考虑的启动偏差;有关详细信息,建议阅读 Veach 的论文(详见参考文献[204])。

- 摄动。摄动(Perturbation)尝试对路径进行小的更改,例如通过移动路径的一个或多个顶点,同时使大部分路径保持相同。Veach 定义了焦散摄动(Caustic Perturbation)、镜头摄动(Lens Perturbation)和多链摄动(Multichain Perturbation),以更有效地捕获不同的光的路径。例如,焦散摄动可能会改变路径中的出射光方向,以试图突变所有路径,产生光的聚焦以形成焦散。包含焦散效果的米特罗波利斯光传输算法示例如图 7.7 所示。

图 7.7　包含焦散效果的米特罗波利斯光传输算法示例(图片由 Eric Veach 提供)

基本的 MLT 算法如下所示。

```
MLT ( ) {
    clear pixels in image to 0;
    x = initialSeedPath( );  //实际上选择了 n 条这样的路径
    for  i = 1 to N {
    y  =  mutate (x);
    a  =  acceptanceProbability (x,y);
    if (random( ) < a) x = y;  //接受突变
    recordSample (image, x);
    }
}
```

3. 讨论

米特罗波利斯光传输(MLT)是一种无偏估计的光传输技术。如果场景中包含难以找到的光传输路径,那么使用 MLT 为这样的场景计算图像特别有效。这是因为:一旦找到难以找到的路径,突变就会在进入空间的另一部分之前彻底探索路径空间的那个部分。当然,MLT 的实现非常复杂,必须注意使算法的几个重要细节正确才能让它正常有效(详见参考文献[204、79])。另外,目前对于如何让 MLT 处理包含多条重要路径的场景仍无头绪,因为如果只是彻底探索少数的几条重要路径,突变可能会导致收敛速度变慢。

7.5 辐照度缓存

蒙特卡罗渲染可能需要很长时间才能收敛到合理质量的图像。Ward 引入的辐照度缓存(Irradiance Caching)是一种有效的技术[219],用于加快漫反射场景中的间接照明的计算速度。使用纯蒙特卡罗采样来计算某个点的辐照度(入射辐射度)可能需要数百次光线追踪操作。反过来,这些操作中的每一个都可能导致在场景中追踪更多的光线。因此,这种计算可能非常慢。辐照度缓存利用了这样的敏锐洞见:在漫反射表面的辐照度虽然计算成本高,但是在大多数场景中会平滑变化。在该技术中,辐照度被缓存在数据结构中,并且在可能的情况下,这些缓存的值被内插(Interpolate)以近似于附近表面的辐照度。

1. 插值

辐照度梯度(Irradiance Gradient)可用于确定建立缓存值的时机(详见参考文献[217]),这些缓存值将进行内插以产生合理准确的结果。转换和旋转梯度将估计辐照度随位置和方向变化的方式。基于分裂球模型(Split-Sphere Model)(详见参考文献[107])的误差估计(Error Estimate)将用于确定哪些样本可用于插值而不会产生(希望如此)可见的伪像。使用该模型之后,由于在位置 P_i 处建立了缓存样本 i,所以在点 P 处的误差计算公式如下:

$$\epsilon_i(P) = \frac{\| P - P_i \|}{R_i} + \sqrt{1 - N_P \cdot N_{P_i}}$$

其中 R_i 是从已缓存的样本 i 可见的对象的平均谐波距离(Mean Harmonic Distance),N_P 和 N_{P_i} 分别是 P 处的法线和 P_i 处的样本。请注意,如果样本的法线与点的法线(该点的辐照度已经经过近似估计)明显不同,那么此误差项会对样本进行修正处理(Penalize)。同样,远处的样本也会受到修正处理。此外,对于接近其他表面的样本(也就是说,它们的平均谐波距离很小),同样会被修正处理。

要对点 P 处的辐照度进行插值,可以使用它附近样本缓存的辐照度值,这些样本使用了第 i 个样本的权重 w_i:

$$w_i(P) = \frac{1}{\epsilon_i(P)}$$

由上面的公式可知,如果某个点有很大的误差,那么它的权重就很小,反之亦然。用户指定的参数 a 将进一步用于消除权重太小的样本。

然后在点 P 处插入辐照度:

$$E(P) = \frac{\sum_{i=1}^{N} w_i(P) E_i(P)}{\sum_{i=1}^{N} w_i(P)}$$

其中,$E_i(P)$ 是由在 P_i 处的已计算的辐照度外插(Extrapolate)到 P 的辐照度。外插是和内插相对应的,其计算也可以使用旋转和转换缓存值梯度的方法。有关这些术语的详细说明,请参阅参考文献[107]。

2. 辐照度缓存

已经建立缓存的样本存储在场景上构造的八叉树(Octree)中。该数据结构允许几何与照明值的分离。当必须计算某点的辐照度时,可以搜索八叉树以找到"附近"的缓存样本,这些样本足够精确,可用于近似辐照度。用户指定的权重截止点(Cutoff)a 可以指定搜索样本的半径。如果找到这样的样本,则使用它们来内插辐照度(使用上述加权算法)。如果不存在这样的样本,则计算当前点的样本。然后,如果可能,将该样本存储在辐照度缓存中,以便稍后重复应用于插值。

该算法对于加快漫反射场景的渲染非常有效。其结果示例如图 7.8 所示。

图 7.8　使用辐照度缓存渲染的寺庙场景。该寺庙由 Veronica Sundstedt 和 Patrick Ledda 建模(图片由 Greg Ward 提供)

7.6 光 子 映 射

由 Jensen 引入的光子映射(Photon Mapping)是一种实用的双通道算法(详见参考文献[77、82、81])。与双向路径追踪一样,它可以追踪来自灯光和视点(Viewpoint)的照明路径。但是,与双向路径追踪不同的是,该方法会缓存并重复使用场景中的照明值以提高效率。在第一个通道中,"光子"从光源追踪到场景中。这些携带辐射通量信息的光子被缓存在被称为光子图(Photon Map)的数据结构中。在第二个通道中,即可使用存储在光子图中的信息来渲染图像。有关光子映射技术的详细描述可以在参考文献[83]中找到。

光子映射技术可以将光子存储(Photon Storage)与表面参数化(Surface Parameterization)分离。这种表示方法使得它能够处理任意几何,包括程序几何(Procedural Geometry),从而增加该算法的实际效用。它也不容易出现网格伪影。

通过仅追踪或存储特定类型的光子(即遵循特定类型的光的路径的光子),即可制作仅用于特定目的专门的光子图。这种光子图最好的例子便是焦散图(Caustic Map),它可以用于捕获在到达漫反射表面之前与一个或多个镜面相互作用的光子,这些光的路径将导致焦散。传统的蒙特卡罗采样在正确产生良好的焦散效应方面可能会非常缓慢,而通过明确捕获焦散图中的焦散路径,光子映射技术可以更高效地发现焦散。

需要注意的一点是,光子映射是一种有偏(Biased)的技术。回想一下,在有偏的技术中,偏差(Bias)是估计量的期望值与计算的积分的实际值之间的潜在非零差异。但是,由于光子图通常不直接使用,而是用于计算间接照明,因此增加光子可消除大多数伪像。

1. 追踪光子:通道 1

使用紧凑的、基于点的"光子"来传播通过场景的辐射通量,这是使光子映射效率很高的关键。在第一个通道中,光子从光源开始被追踪并且通过场景传播,就好像在光线追踪算法中的光线一样,也就是说,它们会被反射、传播或吸收。本书前面章节中描述的俄罗斯轮盘赌技术和标准的蒙特卡罗采样技术都可以应用于传播光子。①

当光子撞击非镜面表面时,它们存储在被称为光子图的全局数据结构中。为了便于对光子的有效搜索,可以使用平衡的 kd 树(kd-Tree)来实现该数据结构。

---

① 当然,光子追踪和光线追踪之间仍然存在一些差异。主要的不同之处在于,当光子经历折射时,光子携带的能量不会改变。相反,光线的辐射亮度则必须使用相对折射率的平方进行加权处理(详见本书第 2 章和参考文献[204])。

如前文所述,光子映射在计算焦散方面是非常有效的。当光线在到达漫反射表面之前反射或穿透一个或多个镜面表面时,即可形成焦散。为了改善包括焦散的场景的渲染,该算法将焦散的计算与全局照明分开。因此,需要为每个场景计算两个光子图:焦散光子图(Caustic Photon Map)和全局光子图(Global Photon Map)。焦散光子图包括遍历路径 LS^+D 的光子,而全局光子图则表示所有路径 $L(S \mid D)^*D$,如图 7.9 所示。

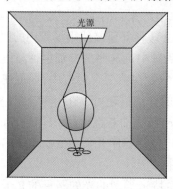 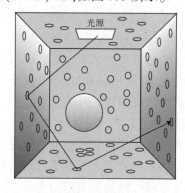

焦散光子图　　　　　　　　　　　　　　　　全局光子图

图 7.9　焦散光子图和全局光子图。焦散光子图包括遍历路径 LS^+D 的光子,而全局光子图则表示所有路径

焦散光子图之所以能够有效地计算,是因为当光聚焦时会产生焦散,因此,不需要太多的光子即可获得对焦散的良好估计。另外,在典型场景中,导致焦散的表面的数量通常都非常小,因此,通过仅向这一小部分镜面表面发射光子即可实现高效率。

2. 使用光子图反射辐射亮度

可以按以下方式通过光子图计算场景中每个点处反射的辐射亮度。光子图表示场景中每个点的入射通量,因此,通过某个点处的光子密度即可估计该点的辐照度,然后可以通过将辐照度乘以表面双向反射分布函数来计算在某个点处的反射辐射亮度。

为了计算某个点的光子密度,可以在光子图中找到与该点最近的 n 个光子(有关最近邻估计方法的详细信息,可参见本书 6.5.5 节)。使用存储光子的平衡 kd 树可以有效地完成该搜索,然后将这些(n 个)光子的辐射通量相加,获得的总和再除以包含这些(n 个)光子的球体的投影面积,通过这种方式即可计算获得光子密度。因此,在方向 ω 处的点 x 处的反射辐射亮度是:

$$L(x \rightarrow w) = \sum_{i=1}^{n} f_r(x, w \leftrightarrow w_i) \frac{\Delta \Phi_i(x \leftarrow w_i)}{\pi r^2} \tag{7.5}$$

3. 计算图像:通道 2

光子贴图最简单的用途是显示图像中每个可见点的反射辐射亮度值,计算方式如上所述。但是,除非使用的光子数量非常大,否则这种显示方法会导致辐射亮度非常模糊,从而出现图像质量不佳的结果。相反,当与光线追踪方法结合在一起时,光子图方法才会更有效。光线追踪方法可以负责计算直接照明,从视点开始追踪通过场景的一次漫反射或光泽反射,并且只有在此之后才需要查询光子图。

因此,图像的最终渲染可以按如下方式完成。通过每个像素追踪光线以找到最接近的可见表面。可见点的辐射亮度分为直接照明、镜面或光泽照明、由焦散引起的照明,以及剩余的间接照明。这些分量(Component)中的每一项都按如下方式计算:

- 使用如第 4 章所述的常规蒙特卡罗采样方法计算可见表面的直接照明。
- 镜面反射和透射采样光线追踪方法。
- 使用焦散光子图计算焦散。由于焦散仅发生在场景的一小部分,因此它们以更高的分辨率计算,允许直接高质量显示。
- 剩余的间接照明是通过对半球进行采样来计算的。全局光子图可用于计算使用式(7.5)不可直接看到的表面的辐射亮度。这种额外的间接性降低了视觉伪像。

图 7.10 显示了光子映射算法的两个通道的可视化图解。相应的结果图像如图 7.11 所示。

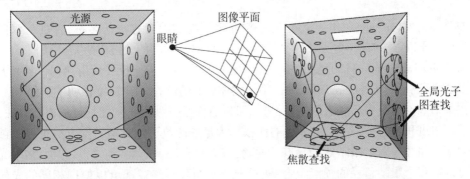

通道 1:发射光子   通道 2:查找最近邻

图 7.10　在一个带有玻璃球体的康奈尔盒子中的两个通道的光子映射。在通道 1 中,光子被追踪并放置在非镜面上。在通道 2 中,使用了全局光子图间接计算全局照明(如图中所示)。对于每个间接光线,找到全局光子图中的 N 个最接近的光子。通过在可见点处的焦散图中进行类似的查找,也可以发现焦散。直接照明、镜面反射和光泽反射(图中未显示)都是使用光线追踪方法计算的

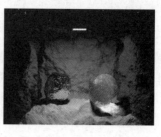

(a)　　　　　　　　　　　　　　　　(b)

图 7.11　使用光子映射生成的图像示例。图(a)显示了焦散,而图(b)则显示了使用全局照明和位移映射渲染的场景(图片由 Henrik Wann Jensen 提供)

在间接照明中使用的全局光子图可以让人想起在辐射度算法中使用的最终收集方法。当然,通过存储可以直接可视化的焦散图,该算法能够捕获很多具有挑战性的焦散路径。一些扩展应用,例如使用辐照度缓存,对于实现光子映射的性能非常重要。有关这些扩展以及其他应用(例如,光子图已被扩展为可以处理参与介质和次表面散射)的详细信息,可阅读《使用光子映射的真实感图像合成》一书(原版书名为: *Realistic Image Synthesis Using Photon Mapping*)(详见参考文献[83])。

7.7　即时辐射度

即时辐射度(Instant Radiosity)是另一种非常有趣的混合算法的名称,并且与双向路径追踪和双通道方法有关(详见参考文献[91])。即时辐射度的关键思想是,使用来自一组点光源(Point Light Source)的直接漫反射照明来替换场景中的间接漫反射照明。点光源位于许多模拟光子轨迹(Photon Trajectory)撞击物体表面的位置。图 7.12 说明了这种方法。

在本书 6.5.6 节中已经表明,这种方法可以看作是一种用于密度估计的内核方法,它使用了辐射度积分方程(见式(6.3))的内核作为足迹函数。即时辐射度方法也可以被视为一种双向路径追踪。眼睛路径只有一段长,或者只允许镜面散射。另一方面,多个光的路径可以与每个眼睛路径的顶点组合,而对于所有的眼睛路径都可以使用相同的光的路径集合。

即时辐射度方法的主要优点在于针对所有像素的所谓正相关采样(Positively Correlated Sampling)。因为对于所有像素都使用了相同的光的路径,所以利用即时辐射度计算的图像看起来更平滑,并且不会像(双向)路径追踪方法那样出现典型的噪声伪像。如图 7.13 所示是它的一个示例。

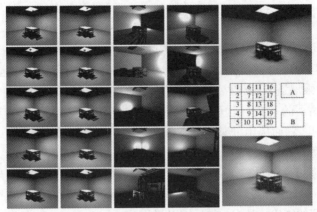

图 7.12 由 Keller 提出的即时辐射度算法的基本思想。首先,跟踪少量的光子轨迹。点光源位于这些轨迹撞击物体表面的位置。由这些点光源(图像 1~20)引起的直接照射被累积。图像 A 显示了在扩展的光源上累积图像 1~10 的结果,其中光源点位于模拟轨迹的原点处。由于光源已经扩展,所以导致了直接照明。图像 B 则显示了累积图像 11~20 的结果,这些图像对应于光子轨迹所访问的其他位置,增加了间接的漫反射照明。(图片由德国凯泽斯劳滕大学(University of Kaiserslautern) A. Keller提供。)

图 7.13 这两幅图像是同一个场景的两个视图,左图除了镜面反射之外就只有直接漫反射照明,而右图则还包括间接漫反射照明。右图表明: 间接漫反射照明可以成为一个非常重要的效果。该图像中的间接漫反射照明是使用即时辐射度的光线追踪版本计算的(图片由德国萨尔布吕肯萨尔大学和凯泽斯劳滕大学的 I. Wald、T. Kollig、C. Benthin、A. Keller 和 Ph. Slusallek 等提供)

此外,在眼睛路径顶点和光的路径顶点之间追踪的阴影射线是高度相干的,类似于光线投射中追踪的眼睛射线。它们的追踪速度要比(双向)路径追踪快得多。使用高效的光线投射引擎,可在几秒钟内在单个处理器上获得高质量的结果。

这种方法的一个潜在问题是辐射度方程内核的奇点(Singularity)。辐射度方程需要在每个光的路径和眼睛路径的顶点之间进行评估:

$$G(x, y) = \frac{\cos(\Theta_{x,y}, N_x) \cos(\Theta_{yx}, N_y)}{\pi r_{xy}^2}$$

当距离 r_{xy} 趋于 0 值时(即 x 和 y 彼此靠近时,如图 6.3 所示),$G(x, y)$ 将变得非常大(由上式可见,其分母趋于 0,所以称为奇点)。在双向路径追踪中,这种奇点是可以避免的,方法是将它乘以适于替代路径组合的适当的权重因子。作为一种解决方案,可以在分母中添加一个很小的常数,就好像在辐射度算法中为了解决由点到贴片(Point – to – Patch)形状因子的问题而提出的某些经典积分方案。当然,这样做会引入一个很小的,但几乎很难让人注意到的偏差。

作为光线追踪的替代方案,Keller 提出了使用图形硬件计算来自点光源的照明(详见参考文献[91])。一般情况下,算法将会使用几百个点光源,这远远超过了硬件通常在一个通道中可以处理的能力。因此,需要使用累积缓冲器(Accumulation Buffer)或类似技术以组合来自若干个渲染通道的结果。鉴于市场上销售的图形加速卡的处理能力和准确性的快速提高,使用图形硬件实现确实大有可为,对于不太复杂的场景甚至可以实现交互式渲染的速度。

7.8　灯光切片和多维灯光切片算法

即使充分利用蒙特卡罗采样的所有进步技术,在渲染包含大量光源的复杂场景,以及诸如运动模糊(Motion Blur)、景深(Depth of Field)和参与介质(Participating Media)之类的效果时,仍然具有很大的挑战性。面对这种复杂性,大多数现有技术都太慢(而且噪声很大)。灯光切片(Lightcut)算法(详见参考文献[213])和多维灯光切片(Multidimensional Lightcuts)算法(详见参考文献[214])是用于高复杂度场景的可伸缩渲染算法。

7.8.1　灯光切片算法

渲染具有大量复杂光源的场景是一个挑战。针对直接照明的蒙特卡罗采样的收敛,即使是采用本书 5.4.5 节的优化,对于这样的场景来说通常也太慢。此外,诸如即时辐射度这样的混合算法可以将间接照明转换为来自一组间接光源的直接照明。这种算法的性能直接取决于所创建的光源的数量(算法性能和光源数量呈线性关系)。这种线性性能通常会限制这些方法可以处理的场景和照明的复杂性。

灯光切片算法引入了一种可扩展的解决方案,用于计算来自许多点光源的照明。它们的渲染成本在点光源的数量上是次线性(Sublinear)的,因此能够使用极大量的光源进行渲染。可以利用这种次线性性能来渲染困难的照明问题,将它模拟为来自许多点光源的照明。例如,区域灯光、太阳/天空模型、高动态范围(High Dynamic Range,HDR)环境地图,以及使用即时辐射度的间接照明,当然还有点光源,都可以整合到一个通用框架中。除了质量之外,这种单一性(Unification)还可以提高性能,因为来自一个光源的明亮照明可以掩盖其他照明在近似估计方面的误差。

灯光切片通过在所有光源上构建灯光树(Light Tree)来实现可伸缩性(Scalability)。灯光树的簇(Cluster)将在二叉树中点亮,其中的树叶(Leave)是单独的灯光,而内部的结点(Node)则是灯光簇,在它们下面也包含了灯光。每个树结点都有一个代表性的灯光,它近似于结点的簇中所有灯光的贡献。

灯光切片通过使用树结点来实现次线性性能,以便在不必单独评估每个灯光的情况下获得一组灯光的贡献的近似值。在渲染图像时,对于每个眼睛光线,将找到一个穿过灯光树的切片(Cut)。切片其实是一组结点,使得每条路径从灯光树的根(Root)开始,到树叶结束,确切地包含一个来自切片的结点。在切片上,仅有代表性的灯光被评估,以便对眼睛光线进行着色。切片相当于划分成簇的灯光的有效分区,使得对切片的评估近似于眼睛光线的着色。图 7.14 显示了一个带有 4 支灯光的简单示例场景。

 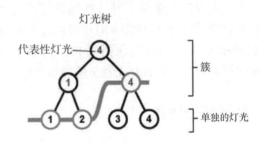

图 7.14 一个带有 4 个点光源和相应灯光树的简单场景。叶子是单独的灯光,而上面的结点则是逐渐变大的灯光簇。每个切片都可以将灯光分成不同的簇。以橙色簇显示的切片将点亮 3 和 4。已渲染的图像中的橙色区域(左)显示了光切片的位置是精确求解结果的良好近似值(图片由 Bruce Walter 提供)

1. 使用切片

给定一组点光源,它们在表面点上的照明所产生的辐射亮度是每种灯光的材质、几何体、可见性和强度项的乘积,然后对所有灯光求和:$\sum_i M_i G_i V_i I_i$。对应于这些灯光的簇具有代表性灯光 j,可用于按以下方式获得该簇的辐射亮度的近似值:$M_j G_j V_j \sum_i I_i$,其中,该簇中的光强度的总和被预先计算并存储在簇结点中,而材质、几何体和可见性项则仅针

对代表性灯光 j 进行评估。

2. 寻找切片

算法的目标是计算出能够很好地逼近(Approximate)原始图像的切片。对于切片来说,使用灯光树中更高的结点可能会更有效,因为它们使用了更多的簇;但是,它们也可能引入更多的误差。灯光切片算法使用了保守的误差界限来确定因为使用其代表性灯光来近似簇而产生的误差。分析计算整个簇的材质、几何体和可见性项的上限,并用于约束近似误差(详见参考文献[213])。仅当簇引入的近似误差可证明低于由韦伯定律(Weber's Law)确定的感知可见性阈值(2%)时,才会选择该簇。

切片选择算法从每个眼睛射线的根开始,逐步修改切片以满足误差标准。该算法使用簇的近似贡献和误差界限来确定何时需要改进。通过额外的优化、重建切片,以及利用灯光切片中的空间一致性还可以进一步减少灯光的评估,提高效率。

图 7.15 演示了包含大量点光源(13000～600000)的场景。这些场景可用于模拟区域光源、HDR 环境贴图、太阳/天空模型和间接照明。其中最复杂的场景是"两台显示器"场景(见图 7.15(c)),其中包括两个纹理灯光(墙壁上的 HDR 显示),它们以显示器上的每个像素作为点光源进行建模。对这些场景使用灯光切片算法,平均每个着色点仅评估 150～500 个灯光,并且在重建切片时还可以进一步减少到 10～90 个灯光。该图还显示了 2 张图表,展示了"雕塑时光"(见图 7.15(a))和"厨房一角"(见图 7.15(b))两个场景的灯光切片的可伸缩性。随着灯光数量的增加,性能也随着出现次线性变化。

7.8.2　多维灯光切片

蒙特卡罗渲染功能足以处理各种各样的效果,包括运动模糊、景深和参与介质等。这些效果都可以作为不同域上的积分投射到渲染方程中。例如,运动模糊是辐射亮度随着时间(Time)的积分,参与介质是沿着光线(Ray)在介质中的积分,景深是在镜头光圈(Lens Aperture)上的积分,而空间抗锯齿则是在像素区域(Pixel Area)上的积分:

$$L_{pixel} = \int_{time} \int_{ray} \int_{pixel\ area} \int_{lens\ aperture} \int_{hemisphere} L(x \leftarrow \omega)$$

这种多维积分可以通过使用标准蒙特卡罗技术进行采样来解决。像素积分被转换成一组点,并且可以在每个点处评估辐射亮度并进行平均。问题在于,要实现良好的近似,通常需要使用大量的点,而这很快就会体现为需要消耗大量的计算资源,尤其是当照明也很复杂时。

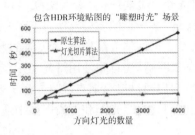

（a）雕塑时光

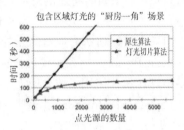

（b）厨房一角

（c）两台显示器   （d）格兰特中央车站

图7.15 使用灯光切片算法渲染获得的场景。"雕塑时光"场景演示了光滑表面和 HDR 环境贴图。"厨房一角"场景包括了区域灯光和太阳/天空模型。它们右侧的可伸缩性图表显示了切片的大小以及性能如何随着灯光的数量而产生线性伸缩。"两台显示器"场景包括两个纹理灯光,它们以显示器上的每个像素作为点光源进行建模。"格兰特中央车站"场景包括 800 个直射灯、太阳/天空模型和间接照明(图片由 Bruce Walter 提供)

多维灯光切片算法(详见参考文献[214])建立在灯光切片的基础上,以开发一种统一的、可伸缩的、基于点的渲染算法,用于快速准确地逼近这种多维积分。其主要思想是,不追求将每个点都评估为高精度,而是通过将像素视为一个整体来实现可伸缩的性能。

多维灯光切片算法首先使用灯光切片技术将照明光源离散成一组点光源 L,然后,对于每个像素,它们通过追踪来自眼睛或相机的光线来生成一组收集点(Gather Point) G,这些收集点在时间、体积、光圈和像素区域中适当地分布。那么总的像素值就是:

$$pixel = \sum_{(j,i) \in G \times L} L_{ji} \tag{7.6}$$

$$= \sum_{(j,i) \in G \times L} S_j M_{ji} G_{ji} V_{ji} I_i \tag{7.7}$$

其中 M、G 和 I 项分别是如前所述的材质(Material)、几何体(Geometry)和强度(Intensity)项,V_{ji} 则是可见性项,并且也检查点 i 和 j 在同一时刻存在,S_j 是收集点的力度(Strength)。如果直接评估所有成对的光的交互 (g,l)——其中 g 是 G 中的收集点,l 是 L 中的灯光点(Light Point)——则需要进行 $|G||L|$ 计算,而这将消耗大量的计算成本。

相反,多维灯光切片使用了收集–灯光对(Gather – Light Pairs)的空间上的层次结构的隐式构造(Implicit Construction),分别构建收集点和灯光点单独的层次结构:收集树(Gather Tree)和灯光树(Light Tree)。然后,收集树和灯光树的笛卡儿乘积图(Product Graph)是所有收集–灯光对的集合上的隐式层次结构,如图 7.16 所示。乘积图的根结点(Root Node)对应于所有收集–灯光对的集合(也就是收集树和灯光树的根的配对),而叶结点(Leaf Node)则对应于各个收集–灯光对(也就是来自收集树和灯光树的叶结点的配对)。这种隐式构造允许使用收集–灯光对的层次结构进行计算,而不必实际构造完整的层次结构。

切片可以将收集–灯光对的集合划分为簇,目标是自适应地选择将导致像素的精确近似的切片。与灯光切片方法类似,乘积图中的切片是一组结点,使得从根到叶的所有路径的集合将始终确切地包含切片中的一个结点。此条件保证切片对应于收集–灯光对的有效分区。

该算法将时间离散为任何帧的固定 T 时刻集,而收集点和灯光点的力度 S 和强度 I 则是时间向量。代表性的 (g,l) 近似着色如下:

$$L_C = M_{gl} G_{gl} V_{gl} (\vec{S}_C \cdot \vec{I}_C) \tag{7.8}$$

在代表性的 (g,l) 处评估材质、几何体和可见性项,g 和 l 需要在同一时刻存在,并且 $\vec{S}_C$ 和 $\vec{I}_C$ 是力度和强度向量的总和,这些向量里面的元素来自于相应的收集簇和灯光簇中的所有收集点和灯光点。

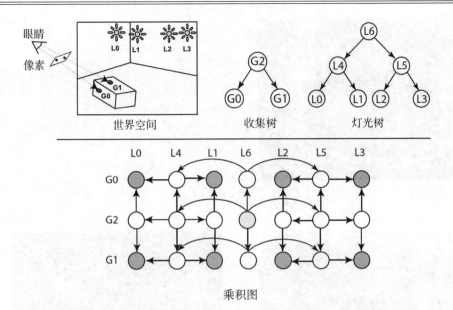

图 7.16 乘积图。左上角的场景中有 2 个收集点(G0 和 G1)和 4 个灯光点(L0、L1、L2 和 L3)。右上角显示的是收集树和灯光树。下图是收集树和灯光树的乘积图。每个乘积图的结点对应于收集树结点和灯光树结点的配对,并且表示它们各自的簇中的点之间的所有成对交互(Interactions)

然后,渲染算法从收集树和灯光树的根部开始,并基于切片上结点的误差重新确定切片。在进行灯光切片时,在乘积图中查找切片需要限制代表性灯光引入的误差。但是,限制材质和几何体的误差更复杂(详见参考文献[214])。同样,多维灯光切片算法也可以使用韦伯定律的感知阈值,以确定切片上的近似值何时足够好。

图 7.17 演示了具有各种效果的场景,包括运动模糊、景深、参与介质和空间抗锯齿(Spatial Anti - Aliasing)等。对这些场景使用多维灯光切片,平均每个着色像素仅评估200 - 950 点-光交互(Point - Light Interactions),这些场景包括数百个收集点,最高多达600000 个灯光。该图还提供了一个图表,该图表显示了轮盘赌场景(见图 7.17(a))随着收集点云(Gather Point Cloud)的大小增加而产生的多维灯光切片的可伸缩性。

小结

如果场景中具有大量几何体、不同的材质、复杂的照明,以及在现实世界中出现的各种效果,那么渲染这样的复杂场景仍然是非常困难的。可以处理这种复杂性的可伸缩渲染算法是未来研究的一个有趣领域。

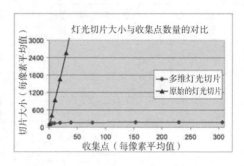

(a)俄罗斯轮盘赌,运动模糊

(b)雕塑时光,景深　　　　　　　　　　(c)厨房一角,参与介质

图 7.17　多维灯光切片算法的结果。轮盘赌的轮盘演示了运动模糊的效果。该图片被分隔为两半,左侧是静态的轮盘,而右侧则是转动中的轮盘。可伸缩性图表(右上角)显示了灯光切片的大小与收集点数量的对比,以及随之而产生的性能上的次线性伸缩。"雕塑时光"场景演示了景深效果,而"厨房一角"场景则展示了参与介质的效果(图片由 Bruce Walter 提供)

7.9　练习

在下面的练习中,给出了一些特定的场景,乍看起来都是一些常见的几何体或照明配置。假设要使用直接的蒙特卡罗光线追踪算法(包括光源的显式采样)来从给定的相机位置计算这些场景的图像。

目前已经知道的是,如果有足够的样本,则蒙特卡罗路径追踪算法将始终生成正确的图像。但是,这可能会导致渲染时间长得令人无法接受。

对于每个场景来说,如果使用标准的蒙特卡罗路径追踪算法会出现什么问题?你能想到任何可能解决这些问题的算法改进或其他优化方案吗?请解释为什么你提出的改进方法将起到作用。请注意,这些问题都没有"正确"的解决方案。因为在大多数情况下,可能会需要使用若干种不同的策略。

(1)将玻璃球放在不同的漫反射表面上(见图 7.18)。球体的透明双向反射分布函数几乎完全是镜面的。由于玻璃球的聚焦效应,在漫反射地板上形成了所谓的焦散现象。图中的示例光线导致了这种焦散,当渲染这种焦散时会出现什么问题?

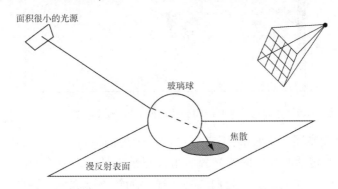

图 7.18 玻璃球在漫反射地板上形成了焦散现象

在渲染室内场景时,会出现一个非常类似的问题,其中唯一的照明来源是来自太阳照射的通过玻璃窗的光(假设它们被正确地建模为双面玻璃窗)。

(2)到达包含相机的房间的唯一光线是通过半开门从相邻的房间进入,然后被一个位于其中一个墙壁上的完美镜子反射回来(见图 7.19)。所有墙壁都是不同的漫反射表面。在本示例中不是直视镜子。

(3)假设想要渲染一个夜幕下的室外场景,其中唯一的照明来源是满月。虽然月亮在天空中占据相对较小的立体角,但是,作为天文上的增益元素,可以将月球建模为没有任何自发光照明的漫反射球体,并且场景中唯一真正的光源是(不可见的)太阳。换句话说,到达场景的所有光线都是来自太阳照射在月球上的光线。当然,基本的蒙特卡罗路径追踪程序并不知道满月的概念。

(4)假设要渲染一个夜幕下的城市,其中包含数百个不同的已经建模的光源(例如路灯、霓虹灯、点亮的窗户等)。向每一个这样的光源发射阴影射线将意味着大量无效的工作,因为很显然,并不是每个光源都对每个可见表面点的照明有显著贡献。你会使用哪些优化技术,以便在合理的时间内渲染这样的场景?

如果光源被纹理化(例如,彩色玻璃窗),则可能会发生非常类似的问题,有效地将光源细分成许多不同的较小光源,每个光源具有均匀的颜色和强度。

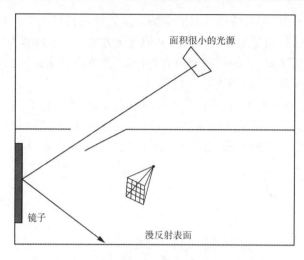

图 7. 19　光源通过半开的门到达房间,然后反射到镜子上(顶视图)

(5)现在来观察同一个城市,但是要从城市旁边的河对岸看。可以看到整个城市场景都倒映在水中,包括所有不同的光源。水被建模为具有许多不同的小波浪的表面(例如,使用凹凸贴图),并且在反射方面表现为完美的镜面状表面。因此,对于任何给定的光线,除非已知交点和表面法线,否则不能预测光线在水面上反射的方向。

人们可以在游泳池底部或水流中看到闪烁的波浪(见图 7. 20),这也是同样的问题。

图 7. 20　水流底部的灯光模式

(6)大面积光源部分隐藏在许多较小的物体后面,这些物体完全阻挡了相当多的光源(例如,两个房间之间的许多板条或威尼斯百叶窗,见图 7.21)。大多数阴影射线将被这些很小的介入物体阻挡,但是光源的一个重要部分仍然可见并有助于照明。如何确保不浪费任何阴影射线?

图 7.21 威尼斯百叶窗在桌面上投下阴影

第 8 章　对极致真实感和渲染速度的追求

本章将介绍一些仍在研究中的主题。实际上,对极致真实感和渲染速度的追求仍无止境,尚需努力。

在推导第 2 章中的渲染方程时,对光传输施加了一些限制,假设可以忽略波浪效应(Wave Effect),并且沿着相互可见的表面之间的路径保持辐射亮度。此外,还假设光散射是瞬间发生的,散射光与入射光束具有相同的波长,并且从它撞击的表面的相同位置散射开。但实际上,事实并非总是如此。本章将讨论如何处理参与介质、半透明物体以及偏振、衍射、干涉、荧光和磷光等现象,这些都不属于以上假设的范围。开发人员需要重新设计自己的光传输模型,以便在这些现象发挥作用时获得高度的真实感。幸运的是,本书前面介绍的大多数算法都可以很容易地扩展到处理这些现象,尽管也存在一些新的和特定的方法。

当然,辐射测量只是开发人员需要掌握的技术的一部分,虽然这是一个很重要的部分。在大多数情况下,计算机图形图像都是由人类观察者使用的,例如,查看打印的图片或在计算机屏幕上显示图像,或在电影院中欣赏计算机图形电影。遗憾的是,当前的显示系统几乎无法再现自然界中出现的大范围的光强度,这是由精确的光传输模拟而导致的结果。需要以某种方式转换这些辐射测量值以显示颜色。为了获得良好的真实感,这种转变应该考虑到人类视觉系统(Human Vision System)的反应。人类视觉系统已知是复杂且高度非线性的,还可以利用人类视觉感知来避免无论如何都不会注意到的计算细节,从而节省计算时间。

本章的最后一部分涉及渲染速度的问题。在此将介绍如何利用帧到帧的一致性(Frame-to-Frame Coherence),以便更快速地渲染计算机动画电影或非漫反射静态环境的漫游(Walk-Through)。最近出现了许多方法,这些方法在这条道路上更进一步,实现了交互式全局照明,没有预定义的动画脚本或相机路径。

8.1　超越渲染方程

8.1.1　参与介质

在本书第 2 章中,假设辐射亮度在未被遮挡的表面之间的路径上是能量守恒的。最根本的思路是,离开第一个表面的所有光子都需要降落在第二个表面上,因为沿着它们的飞行路径上没有任何事情可能发生。但是,每个曾经在有水蒸气或大雾天气条件下出行过的人都知道,事实并非总是如此。例如,在烟雨或大雾天气中,汽车反射或发射的光子通常只能到达很短的距离,它们很可能被弥漫在空气中的数十亿微小水滴或大雾吸收(Absorb)或散射(Scatter)。而与此同时,来自天空的光线也是散落在人们身上的,所谓净效应(Net Effect)就是指远处的物体以灰色逐渐消逝,即使是清澈的空气本身也会导致光子散射或被吸收。当观察远处的山脉时,这种现象更加显而易见,它会产生一种被称为鸟瞰(Aerial Perspective)的效应。天空中的云层强烈地散射和吸收阳光,尽管它们没有真正的表面边界将它们与周围的空气隔开,但是发光也不需要表面,例如蜡烛就是一个例子。

对表面之间的辐射亮度能量守恒假设仅在真空中才是真实的。在这种情况下,发射辐射亮度与沿着方向 Θ 的相互可见表面点 x 和 y 处的入射辐射亮度之间的关系可以由以下简单关系公式给出:

$$L(x \rightarrow \Theta) = L(y \leftarrow -\Theta) \tag{8.1}$$

如果真空没有填充物体表面之间的空间,这将导致光子改变方向并转换成其他形式的能量。例如,在蜡烛火焰这一示例情形中,其他形式的能量也被转换成可见光的光子。现在来讨论如何将这些现象整合到光传输框架中。首先研究它们如何影响相互可见的表面点 x 和 y 处的发射辐射亮度和入射辐射亮度之间的关系(见方程(8.1))。

本章区分了 4 个过程:体积发射(Volume Emission)(详见 8.1.2 节)、吸收(Absorption)(详见 8.1.3 节)、出射散射(Out-Scattering)(详见 8.1.4 节)和入射散射(In-Scattering)(详见 8.1.5 节)。图 8.1 说明了这些过程,这将使得开发人员能够将第 2 章的渲染方程进行一般化处理(详见 8.1.6 节)。一旦对问题的物理学本质有良好的基本理解,就可以很容易地扩展本书前面描述的大多数全局照明算法来处理参与介质(详见 8.1.7 节)。

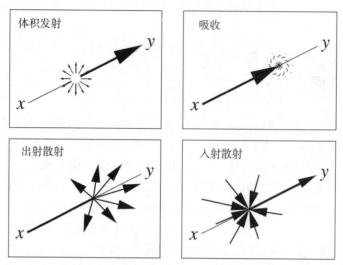

图 8.1　参与介质通过 4 个过程影响沿着从 x 到 y 的线传递的辐射亮度:吸收(右上)和出射散射(左下)将减少辐射亮度;体积发射(左上)和入射散射(右下)将增加辐射亮度。以下各节将更详细地介绍这些过程

8.1.2　体积发射

介质(如火焰)发光的强度可以通过体积发射函数(Volume Emittance Function)$\epsilon(z)$(单位[W/m³])来表征。考虑体积发射函数的良好方式如下:它告诉开发人员,在三维空间中的点 z 处,每单位体积和每单位时间发射了多少个光子。实际上,在光子数和能量之间存在着密切的关系:固定波长 λ 的每个光子携带的能量等于 $2\pi\hbar c/\lambda$,其中 $\hbar$ 是物理学中的一个基本常数,称为普朗克常数(Planck's Constant),c 是光速。当然,空间中辉光(Glow)的强度可能从一点变化到另一点。通过对体积光源进行建模,可以实现许多有趣的图形效果,而不仅仅是火焰。

一般来说,体积发射是各向同性(Isotropic)的,这意味着在 z 附近的任何方向上发射的光子数等于 $\epsilon(z)/4\pi$(单位[W/m³sr])。

现在考虑点 $z = x + s \cdot \Theta$ 沿着薄光束(Thin Pencil)连接到相互可见的表面点 x 和 y(见图 8.2)。由于在 z 处具有一个无限薄(Infinitesimal Thickness)(其厚度记为 Δs 或 ds)的光束薄片(Pencil Slice)的体积发射,所以沿着方向 Θ 增加的辐射亮度是

$$dL^e(z \rightarrow \Theta) = \frac{e(z)}{4\pi} ds \qquad (8.2)$$

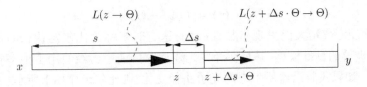

图 8.2　光束薄片的几何体

8.1.3　吸收

光子沿着光束(Pencil)从 x 到 y 行进,它将与介质发生碰撞,导致它们被吸收或改变方向(散射)。吸收意味着它们的能量被转换成不同类型的能量,例如介质中粒子的动能(Kinetic Energy)。当介质通过辐射加热时,可以在宏观水平观察到转变为动能。通过水强烈吸收微波辐射也是可以的,例如人们可以在微波炉中煮沸水。

光子沿着其传播方向每单位距离(Per Unit of Distance)在体积中被吸收的概率称为吸收系数(Absorption Coefficient)$\sigma_a(z)$(单位 [1/m])。这意味着在介质中行进 Δs 距离的光子被吸收的机会为 $\sigma_a \cdot \Delta s$。就像发射密度一样,吸收系数也可以因地而异。例如,在香烟的烟雾中,吸收就会发生变化,因为每单位体积的烟雾粒子的数量因地方的不同而不同。此外,吸收通常是各向同性的,也就是说,无论光子的方向如何,光子都有被吸收的机会。对于单个粒子的吸收,这种情况很少发生,但在大多数介质中,粒子是随机取向的,因此可以观察到它们平均的方向吸收的特征(散射也是一样)。

吸收导致沿着薄光束的辐射亮度从 x 到 y 随距离增大而呈指数性减小。现在来看在 $z = x + s\Theta$ 处的厚度为 Δs 的光束薄片(见图 8.2),在 z 处进入薄片的光子数量与沿着光束的辐射亮度 $L(z \to \Theta)$ 成正比。假设吸收系数在薄片中的任何地方都相等,这些光子的其中一小部分 $\sigma_a(z)\Delta s$ 将被吸收。在 $z + \Delta s\Theta$ 处,在薄片的另一侧出射的辐射亮度将是:

$$L(z + \Delta s \cdot \Theta \to \Theta) = L(z \to \Theta) - L(z \to \Theta)\sigma_a(z)\Delta s$$

或者是以下等价形式:

$$\frac{L(z + \Delta s \cdot \Theta \to \Theta) - L(z \to \Theta)}{\Delta s} = -\sigma_a(z)L(z \to \Theta)$$

采用 $\Delta s \to 0$ 限制将产生以下差异方程:[①]

$$\frac{dL(z \to \Theta)}{ds} = -\sigma_a(z)L(z \to \Theta) \text{ 并且 } z = x + s\Theta$$

在均匀的非散射和非发射介质中,沿着光束在 z 处的已减少的辐射亮度将是

---

① 按照定义,函数 $f(x)$ 的导数是 $\Delta x \to 0$ 的 $(f(x + \Delta x) - f(x))/\Delta x$ 的极限。

$$L(z \rightarrow \Theta) = L(x \rightarrow \Theta) e^{-\sigma_a s}.$$

辐射亮度随距离增大而呈现指数性减小,这有时被称为比尔定律(Beer's Law)。例如,它是彩色玻璃的良好模型,并且在经典光线追踪算法中已经使用了很多年(详见参考文献[170])。如果吸收沿着所考虑的光子路径变化,则比尔定律如下所示:

$$L(z \rightarrow \Theta) = L(x \rightarrow \Theta) \exp\left(-\int_0^s \sigma_a(x + t\Theta) dt\right)$$

8.1.4　出射散射、消光系数和反照率

一般来说,沿着光束的辐射亮度之所以会减少,不仅是因为吸收,还因为光子会被沿着它们的路径的粒子散射到其他方向。出射散射(Out - Scattering)的影响几乎与吸收的影响相同——开发人员只需要用散射系数(Scattering Coefficient)$\sigma_s(z)$(单位[1/m])代替吸收系数即可,它表示每单位距离沿着光子路径的散射概率。

其实不用 $\sigma_a(z)$ 和 $\sigma_s(z)$,有时通过总的消光系数(Extinction Coefficient)$\sigma_t(z)$ 和反照率(Albedo)$\alpha(z)$ 来描述参与介质中的过程会更方便。

消光系数 $\sigma_t(z) = \sigma_a(z) + \sigma_s(z)$(单位[1/m])给出了光子沿着飞行路径与介质碰撞(吸收或散射)的每单位距离的概率。它允许开发人员按以下方式编写在 z 处的已减少的辐射亮度:

$$L'(z \rightarrow \Theta) = L(x \rightarrow \Theta)\tau(x,z) \ , \ \tau(x,z) = \exp\left(-\int_0^{r_{xz}} \sigma_t(x + t\Theta) dt\right) \qquad (8.3)$$

在同质介质中,两次后续碰撞之间的平均距离可以显示为 $1/\sigma_t$(单位[m])。后续碰撞之间的平均距离称为平均自由路径(Mean Free Path)。

反照率 $\alpha(z) = \sigma_s(z)/\sigma_t(z)$(无量纲)描述了散射对比吸收的相对重要性。它给出了在 z 处与介质碰撞时光子将被散射而不是被吸收的概率。

反照率是表面上反射率 ρ 的体积当量。注意,描述表面散射不需要消光系数,因为撞击表面的所有光子都应该散射或被吸收。在没有参与介质的情况下,开发人员可以通过沿光子路径的狄拉克 δ(delta)函数对消光系数进行建模:除了遇到第一个表面边界处(在这里肯定会发生散射或吸收),其他地方都是 0。

8.1.5　入射散射、场和体积辐射亮度以及相位函数

出射散射的光子改变方向并在表面点之间进入不同的光束。同样地,从其他光束向外散射的光子将进入开发人员所考虑的 x 和 y 之间的光束。这种由于散射引起的光子进

入就是所谓的入射散射(In - Scattering)。

与体积发射类似,入射散射强度由体积密度 $L^{vi}(z\to\Theta)$(单位[W/m³sr])描述。厚度为 ds 的光束薄片中的入射散射辐射亮度总量可以计算如下:

$$dL^i(z\to\Theta) = L^{vi}(z\to\Theta)ds$$

在位置 z 处进行入射散射的第一个条件是在 z 处存在散射,换句话说,$\sigma_s(z) = \alpha(z)\sigma_t(z)\neq0$。入射散射的辐射亮度总量进一步取决于沿着在 z 处的其他方向 Ψ 的场辐射亮度(Field Radiance)$L(z,\Psi)$ 和相位函数(Phase Function)$p(z,\Psi\leftrightarrow\Theta)$。

场辐射亮度就是常见的辐射亮度概念。它描述了在给定方向上每单位立体角(Per Unit of Solid Angle)和每单位面积(Per Unit Area)垂直于该方向的光能辐射通量。场辐射亮度与消光系数的乘积 $L^v(z,\Psi) = L(z,\Psi)\sigma_t(z)$ 描述了每单位时间(Per Unit of Time)在 z 处与介质碰撞的光子数。作为体积密度,它有时被称为体积辐射度(Volume Radiance)(单位[1/m³sr])。

请注意,真空中的体积辐射亮度将为 0。但是,场辐射亮度并不需要为零,并且在真空中完全满足辐射亮度守恒定律。

还要注意的是,对于表面散射来说,在场辐射亮度和表面辐射亮度(Surface Radiance)之间无须进行区分,因为所有光子都会在表面上相互作用。

在 z 处与介质发生碰撞的这些光子中,其中一小部分 $\alpha(z)$ 将被散射。与发射和吸收不同,散射通常并不是各向同性的。光子在某些方向上的散射强度可能高于其他方向。在 z(单位[1/sr])处的相位函数(Phase Function)$p(z,\Psi\leftrightarrow\Theta)$ 描述了从方向 Ψ 到 Θ 的散射概率。通常,相位函数仅取决于两个方向 Ψ 和 Θ 之间的角度。以下给出了相位函数的一些示例。

乘积 $\alpha(z)p(z,\Psi\leftrightarrow\Theta)$ 实际上扮演了体积散射的双向散射分布函数的角色。就像双向散射分布函数一样,它是互反的,必须满足能量守恒定律。对相位函数进行标准化将带来方便,因为这样可以让它在所有可能的方向上的积分是 1:

$$\int_\Omega p(z,\Psi\leftrightarrow\Theta)d\omega_\Psi = 1$$

由于 $\alpha(z) < 1$,因此能够明确地满足能量守恒定律。

把它们放在一起,就可以得到以下体积散射方程(Volume Scattering Equation):

$$L^{vi}(z\to\Theta) = \int_\Omega \alpha(z)p(z,\Psi\leftrightarrow\Theta)\cdot L^v(z\to\Psi)d\omega_\Psi$$

$$= \sigma_s(z)\int_\Omega p(z,\Psi\leftrightarrow\Theta)L(z\to\Psi)d\omega_\Psi \tag{8.4}$$

体积散射方程是在本书 2.5.1 节中介绍的表面散射方程应用于体积的等价方程。它描述了散射的体积辐射亮度如何使用 $\alpha(z)p(z,\Psi\leftrightarrow\Theta)$ 加权,在体积辐射亮度 $L^v(z\to\Psi)$

的所有方向上积分。$L^v(z \to \Psi)$ 是表面辐射亮度的体积当量,而 $\alpha(z)p(z, \Psi \leftrightarrow \Theta)$ 则是双向散射分布函数的等价物。

相位函数的示例

漫反射的对等名称就是所谓的各向同性散射(Isotropic Scattering)。各向同性散射的相位函数是一个常数且等于

$$p(z, \Psi \leftrightarrow \Theta) = \frac{1}{4\pi} \tag{8.5}$$

常用的各向异性相位函数(Nonisotropic Phase Function)是以下 Henyey-Greenstein 相位函数,它被引入以建立云(Cloud)中的光散射(Light Scattering)模型:

$$p(z, \Psi \leftrightarrow \Theta) = \frac{1}{4\pi} \frac{1 - g^2}{1 + g^2 - 2g\cos(\Psi, \Theta)^{3/2}} \tag{8.6}$$

参数 g 允许开发人员控制该模型的各向异性(Anisotropy):它是散射角的平均余弦。当 g>0 时,粒子在向前的方向上优先散射;当 g<0 时,它们主要向后散射;而当 g = 0 时,则模型各向同性散射(见图 8.3)。

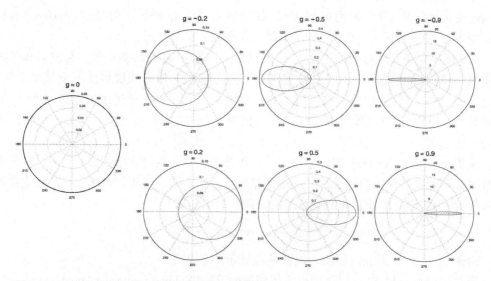

图 8.3　Henyey-Greenstein 相位函数的极坐标图(Polar Plot)。其各向异性参数值为 g,当 $g = 0.0$ 时为各向同性(左图);当 $g = -0.2, -0.5, -0.9$ 时,主要向后散射(顶行);当 $g = +0.2, +0.5, +0.9$ 时,主要向前散射(底行)。这些极坐标图显示了散射强度作为向前和散射方向之间的角度的函数

其他常见的各向异性相位函数归功于 Lord Rayleigh 和 Blasi 等人。Rayleigh 的相位函数(详见参考文献[22,第 1 章])描述了光散射为非常小的粒子(如空气分子)。它解释了为什么晴朗的天空在穹顶上呈现蓝色,而在地平线上则呈现出更多的黄色和红色。

Blasi 等人提出了一种简单易用、直观且高效的评估相位函数,可用于计算机图形学(详见参考文献[17])。

8.1.6　参与介质存在下的渲染方程

现在已经可以来描述辐射亮度 $L(x \to \Theta)$ 如何沿着其方向到 y 被修改。式(8.2)和式(8.4),建立了体积发射和入射散射如何沿着从 x 到 y 的光线增加辐射亮度的模型。另一方面,式(8.3)描述了由于吸收和出射散射而降低辐射亮度的方式。不仅以这种方式减少了在 x 处插入光束中的表面辐射亮度 $L(x \to \Theta)$,而且还减少了由于入射散射和体积发射而沿着光束插入的所有辐射亮度。合并后的效果如下:

$$L(y \longleftarrow \Theta) = L(x \to \Theta)\tau(x,y) + \int_0^{r_{xy}} L^+(z \to \Theta)\tau(z,y)\,dr \tag{8.7}$$

为了更加紧凑,可以让 $z = x + r\Theta$,并且

$$L^+(z \to \Theta) = \epsilon(z)/4\pi + L^{vi}(z \to \Theta) \quad (单位:[W/m^3 st])$$

透射率(Transmittance)$\tau(z, y)$ 表示 z 和 y 之间的辐射亮度的衰减程度:

$$\tau(z,y) = \exp\left(-\int_0^{r_{zy}} \sigma_t(z + s\Theta)\,ds\right) \tag{8.8}$$

式(8.7)在参与介质存在的情况下取代了辐射亮度守恒定律(见式(8.1))。

回想一下,第 2 章中的渲染方程是通过使用辐射亮度守恒定律获得的,以取代以下公式中的入射辐射亮度 $L(x \leftarrow \Psi)$ 。

$$L(x \to \Theta) = L_e(x \to \Theta) + \int_\Omega f_r(x,\Theta \leftrightarrow \Psi)L(x \leftarrow \Psi)\cos(\Psi, N_x)\,d\omega_\Psi$$

用来取代上述入射辐射亮度 $L(x \leftarrow \Psi)$ 的,是在方向 Ψ 中从 x 看到的第一个表面点 y 处的出射辐射亮度 $L(y \to -\Psi)$ 。在这里可以使用式(8.7)进行类似的替换,以产生在参与介质存在的情况下的渲染方程(见图 8.4):

$$
\begin{aligned}
L(x \to \Theta) =\ & L_e(x \to \Theta) \\
& + \int_\Omega L(y \to -\Psi)\tau(x,y)f_r(x,\Theta \leftrightarrow \Psi)\cos(\Psi, N_x)\,d\omega_\Psi \\
& + \int_\Omega \left(\int_0^{r_{xy}} L^+(z \to -\Psi)\tau(z,y)\,dr\right)f_r(x,\Theta \leftrightarrow \Psi)\cos(\Psi, N_x)\,d\omega_\Psi
\end{aligned}
\tag{8.9}
$$

$L^+(z \to -\Psi) = \epsilon(z)/4\pi + L^{vi}(z \to -\Psi)$ 中的入射散射辐射亮度 L^{vi} 通过式(8.4)以场辐射亮度表示。反过来,场辐射亮度也可以通过式(8.7)根据表面辐射亮度、发射的体积以及体积中其他位置的入射散射的辐射亮度来表示。

式(8.9)中的这些表达式看起来相当复杂,但实际上并没有那么夸张。需要记住的

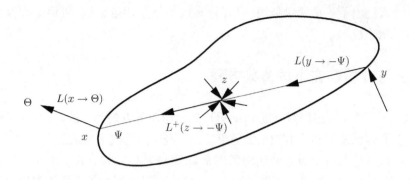

图 8.4　在式(8.9)中使用的符号

重要一点是,可以通过以下两种方式扩展渲染方程来处理参与介质的问题:

- 从其他表面接收到的辐射亮度衰减:在式(8.9)的前一个积分中,出现了由式(8.8)给出的透射率因子 $\tau\ (z,\ y)$ 。
- 体积贡献:即在公式 8.9 中出现的后面的(双重)积分。

为了更好地理解如何在参与介质存在的情况下追踪光子轨迹,可以将式(8.9)中的积分相应地转换为表面和体积的积分。在本书 2.6.2 节中推导出了微分立体角和表面之间的关系 $r_{xy}^2 d\omega_{\Psi} = V(x,y)\cos(-\Psi, N_y)dA_y$。在 $drd\omega_{\Psi}$ 和微分体积之间也存在着类似的关系: $r_{xy}^2 drd\omega_{\Psi} = V(x,z)dV_z$。在转换之后将产生以下公式:

$$L(x \rightarrow \Theta) = L_e(x \rightarrow \Theta)$$

$$+ \int_S f_r(x, \Theta \leftrightarrow \Psi) L(y \rightarrow -\Psi) \tau(x,y) V(x,y) \frac{\cos(\Psi, N_x)\cos(-\Psi, N_y)}{r_{xy}^2} dA_y$$

$$+ \int_V f_r(x, \Theta \leftrightarrow \Psi) L^+(z \rightarrow -\Psi) \tau(x,y) V(x,z) \frac{\cos(\Psi, N_x)}{r_{xz}^2} dV_z \qquad (8.10)$$

这两个积分非常相似:体积积分包含 $L^+(z \rightarrow -\Psi)$ [W/m^{3}sr]而不是表面辐射亮度 $L(y \rightarrow -\Psi)$ [W/m^{2}sr],而且表面点始终带有余弦因子,而体积点则没有。

图 8.5 总结了体积和表面散射量与概念之间的对应关系和差异。

8.1.7　参与介质的全局照明算法

自 20 世纪 80 年代末以来,参与介质的渲染受到了相当多的关注。提出的方法包括确定性方法和随机方法。经典和分层的辐射度方法已经扩展到处理参与介质的问题上来,其方法是将上面的体积积分离散到体积元素中,并且假设每个体积元素中的辐射亮度

体　积	表面
体积发射率 $\epsilon(z)\,[\,\mathrm{W/m^3}\,]$	表面发射率 $B^e(x)\,[\,\mathrm{W/m^2}\,]$
散射反照率 $\alpha(z) = \sigma_s(z)/\sigma_t(z)$	表面反射/透射率 $\rho(x)$
相位函数 $\alpha(z)p(z,\,\Theta\leftrightarrow\Psi)$	双向散射分布函数 $fr(x,\,\Theta\leftrightarrow\Psi)\cos(N_x,\Theta)$
消光系数 $\sigma_t(z)$	无对等系数(狄拉克 δ 函数)
体积辐射亮度 $L^v(z\rightarrow\Theta) = \sigma_t(z)L(z\rightarrow\Theta)$	表面辐射亮度=场辐射亮度 $L(x\rightarrow\Theta)$
衰减因子 $0\leqslant\tau(x,\,z)\leqslant1$	$\tau(x,\,y) = 1$(真空中没有衰减)
式(8.9)中 $L^+(\,z\rightarrow-\Psi)$ 的体积积分	式(8.9)中 $L(\,y\rightarrow-\Psi)$ 的表面积分

图 8.5　此图以表格形式总结了体积和表面散射以及发射的主要对应关系和差异

是各向同性的(详见参考文献[154、174])。基于球谐函数(Spherical Harmonics)(P_N 方法)和离散坐标方法(Discrete Ordinates Method),还提出了许多其他确定性方法。在参考文献[143]中对此有简要介绍。确定性方法在相对"简单"的设置中是有价值的,例如,具有各向同性散射的同质介质或简单的几何体等,它们都属于比较"简单"的设置。

包括 Rushmeier、Hanrahan 和 Pattanaik 在内的许多作者都提议扩展路径追踪算法以处理参与介质的问题。这些扩展已在其他领域中使用了一段时间,如中子传输(详见参考文献[183,86])。在本书 8.1.8 节中对此进行了总结。在参考文献[104]中已经提出了用于处理参与介质的双向路径追踪的扩展。像往常一样,这些路径追踪方法固然灵活而准确,但是在处理看起来比较厚的介质时,它们的计算成本就会变得非常高昂,因为在较厚的介质中,光子会经历许多碰撞并且其轨迹很长。

在精度和渲染速度之间的良好折中方案是由体积光子密度估计方法(Volume Photon Density Estimation Method)提供的。特别是,光子映射到参与介质的扩展(详见参考文献[78])是一种可靠而且很划算的方法,它可以渲染非常高级的效果,如体积焦散(Volume Caustics)。在本书 8.1.9 节中提供了有关体积光子密度估计的更详细的描述。

蒙特卡罗和体积光子密度估计方法对于看上去比较薄的介质来说,是一个很好的选择,因为薄介质中的光子仅经历相对较少的碰撞。而对于看起来比较厚的介质来说,它们就变得比较难以处理。对于高度散射的看上去比较厚的介质,可以通过本书 8.1.10 节中介绍的漫射近似(Diffusion Approximation)方法来处理。

对于地球大气中光散射和衰减的特殊情况,人们已经提出了一种分析模型(详见参考文献[148])。它可以合理地再现天空的颜色变化作为太阳位置的函数,并为户外场景增添了极大的真实感,而无须进行高计算成本的模拟。

图 8.6 显示了使用此处介绍的技术处理参与介质所获得的一些渲染示例。

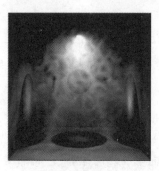

图 8.6　参与介质的一些效果图。上面的 2 幅图像已使用双向路径追踪方法进行渲染(图片由比利时鲁汶大学的 Eric Lafortune 提供)。底部图像采用体积光子映射进行渲染。注意在彩色球体后面的这种异质介质上投射的体积焦散(图片由比利时鲁汶大学的 Frederik Anrys 和 Karl Vom Berge 提供)

8.1.8　追踪参与介质中的光子轨迹

到目前为止,本书中讨论的大多数算法都是基于光子(Photon)或电子(Poton)轨迹的模拟,潜在的粒子起源于眼睛而不是光源。本节将讨论如何扩展光子或电子的轨迹追踪以处理参与介质的问题。

(1)对体积发射进行采样。光粒子不仅可以在表面上发射,还可以在中部空间(Midspace)发射。首先,需要决定是否对表面发射或体积发射进行采样。举例来说,该决定可以是基于表面和体积的自发射功率的相对量而做出的随机决定。如果要对体积发射进行采样,则需要根据体积发射的密度 $\epsilon(z)$ 来选择中部空间的某个位置:参与介质中的亮点(Bright Spot)应产生比昏暗区域更多的光子。最后,需要在所选位置对方向进行采样。由于体积发射通常是各向同性的,因此可以在球体上以均匀的概率对方向进行采样。就像表面发射采样一样,这是空间位置和方向结果。

(2)对下一个碰撞位置进行采样。在没有参与介质的情况下,从点 x 发射到方向 Θ 的光子总是在从 x 沿着方向 Θ 看到的第一个表面上碰撞。但是,在考虑了参与介质的存在之后,沿着到第一个撞击表面的线,在体积中的每个位置都有可能发生散射和吸收。请注意,无论 x 是一个表面点(Surface Point)还是一个体积点(Volume Point),都有可能发生表面碰撞或体积碰撞。要处理此问题,有一个好方法是:根据透射因子(见式(8.8))对从 x 进入方向 Θ 的光线的距离进行采样。例如,开发人员可以绘制均匀分布的随机数 $\zeta \in [0,1)$(包括 0,不包括 1)并找出和下式对应的距离 r。

$$\exp\left(-\int_0^r \sigma_t(x+s\Theta)ds\right) = 1-\zeta \Leftrightarrow \int_0^r \sigma_t(x+s\Theta)ds = -\log(1-\zeta)$$

在同质介质(Homogeneous Medium)中,$r = -\log(1-\zeta)/\sigma_t$。但是,在异质介质(Heterogeneous Medium)中,对这样的距离进行采样并不是那么简单。如果通过扩展光线网格遍历算法(Ray-Grid Traversal Algorithm),将消光系数作为体素网格(Voxel Grid)给出,则可以精确完成。对于这种程序性生成的介质,开发人员可以按很小的、可能是自适应选择的间隔(Interval)沿着光线逐步计算(详见参考文献[78])。如果所选距离变得大于或等于到射线的第一个表面撞击点的距离,则应选择表面散射作为下一个事件。如果采样距离较近,则选择体积散射(见图 8.7)。

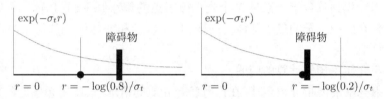

图 8.7　沿光线采样下一个光子碰撞位置。首先,使用衰减因子 $\tau(x,z)$ 作为概率分布函数(在同质介质中的 $\tau(x,z) = \exp(-\sigma_t r_{xz})$)对距离 r 进行采样。如果该距离小于到最近表面的距离(左图),则选择体积散射或吸收作为下一个事件。如果 r 比最近的表面更远(右图),则在最近的表面选择表面吸收或散射

(3)对散射或吸收进行采样。对体积中的散射或吸收进行采样的方法与表面采样方法几乎相同。它将基于体积的反照率 $\alpha(z)$ 来决定散射还是吸收,就像反射率 $\rho(z)$ 被用于表面一样。通过对体积的相位函数 $p(z, \Theta \leftrightarrow \Psi)$ 进行采样,即可完成对散射方向的采样。对于表面来说,开发人员较为理想的是使用 $f_r(z, \Theta \leftrightarrow \Psi)\cos(N_x, \Psi)/\rho(z)$。

(4)连接路径顶点。路径追踪和双向路径追踪等算法要求开发人员将路径顶点(例如,表面或体积撞击点)与阴影射线的光源位置连接起来。如果没有参与介质,那么与点 x 和 y 之间的这种连接相关的贡献是

$$V(x,y)\frac{\cos(N_x,\Theta)\cos(N_y,-\Theta)}{r_{xy}^2}$$

在参与介质存在的情况下,其贡献应该是

$$\tau(x,y) \frac{V(x,y)}{r_{xy}^2} C_x(\Theta) C_y(-\Theta)$$

如果 x 是一个表面点,则 $C_x(\Theta) = \cos(N_x, \Theta)$;如果 x 是体积点,则其值为 1(类似于 $C_y(-\Theta)$)。

8.1.9　体积光子密度估计

本书 6.5 节的光子密度估计算法可以通过估计表面上光子撞击点的密度来计算表面上的辐射度。为了渲染参与介质,还有必要估计在中部空间中与介质碰撞的光子的体积密度。6.5 节中描述的任何技术都可以直接用于此目的。例如,直方图方法可以将空间离散为体积容器并对每个容器中的光子碰撞进行计数。光子撞击数量与容器体积的比率是对容器中的体积辐射亮度的估计。光子映射已经扩展了体积光子图(Volume Photon Map),第 3 个 kd 树将用于存储光子命中点,其思路与 7.6 节中讨论的焦散和全局光子图相同(详见参考文献[78])。体积光子图包含与中部空间中的介质碰撞的光子。它不是像在表面上那样找到包含给定数量 N 个光子撞击点的最小圆平面(Disc),而是在查询位置周围搜索包含体积光子的最小球体。同样,光子数量和球体体积的比率将产生体积辐射亮度的估计值。

查看参与介质中预先计算的照明

由于辐射亮度的能量守恒定律,在没有参与介质的情况下,使用光线追踪方法查看预先计算的照明,只需要找到虚拟屏幕上通过每个像素可见的表面点 y,即可查询该点的照明。

但是,在存在参与介质的情况下,辐射亮度的能量守恒定律不成立,并且根据式(8.7),通过每个像素在观察者处进入的辐射亮度将是眼睛光线上的积分。评估这种积分有一个好方法,那就是通过光线推进(Ray Marching)的方法(详见参考文献[78]):通过以很小的、可能自适应选择的间隔逐步计算光线(见图 8.8)。在沿着光线的每个访问位置,查询预先计算的体积辐射亮度,并评估体积发射和单个散射辐射亮度。当然,不应忽视第一个命中物体的表面辐射亮度。所有辐射亮度贡献值都将在朝向眼睛的方向适度衰减。

8.1.10　将光传输视为漫射过程

渲染方程(见式(8.9))并不是以数学形式描述光传输的唯一方法。还有一个很有趣的替代方案,那就是将光能流(Flow of Light Energy)视作一个漫射过程(Diffusion Process)

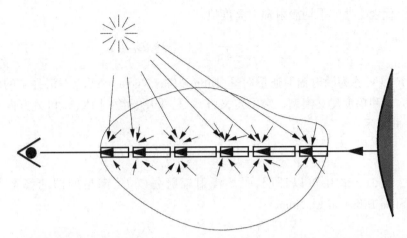

图 8.8　要使用预先计算的体积辐射亮度来渲染视图,最好使用一种被称为光线推进的技术。该方法在一条眼睛光线上推进,具有固定或自适应步长。在每一步中,都会查询预先计算的体积辐射亮度。自发光和单个散射("直接")体积辐射亮度则是在现场计算的。最后,还需要考虑第一个命中物体的表面辐射亮度。所有收集的辐射亮度都将适当衰减

(详见参考文献[75,第 9 章])。这种观点已被证明可以产生有效的算法,用于处理高度散射并且看上去很厚的参与介质,例如天空中的云朵(详见参考文献[185])。漫射近似(Diffusion Approximation)也是最近提出的次表面散射(Subsurface Scattering)模型的基础(详见参考文献[80])。本章 8.1.11 节对此有详细介绍,这里只是简单提示一下。

　　该算法的主要思路是将参与介质中的场辐射亮度分成两个贡献,并且这两个贡献值是可以分开计算的:

$$L(x \to \Theta) = L_r(x \to \Theta) + L_d(x \to \Theta)$$

　　第一个部分 $L_r(x \to \Theta)$ 称为减少的辐射亮度(Reduced Radiance),是直接从光源或参与介质的边界到达点 x 的辐射。它由式(8.7)给出,需要先计算。

　　第二个部分 $L_d(x \to \Theta)$ 是在介质中散射一次或多次的辐射亮度,它被称为漫射辐射亮度(Diffuse Radiance)。在高度散射的、看上去很厚的介质中,根据渲染方程(见式(8.9))难以计算漫射辐射亮度。但是,多次散射也很可能会抹去漫射辐射亮度的角度依赖性。实际上,每当光子在介质中散射时,其方向会随着相位函数的指示而随机改变。在经过多次的散射事件之后,可以发现光子在任何方向上行进的概率几乎是均匀的。

　　出于这个原因,开发人员可以通过以下函数来近似漫射辐射亮度。该函数仅会随着方向而发生一丁点的变化:

$$L_d(x \to \Theta) = U^d(x) + \frac{3}{4\pi}(\vec{F}^d(x) \cdot \Theta)$$

$U^d(x)$ 代表 x 处的平均漫射辐射亮度值：

$$U^d(x) = \frac{1}{4\pi}\int_\Omega L_d(x, \Theta)\, d\omega_\Theta$$

向量 $\vec{F^d}(x)$，称为漫射辐射通量向量(Diffuse Flux Vector)，可以对流经 x 的多次散射光能流的方向和幅度建立模型。它的定义方式是，采用 Θ 等于 X、Y 和 Z 方向上的单位向量，如下式所示：

$$(\vec{F^d}(x) \cdot \Theta) = \int_\Omega L(x \to \Psi)\cos(\Psi, \Theta)\, d\omega_\Psi$$

在这个近似公式中可以证明：平均漫射辐射亮度 U^d 满足所谓的稳态漫射方程(Steady - State Diffusion Equation)：

$$\nabla^2 U^d(x) - \sigma_{tr}^2 U^d(x) = - Q(x) \tag{8.11}$$

驱动项 $Q(x)$ 可以从减少的辐射亮度计算出来(详见参考文献[185、80、75，第 9 章])。漫射常数(Diffusion Constant)等于 $\sigma_{tr}^2 = 3\sigma_a \sigma_t{}'$，其中 $\sigma_t{}' = \sigma_s{}' + \sigma_a$ 且 $\sigma_s{}' = \sigma_s(1-g)$。而 g 则是平均散射余弦(详见 8.1.5 节)，并且可以对介质中散射的各向异性进行建模。

一旦求解了漫射方程，则减少的辐射亮度和 $U^d(x)$ 的梯度允许开发人员在需要的任何地方计算辐射通量向量 $\vec{F^d}(x)$。该辐射通量向量则会依次产生辐射度，流经任何给定的实际或虚构的表面边界。

对于简单的情况，例如无限同质介质(Infinite Homogeneous Medium)中的点光源，可以通过分析求解漫射方程[80、75，第 9 章]。但是，一般来说，求解结果仅可能通过数值方法实现。Stam 提出了一种基于 blob(一团、一滴或一点，例如一团云彩、一滴油脂等)的多重网格有限差分方法(Multigrid Finite Difference Method)和有限元方法(详见参考文献[185])。在任何情况下，都需要考虑适当的边界条件，强制在边界处漫射辐射亮度的净辐射通量为零(因为介质外没有体积散射)。

在参考文献[145]中，基于不变性原理(Principles of Invariance)(详见参考文献[22])，提出了渲染方程的另一种替代方法，当然，它看起来要更加复杂一些。

8.1.11　次表面散射

在渲染方程(详见第 2 章)的推导中，还假设光源击中物体表面之后被反射或从入射点折射，这种假设也并非总是成立的。例如，可以看一看图 8.9 中的小型大理石马匹雕塑。诸如大理石之类的很多材质(例如水果、树叶、蜡烛的蜡油、牛奶和人体皮肤等)都是半透明材质(Translucent Materials)。撞击这些材质的光子将进入物体,散射到表面下方,并出现在不同的位置(见图 8.10)。因此,这种材质具有独特的柔软外观。图 8.9 就展示了这种柔和的外观,而这是仅对局部光反射建模的双向反射分布函数无法捕捉到的。

图 8.9　小型大理石马匹雕塑(从头到尾 5 厘米)的两幅渲染效果图。左图使用了双向反射分布函数建模,而右图则考虑了次表面散射。双向反射分布函数无法捕捉到大理石等材料的独特柔软外观。右图是使用参考文献[80]中提出的模型和路径追踪扩展方法计算的。这些图像还说明:半透明度(Translucency)是估计物体大小的重要视觉提示

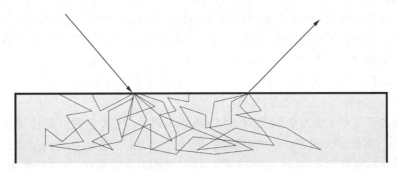

图 8.10　次表面散射。进入半透明材质的光子在它们重新出现在表面上的不同位置之前将经历潜在的大量散射事件

原则上,可以使用先前讨论的用于参与介质的任何算法来处理半透明。但是,诸如大理石和牛奶之类的材质是高度散射的并且看上去很厚。例如,进入大理石物体的光子将在被吸收或再次出现在表面上之前散射数百次。在这种情况下,基于光子轨迹追踪的算法非常缺乏效率。当然,可以使用漫射近似。

通过扩展本书 2.5.1 节中介绍的光反射模型,可以按更宏观的方式处理半透明度,这样的话,光线就可以反射到与进入材质的位置不同的地方:

$$L(y \rightarrow \Theta) = \int_S \int_{\Omega_x^+} L(x \leftarrow \Psi) S(x, \Psi \leftrightarrow y, \Theta) \cos(N_x, \Psi) d\omega_\Psi dA_x \qquad (8.12)$$

函数 $S(x, \Psi \leftrightarrow y, \Theta)$ 被称为双向表面散射反射分布函数(Bidirectional Surface Scattering Reflectance Distribution Function, BSSRDF, 单位[$1/m^2sr$])。它取决于两个表面位置而不是一个, 但除此之外它起着完全相同的作用, 并且具有与双向反射分布函数类似的含义。

Hanrahan 等人(详见参考文献[63])和 Jensen 等人(详见参考文献[80])提出了双向表面散射反射分布函数的实用模型。前一个模型基于渲染方程(见方程(8.9))在同质介质平板(Planar Slab)中的解析性求解结果, 仅考虑单个散射。后一种模型则是基于对同质介质填充的无限厚平板中的漫射方程(见式(8.11))的近似解析性求解结果。它看起来如下所示:

$$S(x, \Theta \leftrightarrow y, \Psi) = \frac{1}{\pi} F_t(\eta, \Theta) R_d(x, y) F_t(\eta, \Psi) \qquad (8.13)$$

$$R_d(x, y) = \frac{\alpha'}{4\pi} \left[z_r(1 + \sigma_{tr} d_r) \frac{e^{-\sigma_{tr} d_r}}{d_r^3} + z_v(1 + \sigma_{tr} d_v) \frac{e^{-\sigma_{tr} d_v}}{d_v^3} \right]$$

$F_t(\eta, \Theta)$ 和 $F_t(\eta, \Psi)$ 分别表示在 x 处的 Θ 和在 y 处的 ψ 的入射/出射方向的菲涅耳透射率(详见本书 2.8 节)。参数 η(相对折射率), $\alpha' = \sigma_s'/\sigma_t'$ 和 $\sigma_{tr} = \sqrt{3\sigma_a \sigma_t'}$ 是材质特性(Material Property)(在 8.1.10 节中有对 σ_s'、σ_t' 和 σ_{tr} 的介绍)。z_r 和 z_v 是一对假想的点光源位于 x 上方和下方的距离(见图 8.11), 而 d_r 和 d_v 则是 y 和这些光源点之间的距离。z_r 和 z_v 将根据材质参数计算(详见参考文献[80])。Jensen 等人还提出了确定材质常数(Material Constant)σ_a 和 σ_s' 的实用方法, 并给出了若干种很有意思的材质(例如大理石和人体皮肤)的值(详见参考文献[80、76])。

底部的图表显示了由次表面散射 R_d 引起的反射效应(次表面散射使用了参考文献[80]提供的已测量的大理石样本的参数)。$R_d(r)$ 表示由于初始点处的单位入射功率而在平面中产生的距离为 r [mm] 的辐射度。通过该图表可以看到, 在大理石中, 次表面散射在几毫米的距离内是很明显的。该图还解释了在较大距离处观察到的强烈的颜色滤波效果。图 8.9 中的右图就是以这种模型计算的。

人们已经提出了若干种利用双向表面散射反射分布函数模型来渲染图像的算法。在路径追踪和类似算法中, 要计算半透明物体上的点 x 处的直接照射, 需要采用在 y 处而不是在 x 处追踪的阴影射线, 而这个 y 的位置则是通过在物体表面上随机采样获得的(详见参考文献[80])。在式(8.13)中, Jensen 模型核心的因子 $R_d(x, y) = R_d(r)$ 仅取决于点 x 和 y 之间的距离 r。$R_d(r)$ 可以用作概率分布函数, 以对距离 r 进行采样, 然后在物体表面上选择点 y, 这个点 y 和 x 的距离就是 r。图 8.9 中的右图即是以这种方式渲染完成。

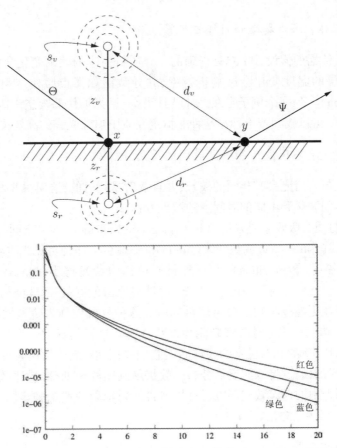

图 8.11　由 Jensen 提出的双向表面散射反射分布函数模型（BSSRDF）基于偶极源近似（Dipole Source Approximation）：一对假想的点光源 s_r 和 s_v 放置在表面点 x 的上方和下方。这些点光源相对于 x 的距离 z_r 和 z_v 由减少的散射系数 σ_s' 和物体内介质的吸收系数 σ_a 计算（详见参考文献[80]）。双向表面散射反射分布函数模型还取决于表面点 y 与这些点光源之间的距离 d_r 和 d_v

　　在参考文献[76]中已经提出了利用诸如光子映射之类的算法扩展到全局照明。在参考文献[109]中，可以找到和辐射度类似的方法，这使得开发人员能够在一些预处理之后以交互方式改变观察和照明的条件。

8.1.12　偏振、干涉、衍射、荧光、磷光和非恒定介质

　　到目前为止，本章已经讨论了如何扩展渲染方程以处理参与介质和非局部光反射。下面将介绍如何克服第 2 章中提出的更多近似值问题。

1. 非恒定媒体: 海市蜃楼和闪烁之星等

光线沿直线传播的假设并不总是正确的。介质折射率的逐渐变化会导致光线弯曲。例如,地球大气层的温度变化会影响折射率,并导致诸如海市蜃楼之类的半空中反射(Midair Reflection)。另一个例子是在一片皓月当空、星光灿烂的夜空中闪烁的星星。在参考文献[184]中可以找到若干种在这种非恒定介质中追踪光线的高效技术。

2. 荧光和磷光: 不同波长和不同时间的反射

假设反射光与入射光具有相同的波长,并且散射是瞬时的,这使得开发人员可以独立而并行地求解不同波长和不同的时间点的渲染方程。

但是,有些材质会吸收电磁辐射(Electromagnetic Radiation)并在不同的波长下再辐射它。例如,紫外线(Ultraviolet)或红外线(Infrared)辐射可以作为可见光再辐射。如果(几乎)立即发生再辐射(Reradiation),则这种材质被称为荧光材质(Fluorescent Material)。荧光物体的例子包括荧光灯泡、便利贴和某些"洗得比白色更白"的洗涤剂。

其他材质仅在更晚些时候才会出现再辐射。这种材质被称为磷光材质(Phosphorescent Materials)。磷光材质有时会将光能存储数小时。这样的材质示例包括某些夜光手表的表盘和小图片(例如儿童卧室的装饰品),它们在夜间重新辐射白天吸收的照明。

荧光和磷光可以通过将双向反射分布函数扩展到矩阵来处理,描述散射中不同波长之间的交叉。磷光中的延迟效应可以通过扩展自发射辐射的概念来建模,记录过去的入射光照(详见参考文献[53、226])。

3. 干扰: 肥皂泡等

当两个相同频率的波在某个地方相遇时,它们将根据它们的相位差异相互抵消或放大。这种效应被称为干扰(Interference),并且可以被观察到。例如,在(不太拥挤的)游泳池的水面波纹中就可以观察到。电磁辐射以及光线也具有波动特性(详见本书2.1节),并且可能受到干扰。例如,如果两个无线电台以相同的短波频率进行广播,那么就会出现无线电爱好者所熟知的无线电波的干扰,并且会导致所谓的墨西哥狗(Mexican Dog)效应。在透明薄膜的反射中可以观察到光波的干扰,并会产生一种称为牛顿环(Newton Rings)的彩色效应。例如,通过肥皂泡或洒在地上的汽油均可以观察到这种现象。

干扰现象可以通过波幅的增加来解释,并需要正确考虑波的相位。推导出渲染方程的电磁辐射传输理论则是基于功率的增加而不是波幅,并忽略了相位效应(Phase Effect)。但是,可以扩展光线追踪以考虑相位效应。Gondek 等人(详见参考文献[55])

使用这种光线追踪程序作为虚拟的角度反射计(Gonio - Reflectometer)来计算能够再现干扰效应的双向反射分布函数(见图 8.12)。

图 8.12　透明薄膜涂层的光线干扰会对这些太阳镜造成色彩缤纷的反光。用于渲染该图像的双向反射分布函数模型已经使用波相感知(Wave - Phase - Aware)光线追踪程序计算(图片由俄勒冈大学的 Jay Gondek、Gary Meyer 和 John Newman 提供)

4. 衍射:光盘和拉丝金属

衍射(Diffraction)是导致其他彩色光散射效应的原因,例如在光盘表面或拉丝金属表面。衍射可以被视为源自附近位置的连贯次级球面波(Coherent Secondary Spherical Wave)的干扰。当光在表面特征处散射时,可以观察到其尺寸与光的波长(约 0.5 微米)相当。例如,CD - ROM 表面上的孔就是这种大小。它们也是有规律地间隔的,因此它们可形成所谓的衍射光栅(Diffraction Grating)。由于衍射也是一种波效应,因此在光的传输理论中没有考虑到它。在某些粗糙表面的反射中观察到的衍射可以通过适当的双向反射分布函数来模拟(详见参考文献[186])。图 8.13 显示了使用这种衍射着色程序渲染的图像。

5. 偏振

光的偏振是户外摄影师所熟知的效应,他们常使用偏振滤光片(Polarization Filter)使天空在他们拍摄的作品中显得更加纯净。只要在光滑表面发生多次镜面反射和折射,它就会发挥重要作用。偏振效应的示例包括光学仪器、多面水晶物体和宝石等。

可以通过将电磁辐射视为两个横波(Transverse Wave)的叠加来解释偏振,这里所说的两个横波将在彼此垂直的方向和传播方向上振荡。

图 8.13　这张 CD－ROM 上的彩色反光是由于衍射造成的。衍射与光的波动性质一样,所以在光的传输理论中没有考虑到它。但是,在某些粗糙表面的反射中的衍射可以包含在双向反射分布函数模型中(图片由 Alias｜Wavefront 公司 Jos Stam 提供)

　　一般来说,这些波的相位之间没有相关性,因此可以观察到平均特性。这种光被称为非偏振光或自然光(Natural Light)。大多数光源发出的都是自然光。但是,光也常会因为散射而出现偏振现象。例如,菲涅耳方程(详见本书 2.8 节)展示了两个分量如何在光滑的表面边界处以不同的强度反射和折射。Rayleigh 的相位函数(详见参考文献[22,第 1 章])模拟了空气分子散射的光出现偏振的方式。户外摄影师常利用后者。

　　为了完全描述光的偏振态,需要 4 个参数。在光学文献中,通常使用两个分量波的幅度和相位相关函数。在光的传输理论中,由于 Stokes 方法的出现(详见参考文献[75,第 7 章]和[22,第 1 章]),使用不同的参数化更为方便。

　　从全局照明程序开发人员的角度来看,表现偏振光特征的主要问题是：它可以通过 4 个辐射亮度函数表征,而不仅仅是一个。表面和体积散射由双向散射分布函数的 4×4 矩阵或相位函数描述,它可以对 4 个辐射分量中任何一个在散射前和散射后之间的交叉进行建模。Wilkie 等人(详见参考文献[226])已经在随机光线追踪程序中实现了这一点。如图 8.14 所示就是他们渲染的一些示例效果。

8.2　图像显示和人类感知

　　到目前为止,本书中的大部分讨论都集中在为最终图像中的每个像素计算正确的辐射值。这些值以辐射亮度测量,辐射亮度表示每个立体角每个表面积的能量总量,并且可

图 8.14　这些图像显示了左侧玻璃块中反射的光的偏振(菲涅耳反射)。它们显示了相同的场景,但在虚拟摄像机前面有一个不同的滤光片:水平偏振滤光片(左图),垂直偏振滤光片(中间图片)和50%中性灰色(非偏振)滤光片(右图)(图片由奥地利维也纳技术大学 A. Wilkie 提供)

以在空间和特定方向的特定点测量。但是,这些基于物理的辐射亮度值不能充分表达人眼感知的不同照明水平的明亮程度。人类视觉系统对变化的照明水平没有线性响应。通过了解人类视觉系统对入射在眼睛受体上的光做出反应的方式,即可对图像显示或光传输分布计算等各个方面进行改进。

针对典型场景的全局照明求解结果可能包含许多不同级别的照明。最典型的例子就是太阳存在的场景。这种非常明亮的光源的辐射亮度水平远高于场景中的任何其他表面(除了可能存在的其他人工非自然光源)。对于某些场景,最低和最高辐射亮度水平之间的比率可能高达 10^5。图 8.15 显示了各种不同色调映射运算结果,而图 8.16 则显示了图 8.15 中所示的环境地图的对数图,并且该图中存在 5 个数量级。由日光、人造光或夜空照亮的相同场景也可能产生非常不同的照明水平。典型的亮度级别从星光的每平方米 10^{-3} 坎德拉(Candela,发光强度的单位,简称"坎",符号为 cd)到明亮的阳光每平方米 10^5 坎德拉不等。因此,重要的是设计能够在所需输出设备上映射这些不同强度范围的程序,同时保持辐射测量精确图像中存在的高强度比的感知真实性。

正如人们每天都经历的那样,人眼可以快速适应各种不同的照明水平。例如,人们可能在一个黑暗的房间中看到房间的特征,同时又能透过窗户看到室外明亮的场景。汽车驾驶员在离开隧道时可以迅速适应从黑暗到阳光的转变,反之亦然。这个过程称为视觉适应(Visual Adaptation)。不同的机制负责人眼的视觉适应:

- 受体类型。人类视网膜中有两种类型的受体,并且以它们各自的形状命名:视锥细胞(Cones)和视杆细胞(Rods)。视锥细胞受体对颜色和明亮的照明最敏感;视杆细胞在较低的照明范围内对视觉敏感。通过使两种类型的受体对不同的照明条件敏感,人类视觉系统能够适应不同的照明水平。

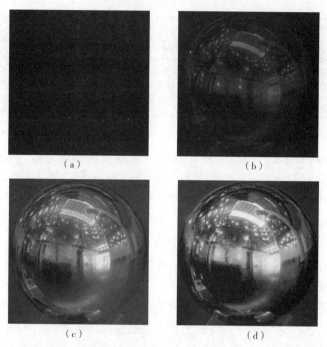

(a) (b) (c) (d)

图 8.15　各种色调映射算子。(a) 线性缩放;(b) 伽马缩放;(c) 简单的亮度敏感度模型;(d) 人类视觉系统的复杂模型

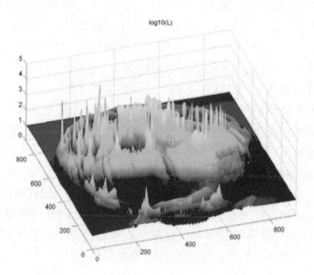

图 8.16　在图 8.15 所示场景中反射的环境的高动态范围照片的亮度值

- 感光色素漂白。当受体对入射光起反应时,强光可能使受体不那么敏感。但是,当受体适应新的照明水平时,在短时间后即可恢复这种敏感度损失。
- 神经机制。大多数视觉神经元仅在整个入射照射范围的非常窄的范围内做出线性方式的响应。

视觉适应也高度依赖于背景照明强度。当暴露于高背景照明时,光感受器(Photoreceptor)变得饱和并且对任何进一步增加的强度失去其敏感度。但是,经过一段时间后,响应会逐渐恢复到以前的水平,敏感度(Sensitivity)也恢复到以前的水平。因此,背景照明水平或适应性亮度(Adaptation Luminance)是确定视觉适应状态的重要因素。

所有这些因素都是通过实验数据获得的。有大量的心理物理数据,可以在不同的条件下量化人类视觉系统的性能。

8.2.1　色调映射

色调映射算子(Tone - Mapping Operator)解决了如何在具有较低可显示强度范围的显示设备上显示高动态范围图像(High Dynamic Range Picture)的问题。例如,典型的监视器只能显示 0.1 到 $200cd/m^2$ 的亮度值。根据监视器的类型,动态范围(最高和最低可能发射强度之间的比率)可以是 1∶1000 到 1∶2000(当然,随着新的高动态范围显示技术的引入,这一比例正在稳步增长),所以,必须精确地执行将高动态范围图像中存在的大范围亮度值(Vast Range of Luminance Value)映射到目前这个非常有限的显示范围(1∶1000 到 1∶2000),以便保持图像的感知特性(Perceptual Characteristic),使得人类观察者能接收到和查看原始图像相同的视觉刺激。

要在图像中显示不同的照明范围,有一个非常简单的解决方案,那就是通过将图像的强度范围线性缩放到显示设备的强度范围内,这相当于通过调整光圈或快门速度来设置相机的曝光,并导致图像显示为使用这些特定设置拍摄的图像。但是,这并不是一个可行的解决方案,因为它导致的结果可能是以下两种情况之一:①明亮区域均可见,但是比较暗的区域曝光不足;②比较暗的区域可见,但是明亮区域可能过度曝光。这两种结果都不是开发人员想要的。事实上,即使将图像的动态范围落在显示器的限制范围内,但如果仅通过单个比例因子(Scale Factor)区别其照明水平,那么这两幅图像仍将以简单的线性缩放方式映射到相同的显示图像,从而产生不尽如人意的结果。例如,由明亮的阳光照射的虚拟场景在显示器上产生的图像,可能与由月光或星光照射的相同场景产生的图像相同。所以,应保留诸如颜色感知和视敏度(Visual Acuity)差异等效果,这些效果将随着不同的照明水平而发生变化。

由此可见,通过利用人类视觉系统的局限性来显示高动态范围图像,则色调映射算子必须以比线性缩放更优化的方式工作。通常情况下,色调映射算子将为图像中的每个像素创建比例因子。该比例因子基于像素的局部适应亮度以及像素的高动态范围值。结果通常是可以在输出设备上显示的 RGB 值。不同的色调再现算子(Tone‐Reproduction Operator)在如何计算每个像素的局部自适应亮度方面存在差异。一般来说,可以在每个像素周围的窗口中计算平均值,但是也有一些算法将这些计算转换为场景中存在的顶点。

不同的算子可以分为不同的类别(详见参考文献[74]):

- 色调映射算子可以是全局的,也可以是本地的。全局算子对图像中的所有像素使用相同的映射函数,而不是局部算子,其中,映射函数对于图像中的每个像素或像素组可以是不同的。全局算子的计算成本通常很低,但是对大的动态范围比率处理则无法做到尽善尽美。局部算子可以获得更好的对比度降低,因此可以更好地压缩动态范围,但是它们会在最终图像中引入伪影,例如对比反转(Contrast Reversal),从而在高对比度边缘附近产生黑白边(Halos)现象。

- 可以在经验算子和基于感知的算子之间进行第二项区分。经验算子试图争取诸如细节保留之类的效果,避免伪像或动态范围的压缩等。基于感知的算子尝试生成在人类视觉系统观察时与真实场景在感知上相同的图像。这些算子考虑了诸如在不同照明水平下视力丧失或颜色敏感度之类的影响。

- 最后一项区分可以在静态或动态算子之间进行,具体取决于是仅想要映射静止图像还是要映射运动图像的视频序列。时间一致性(Time‐Coherency)显然是动态算子的重要组成部分。可以使用这些动态算子对诸如从昏暗环境到明亮环境的突然变化(经典示例是汽车驾驶员进入或离开隧道)之类的效果进行建模。

常用的色调映射算子包括以下内容:

- Tumblin‐Rushmeier 色调映射算子(详见参考文献[199])是第一个用于计算机图形的色调映射算子。该算子通过尝试将图像中某个区域的感知亮度(Perceived Brightness)与输出显示器上相同区域的亮度相匹配来保持场景中的感知亮度。当亮度变化很大并且远高于可以感知亮度差异的阈值时,它表现良好。

- Ward(详见参考文献[222])开发的色调映射算子可以保留阈值可见性(Visibility)和对比度(Contrast),而不是像 Tumblin‐Rushmeier 算子那样的亮度。该技术保持了感知阈值的可见性(另见下面的 TVI 函数)。Ferwerda 等人开发了一种类似的算子(详见参考文献[47]),该算子也保留了对比度和阈值可见性,但同时试图在不同的照明条件下再现颜色和视敏度的感知变化。

- Ward 还开发了一种基于直方图的技术(详见参考文献[51]),该技术通过重新分配局部适应值来工作,从而实现利用整个显示亮度范围的单调映射(Monotonic Mapping)。该技术与先前的方法有些不同,因为其自适应亮度不直接用于计算比

例因子。而是将所有自适应和亮度值用于构建从场景亮度到显示亮度值的映射
函数。

- 人们还开发出了若干个取决于时间的色调算子(详见参考文献[141]),这些算子
  考虑了视觉适应的时间依赖性,从而可以模拟出相关的效果。例如,当从黑暗的
  房间走入明亮的阳光下时所产生的明亮闪现(Flash)效果。这些算子明确地模拟
  了感光色素漂白的过程,由于视觉适应水平(Visual Adaptation Level)的时间依赖
  性,感光色素漂白过程将主要负责对这些变化的影响做出响应。

图 8.15 显示了在球体反射环境的高动态范围图像上应用一些色调映射算子的结果,
其中实际亮度值如图 8.16 所示。图 8.15(a) 显示了当原始高动态范围图像线性缩放到
显示设备的亮度范围时的结果图像。图 8.15(b) 应用了简单的伽马缩放(Gamma
Scaling),其中显示的强度与亮度(Luminance $^{1/\gamma}$)成比例。图 8.15(c) 使用了人眼的亮度
敏感度的简单近似,方法是使显示的值与 $\sqrt[3]{Lum/Lum_{ref}}$ 成比例,其中,Lum_{ref} 与场景中的平
均亮度成比例,这样就可以使得平均亮度将以显示器强度的一半显示。该模型以牺牲图
像对比度为代价来保持饱和度(Saturation)。图 8.15(d) 使用了一个更复杂的人类视觉
系统模型(Ward 的直方图方法),它结合了上述一些因素。

对色调映射算子的研究仍在继续,开发人员需要充分利用对人类视觉系统感知图像
方式的新理解,以及新的可用显示技术。在参考文献[37]中可以找到对各种算子的概括
性总结,而在参考文献[108]中,则提供了对使用高动态范围显示的各种色调映射算子的
评估,并且使用了案例研究的方式,以确定哪些算子在不同条件下的效果最佳。

8.2.2 基于感知的渲染加速技术

有关人类视觉系统方面的知识不仅可以用于设计色调映射算子,还可以帮助加快全
局照明本身的计算速度。例如,人类察觉到照明变化的能力会随着空间频率和移动速度
的增加而下降。那么,如果这些因素都是已知的,则可以计算出一个余量(Margin),在该
余量内可以容忍计算出的照明值中的误差,而不会在最终图像中产生明显的影响。从物
理角度来看,这些是辐射测量值中容许的误差,但是从感知的角度来看,人类视觉系统将
无法检测到它们。因此,速度的提高源于仅计算人类视觉系统能够看到的内容。

在有关照明渲染方面的文献中已经提出了若干种加速算法,每种加速算法都试图利
用人类视觉系统的某个特定方面或多个方面的组合。人类视觉的主要局限性可以通过若
干函数来表征,这些函数可以描述如下。

- 阈值与强度对比函数(TVI)。阈值与强度对比函数(Threshold Versus Intensity
  Function)描述了人类视觉系统在光照变化方面的敏感度。给定一定程度的背景

照明,TVI 值描述了人眼仍然可以检测到的最小的照明变化。背景照明越亮,则眼睛对强度差异的敏感度就越小。

- 对比敏感度函数(CSF)。TVI 函数是均匀照明场(Uniform Illumination Field)敏感度的良好预测器。然而,在大多数情况下,亮度分布并不是均匀的,而是在视野范围内在空间上的变化。对比敏感度可以通过正弦波条纹来检查人眼的分辨能力,而对比敏感度函数(Contrast Sensitivity Function)则描述了人眼的敏感度与照明的空间频率的比较。在视野范围内,对比敏感度最高为每度(Degree)约 5 个循环(Cycle)的值,并且当空间频率增加或减少时,其值减小。

- 其他机制。还有其他机制也可以描述人类视觉系统运行的原理,例如对比度遮蔽(Contrast Masking)、时空对比敏感度(Spatio‐Temporal Contrast Sensitivity)、色彩对比敏感度(Chromatic Contrast Sensitivity)和视敏度(Visual Acuity)等。有关这些机制的详细信息,可以查阅相应的资料。在参考文献[47]中提供了对这些不同机制的良好阐述。

1. 视觉差异预测器

为了设计基于感知的加速渲染技术,有必要能够比较两幅图像并预测人类观察者对它们的感受差异。最著名的视觉差异预测器(Visual Difference Predictor)是由 Daly 提出的预测器(详见参考文献[35])。给定必须比较的两幅图像,执行各种计算,以测量图像在被感知方面的差异。这些计算考虑了 TVI 敏感度、对比敏感度函数以及上述其他机制和心理测量函数(Psychometric Function)。其结果也是一幅图像,该图像可映射预测两幅图像之间的局部可见差异。

2. 最大似然差异衡量

要对图像进行比较,还有一种不同的方法学(Methodology),那就是基于观察者的感知测试,以获得许多刺激(Stimuli)的质量尺度(Quality Scale)。在参考文献[117]中提出的最大似然差异衡量(Maximum Likelihood Difference Scaling, MLDS)方法可用于此类测量。

当想要根据质量尺度对图像进行分级(Rank)时(例如,对图像进行不同精度水平的分级,以便计算诸如阴影之类的照明效果),可以向每个观察者呈现 2 对图像的所有可能组合。然后,观察者必须根据所要求的标准指出哪一对具有最大的感知差异。与以前的方法相比,这种方法有几个优点,需要观察者对刺激本身进行分类或进行成对比较(详见参考文献[135])。由参考文献[114]引入的这类方法依赖于一个事实,即观察者在刺激之间的随机性选择表现,因此,刺激可能只是由一些明显不同的差异引起的。通过使用两幅图像本身之间的感知距离作为刺激,可以克服这种限制,并且可以研究更大的感知范围。

一般来说,可以选择略微黑暗的环境,在监视器上同时呈现两对图像。观察者可能不知道测试的目标,并且所有人都应该收到相同的指示。从得到的测量结果中,可以计算分级,从而计算出图像的质量尺度。每幅图像都应该进行分级,并且可以计算质量的增减。像这样的分级即可用于设计渲染算法。

3. 基于感知的全局照明算法

有很多种方法可以将人类视觉系统的限制转换成可行的全局照明算法,这在文献中已有描述。大部分工作都集中在两个不同的目标上:

- 停止的标准。大多数全局照明算法将计算通过像素可见的辐射亮度,其方法是使用适当的过滤器对像素区域进行采样。每个样本通常会在场景中产生随机游走。蒙特卡罗积分方法告诉开发人员,样本数越多,则方差越小,由此图像中可见的随机噪声也越少。实际上,样本数通常设置为"足够高"以避免任何噪声,但最好让算法决定样本数量的多少。感知测试就提供了这样一个帮助做决定的标准,它可以根据像素的上下文决定何时可以停止绘制其他样本而不会明显影响最终图像。
- 分配资源。在渲染算法中,可以根据需要在不同的级别辅助使用感知测试结果。全局照明算法通常采用不同的、甚至往往是独立的策略来计算光传输的各种分量。例如,计算直接照明时使用的阴影射线的数量,或者间接照明光线的数量,这些分量通常就是按彼此独立的方式选择的。可以预期,在最佳的全局照明算法中,每个渲染分量的样本数量的分配也应该是可以选择的,选择的根据就是特定照明分量在最终图像中具有的感知重要性。

第一个使用感知误差度量(Perceptual Error Metrics)的全局照明算法是由 Myszkowski(详见参考文献[122])和 Bolin 和 Meyer(详见参考文献[115])提出的。这些算法利用了 TVI 敏感度、对比度敏感度和对比度遮蔽等原理。Myszkowksi 使用了 Daly 视觉差异预测器来对两种不同的算法进行加速:随机光线追踪程序和分层辐射度算法。这两种类型的算法都将计算场景中光传输的不同迭代,以便产生最终图像。在每次迭代之后,将目前最新计算获得的图像与上一次迭代产生的图像进行比较。如果视觉差异预测器指示没有视觉差异,则意味着图像的那些区域被认为已经收敛,并且不需要进一步的工作。

在他之后,Bolin 和 Meyer 也提出了对随机光线追踪程序进行加速的方法。同样,在每次迭代(其中有大量样本分布在像素上)之后,视觉差异预测器将生成一个地图,该地图指示图像的哪个位置需要更多的辐射亮度样本以尽可能地减少视觉差异。这样,在下一次迭代期间,该算法就会控制图像平面中的采样函数。这两种算法的缺点在于:它们需要非常频繁地评估它们各自的视觉差异预测器,因此计算成本非常高昂,几乎达到了让所实现的感知加速失去意义的程度。

Ramasubramanian 等人则提出了一种非常有前景的方法(详见参考文献[116]),解决了在全局照明计算期间必须进行计算成本非常昂贵的视觉差异预测器评估的问题。它没有在执行各种迭代之后评估视觉差异预测器,也没有比较到目前为止最新的图像,而是构建基于物理的辐射误差度量。该误差度量仅在辐射光传输模拟期间使用,这样就不再需要通过使用视觉差异预测器对感知域进行转换。该算法在光传输模拟期间将为给定中间图像计算阈值图(Threshold Map),该阈值图可以为每个像素指示人类观察者将无法感觉到的辐射亮度值的差异。此误差度量基于 TVI 函数、对比敏感度和空间遮蔽(Spatial Masking)。在每次迭代之后,只有那些评估成本很低的分量才会重新计算,以完成新的阈值图。计算成本很高的空间频率效果(Spatial - Frequency Effect)仅在算法开始时计算,计算的方式是使用整体环境照明的合理猜测,以及通过使用场景中存在的纹理图的信息。如果最近两次迭代之间的辐射测量差异落在当前阈值图的限制之内,则停止迭代光传输算法。

对于移动图像的渲染加速问题,目前也已取得了一定的成绩。Myszkowski 开发出了动画质量度量(Animation Quality Metric)方法(详见参考文献[84]),其中假设眼睛跟随场景中的所有移动物体,因此移动场景可以简化为静态场景。Yee 等人明确使用了时间信息(详见参考文献[227]),通过时空对比敏感度(Spatiotemporal Contrast Sensitivity)以及对运动和视觉注意(Visual Attention)的近似估计来生成特征图(Saliency Map)。该图仅计算一次,并用作启示信息来指导每帧的图像计算,避免在动画的每一帧期间多次使用计算成本非常高昂的视觉差异预测器。

Dumont 等人描述了用于交互式真实感渲染的感知驱动决策理论(Perceptually Driven Decision Theory)(详见参考文献[40])。不同的渲染操作根据它们的感知重要性进行排序,从而在系统约束内产生高质量的图像。该系统使用图形硬件中基于地图的方法来模拟全局照明效果,并且能够生成具有复杂几何体、光照和材质属性的场景的交互式漫游。

Stokes 等人介绍了使用视觉指标进行高质量全局照明渲染的新方法(详见参考文献[187])。该方法将场景的全局照明分为直接和间接两个部分,也基于表面相互作用的类型(即漫反射或光泽表面)。对于这些分量中的每一个,都确定其感知重要性(Perceptual Importance),这样就可以针对不同的照明分量按最佳的方式分配计算时间,目标是实现交互式渲染,并在给定时间范围内生成最高质量的图像。为了确定每个照明分量的感知重要性,可以执行类似于最大似然差异衡量的测试。该方法还提出了假设的感知分量渲染器(Perceptual Component Renderer),在使用它之后,用户可以根据应用和图像的期望质量来分配资源。

展望未来,开发人员将可望在渲染算法中更加巧妙地使用感知标准,不仅可以更快地计算高质量的图像,而且还可以渲染不必包含所有可能照明效果的图像。例如,对于正确感知的充满真实感的场景来说,非常柔和的阴影就并不总是必须的,但它们却很可能需要耗费大量的计算资源才能正确计算。在这种情况下,渲染算法可以插入该阴影的粗略近似值,而不会让人类观察者注意到某些东西其实有"瑕疵"。像这样的渲染算法,就是朝着智能渲染的方向迈出了重要的一步,因为它仅渲染那些"大脑可以看到的"特征而不是渲染眼睛能看到的东西,这将是未来更细致的研究方向。Sattler 等人关于阴影生成的研究(详见参考文献[156])、Ferwerda 等人关于形状感知的研究(详见参考文献[48])以及 Rademacher 等人关于场景复杂性对于感知现实主义的影响的研究(详见参考文献[150])都已经朝这个方向迈出了坚实的步伐。

8.3　快速全局照明

光线追踪是一个灵活而又强大的范例,可以生成高质量的图像。但是,与硬件渲染相比,其交互式应用程序的性能一直以来都显得太慢。随着最近中央处理器(CPU)速度的增长和可编程图形处理器(GPU)的进步,人们越来越关注将光线追踪用于交互式应用程序。

最近对光线追踪算法进行加速的方法有两种类型:稀疏采样和重建,以及快速光线追踪系统。第一种方法通过稀疏采样着色值(Shading Value)并重复使用这些着色值,以尽可能按交互速率来重建图像,缩短处理器和渲染速度之间的性能差距。这些系统利用(在图像中的)空间相干性和(从帧到帧的)时间相干性来减少必须被追踪以产生图像的光线的数量。而第二种方法快速光线追踪系统则使用了高度优化的光线追踪程序来降低追踪任何给定光线的成本。这些系统通常被称为强力(Brute-Force)方法,因为它们的重点是尽可能快地追踪所需的所有光线。以下将介绍这两种方法最近的研究。图 8.17 展示了它们的一些示例。

8.3.1　稀疏采样:利用一致性

稀疏采样(Sparse Sampling)方法试图通过利用空间和时间的一致性来缩短处理器性能和渲染速度方面的巨大差距。这些技术可以稀疏地对着色值进行采样并缓存这些值。然后在可能的情况下,通过内插这些缓存的值实现以交互速率生成图像。因为它们是稀疏地对着色值进行采样,有时甚至是可见度,所以它们可以显著减少每帧必须追踪的光线数量。

(a)渲染缓存[Walter, Drettakis, Parker]

(d)Utah 的交互式光线追踪[Martin 等人]

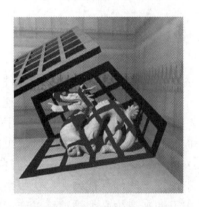

(b)边缘和点[Bala, Walter, Greenberg]

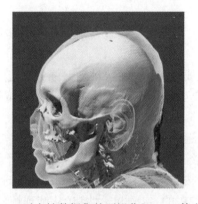

(e)Utah 对女性数据集的可视化[Parker 等人]

(c)4D 辐射亮度插值[Bala, Dorsey,Teller]

(f)相干光线追踪[Wald, Slusallek]

图 8.17　使用交互式渲染系统生成的图像。左侧列是使用稀疏采样和插值方法生成的图像：
(a) 渲染缓存,(b) 边缘和点,(c) 4D 辐射亮度插值。右侧列是非常快速的光线追踪程序：(d) Utah 的
交互式光线追踪,(e) Utah 对女性数据集的可视化,(f) 相干光线追踪

现在来简要讨论一下这些方法。区分这些方法的一个主要特征是它们如何缓存和重复使用样本。可以根据采样和重建的方式将这些算法分类为：图像空间（Image Space）、世界空间（World Space）或线条空间（Line Space）方法。

1. 图像空间

渲染缓存（详见参考文献[211、212]）是一种图像空间算法，它通过将图像的显示与着色的计算分离来缩短处理器性能和渲染速度之间的性能差距。显示进程同步运行，并从异步运行的着色过程接收着色更新。使用着色过程返回的值更新着色样本（表示为具有颜色和位置的三维点）的固定大小缓存（渲染缓存）。当用户遍历场景时，渲染缓存中的样本将逐帧重新投影到新视点（类似于基于图像的重投影技术[16]）。该算法使用启发式方法来处理由重新投影引起的空洞（Disocclusion）和其他伪像，它通过在 3×3 像素相邻区域中内插样本来重建新视点处的图像。这种插值过滤可以抹去伪影，并消除由于样本可用性不足而可能出现的空洞。它还可以在每个帧处计算优先级映射，以确定需要新样本的位置，而老化的样本则被新样本替换。

渲染缓存以交互速率生成图像，同时每帧仅采样一小部分像素。通过将着色程序与显示过程分离，使得渲染缓存的性能仅取决于重新投影和插值，而基本上与着色程序的速度无关。这意味着渲染缓存可以用于具有慢速（高质量）渲染程序（例如路径追踪程序）的交互式渲染。渲染缓存的一个缺点是图像可能具有视觉上令人反感的伪像，因为插值可能会模糊图像中的尖锐特征，或者重新投影可能会计算出与视图无关的不正确效果。

边缘和点（Edge – and – Point）渲染系统（详见参考文献[9]）通过分析，将计算的不连续性和稀疏样本以交互速率重建高质量图像的方法结合起来，解决了稀疏采样和重建算法中图像质量较差的问题。这种方法引入了一种高效的表示方法，称为边缘和点图像，用于将感知上很重要的不连续点（即边缘，例如轮廓和阴影）与稀疏的着色样本（点）相结合。如果着色样本被边缘分开，则它需要保持为不变量（Invariant），即着色样本永远不会被插值。可以使用基于渲染缓存的方法来建立缓存、重新投影和插入着色值，同时满足这种和边缘相关的不变量。不连续性信息还可以进一步用于快速抗锯齿（Fast Antialiasing）。边缘和点渲染程序能够以交互速率生成高质量的抗锯齿图像，每帧使用非常低的采样密度。边缘和点图像以及图像过滤操作非常适合 GPU 加速（详见参考文献[205]），从而实现更高的性能。

2. 世界空间

以下技术可以在对象或世界空间中缓存着色样本，并使用无处不在的光栅化硬件来插入着色值以实时计算图像。

Tapestry 算法(详见参考文献[176])可以计算一个三维世界空间网格的样本,其中的样本使用慢速、高质量的渲染程序计算(详见参考文献[107]),而在相对于视点的网格投影上则保持德洛内(Delaunay)网格状态,以保证稳健性(Robustness)和图像质量。三维德洛内三角剖分算法是一种新颖的网格生成算法,能够最大限度地保证网格生成的质量和保真度。优先级图像用于确定需要更多采样的位置。随着视点的变化,网格将使用新样本进行更新,同时保持德洛内网格状态。

Tole 等人(详见参考文献[198])引入了着色缓存(Shading Cache)方法,这是一种对象空间分层细分网格(Object - Space Hierarchical Subdivision Mesh),其中顶点的着色也是逐步计算的。网格逐渐使用着色值进行重新定义,如同渲染缓存和 Tapestry 算法一样,它可以通过缓慢而高质量的异步着色过程来计算。网格被重新定义以提高图像质量或处理动态对象。使用优先级图像以确保需要重新定义的贴片具有更高的优先级并进行更新。感知度量用于对样本进行老化处理,以反映和视图相关的变化。即使是使用极慢的异步着色程序(路径追踪程序)和动态场景,这种方法也能实时渲染图像。

以上这两种方法都使用了图形硬件来栅格化它们的网格,并插入了网格样本以计算新图像。在这两种技术中,当样本被累积并添加到网格中时,会出现视觉伪像。当然,随着网格逐渐改进,这些伪像通常也会消失。

3. 线条空间

辐射亮度是光线空间(Space of Ray)上的函数,该空间是一个五维空间。但是,在没有参与介质和遮挡物体的情况下,辐射亮度不会随着光线的变化而变化。因此,在自由空间中,每个辐射亮度样本可以使用 4 个参数来表示,这个空间就被称为线条空间(详见参考文献[57、110])。接下来将讨论在四维线条空间中缓存样本的算法。

辐射亮度插值系统(详见参考文献[10、8、196])将逐步计算辐射亮度采样并将这些采样缓存在四维线树(Four - Dimensional Line Tree)中。树的每个叶子都存储了一个辐射亮度插值(Radiance Interpolant),一组 16 个辐射亮度样本,可以插值以重建位于树叶中的任何光线的辐射亮度。这种方法的一个重要贡献是,它使用了复杂的基于区间的技术来限制由于使用插值近似着色而可能产生的误差。当用户在场景中漫游时,对于图像中的每个像素,系统使用来自可见对象的线树的有效插值(如果可用)来近似像素的辐射亮度。如果没有可用的插值,则使用光线追踪程序渲染像素。该系统在漫游过程中实现了一个数量级的加速,并可成功地为每帧中的大多数像素插入辐射亮度。光线段树(Ray Segment Tree)的使用(详见参考文献[7])进一步扩展了辐射亮度插值系统以支持动态场景(后文有说明)。虽然错误保证(Error Guarantee)机制确保像素永远不会被错误地插值,但是,由于有效插值不可用时像素会被光线追踪,所以该系统对于复杂场景来说可能是非交互的。

　　Holodeck 方法(详见参考文献[218])也可以在四维线条空间中缓存样本。这些光束存储在磁盘上并根据需要恢复以重建图像。基于冯洛诺伊图(Voronoi Diagram,又叫泰森多边形)和类似 Tapestry 算法的德洛内三角剖分(Triangulation)样本使用了不同的重建技术。

8.3.2　动态场景

　　缓存着色值的一个主要挑战是处理动态场景。当物体或灯光在场景中移动时,缓存的着色值可能会变为无效,因此必须进行相应更新。有两个原因导致这个更新应该逐步完成。首先,所有这些算法都在不同程度上假设缓存的值随时间累积。如果要从头开始重新计算所有缓存的值,那么对于交互式使用来说就太慢了。第二个原因是在典型的交互式应用程序中,更新的效果(例如,正在移动的物体)完全可以局部化。①在这种情况下,不必要地更新所有缓存点是毫无效率的做法。

　　有些交互式渲染技术,例如渲染缓存和着色缓存,会对样本进行老化处理,消除过期样本,以确保不时重新计算所有样本。这样可以保证一旦移动的对象静止一定数量的帧,图像最终将是正确的。但是,由于这些方法没有明确地找到场景变化的效果(例如,移动的阴影),并且使样本无效,所以它们不直接处理完全动态的场景。

　　人们已经提出了许多技术来解决动态场景中的样本无效问题。下面将对其中的部分技术作简要的介绍。

　　Drettakis 和 Sillion 在分层辐射度的背景下引入了一个四维线条空间层(详见参考文献[39]),以支持动态场景。当一个物体移动时,这个四维轴(Shaft)的层次结构以交互速率进行转换,以找到由物体移动影响的辐射度链路(Link)。

　　巴拉等人引入了五维光线空间(Five-Dimensional Ray Space)层次结构(详见参考文献[7]),用于在光线追踪环境中更新辐射亮度插值[8]。一个五维树,称为光线段树,用于快速找到所有无效的光线束(这些光线束是因为受物体运动的影响而变成无效的)。该系统开始解决光线追踪应用程序的更新问题,但并不处理全局照明解决方案。选择性光子追踪(详见参考文献[38])方法使用准蒙特卡罗采样序列的周期性特性来快速识别和更新受场景变化影响的光子。这些方法逐步改进了全局照明解决方案,以计算动态场景中的图像。

　　所有这些技术都试图解决在动态场景中有效更新缓存着色值的重要问题。这些方法

---

　　①　有些情况下,这种局部化的效果不正确,例如,当移动灯光时。

必须满足两个具有冲突意味的目标:正确性和效率。一方面,它们必须找到所有受场景变化影响的着色值;另一方面,它们应该避免不必要地使样本无效,因为有很多样本尽管场景发生变化但仍然是准确的。虽然这些方法大有可为,但这仍然是一个需要不断努力的研究领域。

8.3.3　快速光线追踪

越来越快的处理器和可编程 GPU 的可用性正在推动交互式光线追踪系统的研究。这些系统探索光线追踪作为硬件渲染的替代方案,因为光线追踪在渲染复杂场景时具有渐近优越的性能。当加速结构(例如,八叉树、kd 树或分层边界体积)支持光线追踪程序时,单一光线确定可见性的成本通常是场景复杂度的对数。相比之下,硬件、z 缓冲算法可以在每个帧中渲染整个场景,实现线性性能。[①]此外,光线追踪程序非常灵活,可以支持完全通用的高质量渲染效果。因此,光线追踪程序被认为是渲染复杂场景的合理选择。

帕克等人实现了一个高度优化的平行光线追踪程序(详见参考文献[137]),以展示复杂场景的交互式应用程序中光线追踪的效果。他们在 64 位处理器 SGI Origin 2000 上仔细调整了共享内存光线追踪程序,并利用 SGI Origin 的快速同步功能和互连来实现交互式性能。负载平衡用于实现 Origin 的线性加速。他们的光线追踪程序演示了大型场景的渲染,以及科学大数据集(例如,女性数据集和裂缝传播数据集)的可视化。

Wald 等人已经在 PC 集群中实现了交互式光线追踪(详见参考文献[207、208]),同时特别注意内存缓存的性能。传统上,光线追踪程序执行的是光线的深度优先遍历(Depth – First Traversal),具有较差的内存访问模式,而他们的光线追踪程序则通过重新调整光线追踪的顺序来利用一致性,这是一种部分宽度优先(Breadth – First)的评估。[②]它们仅当需要时才在处理器上缓存场景几何体,以避免在多个处理器上的数据复制。这些性能优化提供了一个数量级的加速,并允许它们以交互速率对非常大的场景进行光线追踪。此后,Reshetov 等人引入了诸如分层光束追踪之类的优化方法(详见参考文献[152]),以加速其多级光线追踪程序中的光线追踪性能。

8.3.4　图形硬件和预先计算的辐射亮度传输

现代图形处理单元(Graphic Processing Unit,GPU)是可编程并行处理器,通过支持顶

---

①　如果复杂的分层数据结构支持硬件渲染,则其性能是对数的。但是,这些数据结构需要应用程序提供重要支持。

②　在非交互式环境中,Pharr 等人还使用光线遍历的重构来优化内存访问(详见参考文献[146])。

点和像素可编程性来提供灵活性。除了利用并行性之外,GPU 还可以从对纹理的支持中获得更强大的功能,而这需要非常高的内存带宽。事实上,GPU 的功能和灵活性已经引起了人们将 GPU 作为通用计算系统的兴趣。有一个名为 GPGPU 的研究分支,就是将GPU 视为通用流处理器,并开发技术来映射 GPU 上的通用算法,例如排序和线性代数。GPGPU 就是通用 GPU(General Purpose GPU)的首字母简写。在图形方面,人们越来越关注使用图形硬件来集成更丰富的着色模型和渲染图像中的全局照明效果。

这些方法的描述超出了本书的范围,感兴趣的读者可以参考书籍《实时渲染》(原版书名: *Real - Time Rendering*)(详见参考文献[120])和《实时着色》(原版书名: *Real - Time Shading*)(详见参考文献[134])以及 GPU 精粹系列图书(详见参考文献[46、144])。

在互动应用程序中,实际应用全局照明的一个障碍是: 计算全局照明解决方案需要大量的时间。虽然 GPU 的出现降低了局部像素着色的成本,但确定两个任意点之间的可见性的成本仍然很高,这是因为这种计算需要对数据进行非局部的访问,而这在 GPU 模式中的计算成本并不低。以下将讨论一些预先计算可见性的方法,以实现高质量照明的交互式渲染。

8.3.5 环境遮挡

环境遮挡(Ambient Occlusion)是一种在交互式应用程序中"模拟"全局效果的流行技术。此方法预先计算并近似点与输入半球之间的可见性,以便可以使用此预先计算的可见性项计算着色。虽然这种技术并不准确,但胜在速度很快,并能以相对较低的计算成本增加真实感。环境遮挡假设了比较严格的几何体和漫射材质,但是最近的一些研究则试图放松这种比较严格几何体的假设(详见参考文献[20])。

环境遮挡可以预先计算场景中每个点处的半球的可见性。该项预先计算可以是按每顶点(Per - Vertex)或每像素(Per - Pixel)的方式进行的,其中,每像素信息被编码为纹理。在每个点(顶点或像素),算法将对半球进行采样以近似可见性,这就是与视图无关的漫射材质假设发挥作用的地方。通过使用均匀采样或余弦加权采样,以下积分可以估计为环境遮挡因子(Ambient Occlusion Factor):

$$AO = \frac{1}{\pi} \int_{\Omega} V(\omega)(N \cdot \omega) d\omega \qquad (8.14)$$

这种预先计算(Precomputation)的成本非常昂贵。在该技术的早期阶段,开发了若干种基于硬件的方法来降低这种半球采样的成本。但是,随着强大的光线追踪程序的出现,使用蒙特卡罗采样的光线追踪算法现在是计算环境遮挡的最流行和最强大的方法。

一旦计算出环境遮挡值,它们就会按以下方式用于渲染每个点。最简单的用途是调制环境光,就像它的名字所暗示的那样。在这种情况下,预先计算的环境遮挡项与恒定的环境项相乘,以在环境着色项中实现更大的真实感。

环境遮挡也可用于(不太准确地)调制更复杂的照明环境,例如预先过滤的环境地图。这是通过计算预先计算中的附加值(弯曲法线)来完成的。弯曲法线(Bent Normal)是平均未被遮挡的法线,即,它是半球上所有未被遮挡的样本的平均法线。该弯曲法线近似于主要照明方向,并且在渲染点而不是表面法线时使用。很明显,弯曲法线是不准确的,但是这种近似值为电影和游戏等应用程序提供了合理的值,其中精度并不太重要。

下面将讨论兼具原则性和准确性的环境遮挡的推广应用: 预先计算的辐射亮度传递。

8.3.6　预先计算的辐射亮度传输

预先计算的辐射亮度传输(Precomputed Radiance Transfer,PRT)是一系列技术,通过使用预先计算传输这一技术可以预先计算光传输并实时计算动态着色,以支持复杂的照明效果。这种通过高计算成本的着色来支持交互式性能的能力,对研究和游戏等实际应用产生了重大影响。本节将简要介绍 PRT 的概念,有关详细信息,请读者参阅原始论文。

PRT 使用预先计算技术来支持成本很高的照明效果,例如光的相互反射、焦散和次表面散射等。但是,为了实现交互性能,会施加一些限制。PRT 算法通常假设场景是静态的,并且场景的照明来自极远的光源,即环境地图。本节将描述以环境地图作为光源的漫射材质的基本 PRT 框架。然后再阐述 PRT 概念的推广应用,以支持非漫射材质。

1. 漫射 PRT

最初的 PRT 论文(详见参考文献[177])使用极远的环境地图作为光源,对漫射和光泽物体进行照明。为简单起见,首先只考虑直接照明。在点 x 处的直接照射,表示为 L_0,其计算公式如下:

$$L_0(x \rightarrow \Theta) = \int_{\Omega x} L_{env}(x \leftarrow \Psi) f_r(x, \Theta \leftrightarrow \Psi) \cos(\Psi, N_x) d\omega_\Psi$$

由于照明来自遥远的环境地图,因此 L_{env} 不依赖于位置而仅依赖于方向。现在进一步限制为漫射表面,因此,双向反射分布函数是一个常数,可以将它移出积分,结果如下:

$$L_0(x) = \frac{\rho}{\pi} \int_{\Omega x} L_{env}(\Psi) V(x, \Psi) \cos(\Psi, N_x) d\omega_\Psi$$

可见性 V 和余弦项通常组合成余弦加权可见性项。

　　PRT 的主要见解是,这个积分可以拆分成预先计算的传输函数(包括自我阴影和相互反射作用的影响)和运行时计算(它能有效地将传输函数与动态变化的环境图结合起来)。

　　为了实现这一目标,PRT 将照明投射到球体上的一系列基本函数上。原始公式使用球谐函数(Spherical Harmonics,SH)。因此,$L_{env}(\Psi) = \sum_i l_i y_i(\Psi)$,其中,$y_i$ 是球谐函数基函数,l_i 是照明系数。可以按如下方式在基函数上投影环境图,从而计算每个 l_i 项:$l_i = \int L_{env}(\Psi) y_i(\Psi) d\omega_\Psi$。Ramamoorthi 证明了 9 个基函数足以代表使用典型环境地图作为光源的漫射表面的外观(详见参考文献[151])。对于高频阴影,需要一组潜在的大量基函数。由于 PRT 旨在支持相对大面积灯光的阴影,因此原始 PRT 系统使用了 25 个基函数。

　　代入 SH 照明系数,可以得到下式:

$$L_0(x) = \frac{\rho}{\pi} \int_{\Omega x} \sum_i l_i y_i(\Psi) V(x,\Psi) \cos(\Psi, N_x) d\omega_\Psi$$

$$= \frac{\rho}{\pi} \sum_i l_i \int_{\Omega x} y_i(\Psi) V(x,\Psi) \cos(\Psi, N_x) d\omega_\Psi$$

$$= \sum_i l_i t^0_{x,i}$$

$$t^0_{x,i} = \frac{\rho}{\pi} \int_{\Omega x} y_i(\Psi) V(x,\Psi) \cos(\Psi, N_x) d\omega_\Psi$$

其中传输函数(表示为向量 t)可以捕获对象如何在其自身上投射阴影(自我阴影)。而 $t^0_{x,i}$ 则使用蒙特卡罗采样进行评估。

　　可以推广相同的推导以处理多个反射。这里已经得出了第一次反射光照的推广,其他反弹也可以直接以类似的方式得出。首先是简化一些符号:将点 x 处的反射率表示为 ρ_x,而点 y 处的反射率则表示为 ρ_y,并且点 $y = r(x, \Psi)$ 是在方向 Ψ 上从 x 可见的表面。通过 y 到达 x 的第一次反射的辐射亮度 L_1 可以由下式给出:

$$L_1(x) = \int_{\Omega x} \frac{\rho x}{\pi} \cos(\Psi, N_x) L_0(y \to -\Psi) d\omega_\Psi$$

$$L_0(y \to -\Psi) = \int_{\Omega y} \frac{\rho_y}{\pi} \cos(\Psi', N_y) L_{env}(\Psi') d\omega_{\Psi'}$$

$$= \sum_i l_i t^0_{y,i}$$

$$L_1(x) = \int_{\Omega x} \frac{\rho_x}{\pi} \cos(\Psi, N_x) \sum_i l_i t^0_{y,i} d\omega_\Psi$$

$$t_{x,i}^1 = \frac{\rho_x}{\pi} \int_{\Omega x} t_{y,i}^0 \cos(\Psi, N_x) \, d\omega_\Psi$$

这种方法可以推广到更多的反射。将所有反射的对应项加在一起,即可计算点 x 的每个球谐基函数的总传输函数: $t_{x,i} = \sum_b t_{x,i}^b$。在这些方程中,反射率已被整合到传输函数中,用于直接和间接的所有反射。然而,事实上,直接反射通常会分离出反射率,以允许对直接可见表面进行更密集的双向反射分布函数采样。

　　帧的渲染方式如下。考虑到物体相对于环境地图的旋转,环境地图被投影到球谐函数的基函数中,于是,渲染顶点或像素 x 就涉及计算两个向量(环境映射系数向量 l 和点 x 的传输函数向量 t)的点积(Dot Product)。这个点积在 GPU 上很容易获得支持,并且可实现交互性能。图 8.18 显示了使用漫射 PRT 的结果。

無阴影(佛像脚下为白色)　　　　　　　使用了 PRT 技术渲染的结果

　　图 8.18　通过漫射 PRT 技术渲染的使用环境地图的佛像模型。左图明显没有在其自身上投射阴影(自我阴影),右图则使用了 PRT 技术(图片由 Peter – Pike Sloan 和 John Snyder 提供)

　　最初的 PRT 论文(详见参考文献[177])引入了一种强大的新技术,以使用预先计算实现全局照明的交互式显示。对于像游戏这样的应用程序来说,其交互性能是至关重要的,所以很多都采用了这种基本方法。在原始公式中做出了一些相当重要的假设:静态场景、低频环境贴图,以及漫射和类似 Phong 的材质。后来的研究则试图破解这些局限性。Kautz 等人扩展了 SH 传输函数向量以处理任意双向反射分布函数(详见参考文献[87]),而 PCA 集群则进一步实现了实时性能(详见参考文献[178])。

　　2. 全频 PRT

　　使用球谐函数基函数中的少量系数,无法以出色的保真度表现高频照明效果(例如锐利的阴影)。所以,PRT 的下一个主要创新目标便是支持全频照明效果和一般化的双向反射分布函数。

　　Ng 等人介绍了为高频照明使用小波(Wavelet)的方法(详见参考文献[129]),动态选择小波系数(Wavelet Coefficient)以实现高质量的非线性近似。该系统演示了非漫射场景的固定视图和漫射场景的任意视图的交互性能。图 8.19 比较了球面谐波和小波。

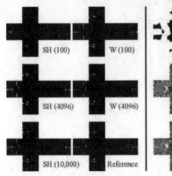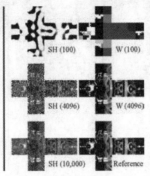

图 8.19　全频效果。左图使用了非线性近似(W)对圣彼得大教堂环境地图进行球谐函数(SH)和小波的比较。右图是场景的三重乘积积分求解结果(图片由 Ren Ng 和 Ravi Ramamoorthi 提供)

　　Liu 等人(详见参考文献[113])和 Wang 等人(详见参考文献[215])近似了任意非漫射双向反射分布函数,方法是将它们相应分解为仅依赖于视图方向和仅依赖于照明方向的分量。基本上,4D 双向反射分布函数分为两个单独近似的 2D 函数。使用 Haar 小波表示每个可分离的函数,而 Haar 小波还可以使用 PCA 进一步群集(详见参考文献[113])。在这种方法中,双向反射分布函数(和余弦因子)被分解为: $f_r(x, \Theta\leftrightarrow\Psi)\cos(\Psi, N_x) = G(\Theta)F(\Psi)$,其中 G 和 F 是相应地完全依赖视图方向 Θ 和光方向 Ψ 的向量函数。最终的着色结果是 $G^T M_x L$,其中 M_x 是 x 处的线性传输矩阵,L 是照明系数的向量。应该注意的是,双向反射分布函数可分性(Separability)是原始双向反射分布函数的近似值,并且对于所有双向反射分布函数可能并不是有效和准确的。图 8.20 显示了使用此方法的结果。

　　三重乘积积分(Triple Product Integral)技术(详见参考文献[130])采用了一般方法进行全频照明,以实现非漫射材质的直接照明。在 x 处的辐射亮度计算中,双向反射分布函数项包括余弦项以及与全局坐标系对齐的双向反射分布函数任意旋转。其公式如下:

$$L(x \rightarrow \Theta) = \int_{\Omega x} L(x \leftarrow \Psi)f_r(x, \Theta\leftrightarrow\Psi)\cos(\Psi, N_x)\,d\omega_\Psi$$

$$= \int_{\Omega x} L(\Psi)f(\Theta\leftrightarrow\Psi)V(x, \Psi)\,d\omega_\Psi$$

　　三重乘积积分方法使用这种辐射亮度公式作为照明、材质和能见度 3 个函数的乘积。这些函数中的每一个都被投影到函数的标准正交基础(Orthonormal Basis): $L_{env}(\Psi) = \sum_i l_i y_i$,$f(\Psi) = \sum_j l_j y_j$ 且 $V(\Psi) = \sum_k v_k y_k$。此外,Ng 等人还开发出了将 Haar 小波基

漫射佛像　　　　　　　光泽佛像

图 8.20　使用可分离双向反射分布函数的 PRT 技术渲染的漫射和光泽佛像,表现出了高频照明效果(图片由 Peter-Pike Sloan 和 John Snyder 提供)

函数用于高频效果的高效算法(详见参考文献[130])。

这样就可以使用三元系数(Tripling Coefficient)C_{ijk} 来表示积分,如下所示:

$$C_{ijk} = \int y_i(\omega) y_j(\omega) y_k(\omega) \, d\omega$$

在顶点或像素 x 处的辐射亮度可使用三元系数计算如下:

$$L = \sum_i \sum_j \sum_k C_{ijk} l_j v_k$$

图 8.19 显示了使用 Haar 小波编码的三重乘积积分渲染的场景。该场景包括高频阴影、光泽材质和环境地图的动态照明。

3. PRT 小结

PRT 仍然是一个活跃的研究领域,有几种方法试图推广其适用性,以支持动态效果、更广泛的材质和照明。大多数 PRT 技术假设几何体是静态的,而区域谐波(Zonal Harmonics)则可用于支持参考文献[180]中提出的可变形几何体。Kautz 等人使用了半球光栅化来重新计算动态物体自我阴影的可见性(详见参考文献[88])。Zhou 等人提出了预先计算阴影场,用于来自低频照明的动态阴影(详见参考文献[229])。对次表面散射(详见参考文献[178、216])和双尺度渲染(详见参考文献[179])的支持扩展了该技术能表现的材质和效果的范围。对于来自环境地图的照明不能捕获局部照明效果的问题,Hasan 等人扩展了固定视点 PRT,用于场景的重新照明和间接照明。重新照明需要对任意直接照明的支持,包括高频照明着色程序(详见参考文献[66])。Annen 等人则引入了球谐波梯度来捕捉中频照明(详见参考文献[3])。

第 9 章　结　　论

9.1　照片级真实感渲染的成就

自 1979 年第一个递归光线追踪算法发布以来,照片级真实感渲染和全局照明算法已经走过了漫长的道路。从简单的算法逐渐演变,其中一些按今天的标准看来仍然是非常先进的、完全基于物理的渲染算法。

今天人们已经可以在相当合理的时间内生成与真实场景的照片无法区分的图像。这是通过仔细研究构成照片级真实感渲染基础的物理过程来实现的,其中包括:光和材质的相互作用、光传输以及人类视觉系统的心理物理方面。在每一个这样的领域中,都可以找到大量的研究文献。本书试图勾勒出其中的某些方面,主要集中在光传输机制上。与大多数现代算法一样,我们坚信,对所有基本问题的良好理解是精心设计全局照明光传输算法的关键。

全局照明尚未在许多主流应用中找到方向,但已经在卡通动画影片中进行了一些使用,并且在一些计算机游戏中也已经有所应用。建筑设计的高质量渲染已经变得越来越普遍,而汽车制造商们也已经越来越意识到,在真实虚拟环境中渲染流光溢彩的汽车所带来的吸引力。此外,最新的进展还表明,完整的交互式光线追踪已经为专业应用带来了可能性。

由此可见,照片级真实感渲染无疑推动了高质量可视化技术的发展。

9.2　照片级真实感渲染中尚未解决的问题

照片级真实感渲染的研究仍然在进行,每年都有大量的出版物专门讨论这一主题。但是,该领域仍有一些尚未解决的问题,而这无疑将成为未来研究的主题。下面将简要介绍一些我们认为将在不久的将来进行大量研究的主题:

(1)双向反射分布函数的采集和建模。测量真实材质的双向反射分布函数,并设计用于计算机图形学的可用模型,这已经取得了相当多的成果,但是,这个领域仍然需要大量的研究,以便为开发人员提供可靠、准确并且计算成本很低的方法来评估双向反射分布函数模型。诸如反射角度计(Gonio - Reflectometer)之类的测量设备应该是自适应的,这样它们就可以在双向反射分布函数的那些需要更高精度的区域中测量更多样本。基于图像的采集技术将更频繁地使用,这将通过更便宜的数码相机来完成。

(2)几何体和表面外观的采集。计算机视觉已经开发了若干种从相机图像中采集真实物体几何形状的技术,但是当物体表面是非漫射的(Nondiffuse)或者物体上的照明性质未知时,它仍然是一个主要的问题。最近也已经开发出了基于照片捕获表面外观(例如纹理和局部双向反射分布函数)的技术。将这两个领域结合起来,即可构建一个似乎非常有前途的研究领域。此外,还应强调手持扫描,在该领域,用户可以操纵相机或手机前面的物体,并捕获其所有的相关特征。

(3)自适应光传输。本书中列出的光传输模拟算法有许多不同的特点和种类。有些算法在特定情况下比其他算法表现更好(例如,辐射度一类的算法在纯粹的漫反射环境中表现更好,而光线追踪算法则在高度镜面反射的场景中效果很好)。到目前为止,还没有人做出足够的尝试来制作在所有场景都表现卓越的全局照明算法,并且能在不同情况下以自适应的方式运行。这样的算法将会选择模拟光传输的正确模式,这取决于表面的性质、几何体的频率以及对最终图像的影响等。此外,部分计算的照明结果应始终存储,并可在未来通过不同的光传输模式来使用它。

(4)可扩展且强大的渲染功能。如果场景包括非常复杂的照明、材质和几何体结构等,那么对它们进行渲染仍然具有挑战性。而更好、更便宜的采集技术正在推动未来对渲染如此复杂的场景的需求。目前,用户必须手动选择近似程度、渲染算法和细节级别,以实现这些场景的合理质量和性能。但是这种手动方法显然是不可取的,特别是当我们进入应用领域时,例如在游戏中,当玩家与不断变化的场景交互时,必须动态生成内容。不难想象,功能强大的算法在未来必然需要扩展到复杂场景,并且可以在没有用户干预的情况下,自动处理场景的复杂性,这将是至关重要的。

(5)独立于几何体的渲染。当前的光传输算法假设场景的几何形状是已知的,并且将明确地计算大量的光线与物体的交叉点,以便知道光线在表面上被反射的位置。而在将来,可能会在要渲染的场景中使用其几何体未明确知晓的基元(Primitive)。这些基元可以通过光场(Light Field)来描述,或者是其他明确的有关物体和光交互的描述(例如,一系列的照片)。将这些对象结合到全局照明算法中,将带来新的问题和挑战。此外,还应进一步研究取决于基础几何形状(例如,光子映射)的部分照明解决方案。

(6)心理感知渲染。辐射测量精度一直是全局照明算法的主要推动力,但由于大多数图像都是由人类观察者观察的,因此通常不需要计算达到这种精度水平。新的渲染范例应该围绕渲染感知正确的图像。感知正确的图像不一定具有所有辐射测量细节,但是观看者仍然可能会判断该图像是真实的。例如,在渲染的时候,可能不需要渲染某些阴影,或者可以主动丢弃某些高光,甚至简化几何体,只要这些不妨碍人类观察者判断该图像是真实的即可。通过将渲染图像与参考照片进行比较并测量误差量,即可最合适地判断辐射测量精度。通过人类观察渲染的图片并询问图片是否"逼真",可以最好地判断出心理准确性。当然,在这一点上,关于如何做到这一点的研究目前仍然很少见。

(7)与真实元素集成。真实和虚拟环境之间的更多集成可能会成为许多应用程序中不可或缺的一部分。这不仅需要将真实对象放在虚拟场景中,而且还要将虚拟元素放在真实场景中,例如,通过使用投影仪或全息照相术(Holography)。真实和虚拟元素之间的完美融合成为一个主要问题。这种混合包括真实和虚拟元素的几何对齐,但也包括一致的照明。例如,虚拟元素可以在真实对象上投射阴影,反之亦然。为实现这样的集成渲染系统开发一个良好的框架可能会在随后的几年中演变成一个主要的研究领域。

作为涵盖所有这些问题的主题,人们可以思考或梦想未来最终的照片级渲染效果。虽然很难对任何特定的算法技术做出任何预测,但是这里仍然可以列出一些渲染工具所应具备的要求或特征:

①互动性。任何未来的渲染算法都应该能够以交互的速度渲染场景,而不管场景或照明的复杂程度如何。

②任何材质、任何几何体。所有可能的材质,从纯粹的漫反射到纯镜面,都应该得到有效而准确的处理。此外,无论是低复杂度的多边形模型还是包含数百万个采样点的扫描模型,都应该能够处理任何类型的几何体。

③许多不同的输入模型。应该可以采取任何形式的输入,无论是虚拟模型还是基于从现实世界中获取的模型。这可能意味着留下经典的多边形模型和纹理贴图来描述几何体和表面外观,并适应其他形式的几何体表示。

④现实主义风格选择。根据应用的不同,人们可能会选择不同的现实主义风格。例如,在现实生活中体验的真实照明、工作室营造出来的现实感(包含许多人工照明设计以消除不必要的阴影)、用于最佳化展示产品和原型的照明设计等。这些都应该是可能的选择,并且不必改变场景输入或光源的配置。

9.3 结 束 语

计算机图形学是一个非常令人兴奋的领域,它可能是计算机科学中最具挑战性的研究领域之一,因为它与许多其他学科有联系,其中还有一些学科不属于传统的计算机科学领域。正是这种与艺术、心理学、电影摄制、生物学等学科的混合使计算机图形学对许多学生和爱好者都非常有吸引力。

　　作者在这个领域积累了 40 多年的经验，但我们仍然对每年正在开发的许多新的令人兴奋的想法感到惊喜和惊奇。通过编写本书，我们希望能够在保持人们对计算机图形学的积极性和热情方面做出一点贡献。希望在未来的某一天，一种令人兴奋的新计算机图形技术将从本书提出的一些想法中发展出来。

附录 A　全局照明的类库

全局照明涵盖了所有关于生成路径以连接虚拟相机和光源的主题。本附录将提出一个软件类库,以帮助在计算机程序中生成这样的路径。同时它还将隐藏几何体和材质表示的细节,以及更高级算法实现中有关光线追踪方面的内容。

该库提供以下构建块:

- 用于表示路径节点(Path Node)的类,例如光源上的点、表面散射点、查看位置等(详见 A.1 节)。
- 光源采样(Light Source Sampling)类。这些类可以生成用作光的路径(Light Path)头部的路径节点(详见 A.2 节)。
- 支持类(Support Class),代表虚拟屏幕缓冲区,用于执行色调映射的类等(详见 A.3 节)。

这些类之间的关系如图 A.1 所示。A.4 节介绍了一些示例代码片段,说明了这些类的用法。

本附录所描述的接口不包括几何体或材质本身的表示。当然,这种表示在实际实现中是必需的。本附录中的实现基于 VRML 的场景图形管理库,它可从本书的网站(http://www.advancedglobalillumination.com)获得。根据我们的经验,将类库移植到其他全局照明平台是很容易的。在该接口之上实现的算法可以移植到支持该接口的其他全局照明系统,几乎不需要修改。我们的实验表明,由接口产生的额外计算成本相对较小:最多占渲染时间的 10%~20%,即使是基础场景图形管理、着色器实现和光线追踪内核都已经过高度优化。我们在实现中使用的编程语言是 C++。显然,使用不同的面向对象编程语言也可以实现相同的接口。

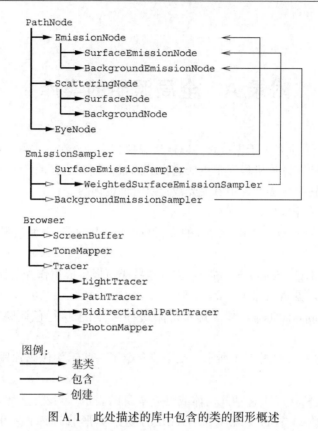

图 A.1　此处描述的库中包含的类的图形概述

A.1　路径节点类

A.1.1　概述

本书中描述的所有算法都要求随机生成光的路径或眼睛路径。这些路径具有关联值和概率密度(PDF)。为了形成图像,可以基于其概率分布函数计算路径值的平均比率。

与路径关联的值始终是路径中的节点关联的值和转移因子(Transition Factor)的乘积,例如在后续节点 x 和 y 之间的 $\mathrm{vis}(x, y)\ \cos\theta_y/r_{xy}^2$。与路径节点关联的值取决于节点的类型。例如,对于表面散射事件,就是双向散射分布函数乘以输出余弦,而对于光源节点,则是自发光辐射亮度。

概率分布函数表示生成特定路径的可能性。它也是与路径中的每个节点相关联的概率分布函数和转移因子的积。例如,与表面散射节点相关联的概率分布函数是对散射光方向进行采样的概率,而对于光源节点来说,则是在光源上对光的发射方向采样的概率。

可以将生成路径或其轨迹发生变化的每个事件称为路径节点。该库包含的各种路径节点的表示对应于:

- 通过虚拟屏幕像素发射的眼睛光线,即潜在发射(Emission of Potential):参见 Eye-Node 类(详见 A.1.3 节)。
- 在表面或从背景上发光(例如,天空照明模型或高动态范围环境地图):参见 EmissionNode 类(详见 A.1.4 节)。
- 散射光或表面的潜在发射,或光/潜在发射消失在背景中:参见 ScatteringNode 类(A.1.5 节)。

完整路径对应于此类路径节点的列表。

A.1.2　公共接口: PathNode 基类

所有路径节点类都从单个 PathNode 基类继承。PathNode 类封装了所有路径节点的公共属性,并提供了统一的接口,因此可以实现完整的算法,而无须知道可以生成哪种类型的路径节点。PathNode 类的主要成员是:

- 生成到达给定节点的路径的累积概率密度(Probability Density)。
- 与直到给定节点的路径关联的累积值(Cumulative Value)。
- eval()成员函数,用于查询值(BSDF、EDF 等),路径生存 PDF,对给定输出方向进行采样的 PDF,以及与路径节点关联的输出余弦因子(如果适用)。
- sample()函数,从两个随机数计算是否应扩展节点上的路径,如果是,则在哪个方向上扩展。
- trace()函数,用于返回通过将光线追踪到给定方向而产生的新路径节点。结果节点始终是散射节点(详见 A.1.5 节)。其精确类型取决于下一个发生的事件;如果光线击中表面,则返回 SurfaceNode。如果光线消失在背景中,则返回 BackgroundNode。trace()函数还可以计算与转换到新路径节点相关联的几何因子,并正确初始化生成的路径节点的累积概率分布和值。

eval()、sample()和 trace()是虚拟成员函数,在 PathNode 的子类中实现。可以选择提供单个 eval()函数,用于评估与路径节点相关的所有内容,以便最小化虚函数调用的数量,以便更容易地共享值和概率分布函数之间的某些部分结果的计算。后者可以节省大量时间。例如,概率分布函数通常与值非常相似。结果填充在作为参数传递给 eval()函数的指针所指向的对象中。如果传递空指针,则在其他结果不需要的情况下,将不计算相应的量(值、生存或方向采样概率分布函数、输出余弦)。本着同样的精神,如果传递非空指针参数,则 sample( )和 trace( )函数也可以返回动态计算的值和概率分布函数。trace( )函数可选择性地接受一组指向可返回的每种类型的路径节点对象的指针,以避免动态存储分配并允许随后进行简单的类型检查。这将在 A.4 节中说明。

除了上面的成员,PathNode 基类还维护和提供:

- 路径节点在其路径中的深度:0 表示路径的头部,父节点的深度加 1 表示非头部路径节点(Nonhead Path Node)。
- 光的发射和散射模式,以考虑评估和采样(漫射/光泽/镜面发射/反射/折射)。
- 指向路径中父节点的指针。
- 各种标记(Flag):路径节点是属于光的路径还是眼睛路径(由于非对称光散射而需要进行某些校正,详见参考文献[203]),路径节点是否位于子路径的末端,是否具有空间中的有限位置,或者它是否"无处不在"(例如背景发射节点)。
- 成员函数,用于访问空间中的路径节点的位置,或该位置的几何,或获取路径的头部,或到另一个路径节点的方向和距离(对于背景节点,取值为 1),或者计算关于另一个节点的可见性。
- 静态成员变量,指示生成路径的最小和最大路径深度。这些值影响在 sample( )和 eval( )函数中计算的生存概率。
- 为方便起见,还有一些成员函数:scatter( )计算沿路径累积的辐射亮度或潜力,并散射到给定方向。expand( )成员函数将 sample( )和 trace( )组合在单个函数中。

A.1.3　像素过滤和采样:EyeNode 类

EyeNode 类表示眼睛路径的头部。EyeNode 对象的位置是用于观察场景的针孔相机的位置。EyeNode 对象与虚拟屏幕像素相关联。它们封装了像素过滤和采样。EyeNode::eval( )返回的值是给定方向的像素测量函数(详见 5.7.1 节)。EyeNode::sample( )将通过相关虚拟屏幕像素选择方向来发射眼睛光线。目前,实现了一个简单的盒子像素过滤。

A.1.4　发光:EmissionNode 类

EmissionNode 对象表示光的路径的头部。它与表面光源(SurfaceEmissionNode 子类)上的点或背景照明的背景方向相对应。这里讲的背景照明如天空照明或高动态范围环境地图(BackgroundEmissionNode 子类)。与发射节点相关的值是指向给定方向的自发光辐射亮度。sample( )成员函数将根据表面发射位置的定向发射分布对方向进行采样。对于背景发射节点,其中发射方向在节点中编码,sample( )将选择垂直于发射方向的场景边界框投影上的点。在这两种情况下,sample( )都会产生一个点和一个方向,足以构建一条射线来发射自发光的辐射亮度。

可以通过在 A.2 节中描述的 EmissionSampler 类来生成发射节点类。

A.1.5　光和潜在散射:ScatteringNode 类

任何路径节点的 trace( )函数通常会生成一个新的 ScatteringNode 对象,表示表面散射(SurfaceNode)或消失在背景中的光或潜能(BackgroundNode)。

1. 表面散射:SurfaceNode 类

SurfaceNode 对象的位置是场景中物体表面上的位置,在该物体上可以反射、折射或吸收光的路径或眼睛路径。与这样的节点相关联的值是给定方向的双向散射分布函数。默认情况下,生存概率是根据入射光照或潜在散射而非吸收的部分来计算的。它取决于入射方向,当然是受当前所需的最小和最大路径长度的影响。由 SurfaceNode::eval( )计算的"输出余弦"是在给定输出方向与散射位置处的阴影法线之间的余弦的绝对值。sample( )成员函数可以根据双向散射分布函数乘以输出余弦对输出方向进行理想化采样。SurfaceNode 对象知道它们是属于光的路径还是眼睛路径,并且在双向散射分布函数上应用了由于凹凸贴图或正常插值引起的非对称散射的适当校正因子(详见参考文献[203])。还有一个 SurfaceNode::eval( )版本允许开发人员指定除构造路径节点的方向之外的入射方向。

路径偶尔会撞击表面光源。为了评估散射位置的自发光辐射亮度,并通过表面发射采样(使用 SurfaceEmissionSampler 对象,参见 A.2 节)计算获得表面位置的概率,这里提供了适当的 source_radiance( )和 source_pdf( )成员函数。如果路径到达光源,则某些算法(如双向路径追踪)需要更复杂的操作。在此提供了从 SurfaceNode 类到 SurfaceEmissionNode 类的转换以满足此类要求。on_light_source( )成员函数返回 SurfaceNode 是否放置在光源上。

2. 路径消失在后台:BackgroundNode 类

如果路径没有撞击到表面,则可以认为它将会消失在背景中。可以使用一个特殊的 BackgroundNode 标志这些路径的结束。BackgroundNode 类继承自 ScatteringNode 基类,但当然不会发生散射,因为消失在背景的路径始终会终止。BackgroundNode::eval( )返回的值和概率分布函数始终为零,BackgroundNode::sample( )成员函数将始终导致错误。trace( )函数返回 null 结果。

但是,如果在要渲染的场景中已经对背景照明建模,则 BackgroundNode::source_radiance( )和 BackgroundNode::source_pdf( )成员函数将计算沿路径方向从背景接收的自发光辐射亮度,以及使用 BackgroundEmissionSampler 对象对该方向进行采样的概率。此外,对于背景"散射",提供了从类 BackgroundNode 到类 BackgroundEmissionNode 的转换,因此可以在背景"散射"节点处执行所有用于自发光照明的查询。

A.2　光源采样类

场景可以包含许多自发光的表面,以及用于背景照明的模型,例如天空光或高动态范围环境地图。库提供的第二组类将选择光源表面上的位置(SurfaceEmissionSampler 类)或背景照明方向(BackgroundEmissionSampler 类)。与在全局照明计算期间经常创建和销毁的路径节点对象不同,在渲染帧时通常只有单个表面和背景发射采样程序处于活动状态。

A.2.1　表面发射采样:SurfaceEmissionSampler 和 WeightedSurfaceEmissionSampler 类

SurfaceEmissionSampler 类对象可以维护场景中的光源表面列表(使用数组会更好)。当前的实现假设场景是用三角形建模的,所以 SurfaceEmissionSamplers 将包含一个指向发光三角形的指针列表。扩展接口以处理弯曲光源也很简单。除了用于构建这样一个列表的成员函数之外,主要成员函数如下:

- 一个 sample( )函数,它将从列表中选择一个三角形,并将所选三角形上的一个点作为 SurfaceEmissionNode 返回。选择三角形的概率与其自发射功率成比例。这些点是在三角形上均匀地选择的。
- pdf( )成员函数可以返回使用 sample( )函数对给定三角形上的给定点进行采样的概率密度。

pdf( )成员函数假定了一种索引机制,用于快速定位光源三角形列表中的给定三角形。SurfaceEmissionNodes 和 SurfaceNodes 包含指向它们所在的表面三角形的指针。这使得开发人员可以轻松地找出 SurfaceNode 是否位于光源上,或者计算所有相关的光源数量。

加权表面发射采样

有时候,根据已发射的功率进行的表面发射采样并不是最佳的,而是需要选择光源三角形的其他概率。举例来说,当光源需要根据其在特定视图上估计的影响来进行选择时,那么就有必要按视图重要性驱动(View – Importance – Driven)的方式来进行光源采样(详见 5.4.5 节)。例如,一个功率很大但却比较遥远或被遮挡的光源比一个功率较小但却位于附近的光源接收的概率要低。SurfaceEmissionSampler 的 WeightedSurfaceEmission-Sampler 子类允许开发人员从列表中启用/禁用光源三角形,并以非常通用的方式将权重附加到光源三角形。为方便起见,提供了一个成员函数,它将根据光源距离和方向分配权重,以指定特定点和正常值。我们的实现中还包含一个改进版本的光的路径追踪程序,用于估计每个光源对当前视图有贡献的光线,并最终分配与这些光源成比例的光源权重。

A.2.2　背景发射采样: BackgroundEmissionSampler 类

BackgroundEmissionSampler 类的工作方式与 SurfaceEmissionSampler 类的工作方式非常相似,不同之处在于背景光源的数量通常较小,并且它以 BackgroundEmissionNode 的形式将采样的方向返回到背景。选择背景方向的概率反映了从该方向接收的自发辐射亮度的强度。在这里考虑表面方向要困难得多,因此没有加权背景发射采样的等级。

A.2.3　EmissionSampler 包装类

该库提供了一个 EmissionSampler 包装类,它包含场景中的两个指针,这两个指针分别指向 WeightedSurfaceEmissionSampler 和 BackgroundEmissionSampler。默认情况下,表面发射采样和背景发射采样分别接收与表面和背景的总发射功率成比例的权重。为了计算这些权重,有必要知道场景已被建模的长度单位。当然,默认权重可以在程序中修改。上面描述的经过改进的光追踪程序将首先测量由表面和背景对当前视图贡献的光辐射通量,然后才会执行该操作。

公共实现仅提供三角形光源和背景发射。其他光源(例如球形或圆盘形光源)可以按附加的发射采样程序类的形式轻松添加。EmissionSampler 包装类应包含对所有光源采样程序的引用,具有适当的权重,以便它可以隐藏全局照明算法实现的场景中的各种光源,方法是为任何类型的光发射提供单个 sample( )函数。

A.3　支　持　类

路径节点和采样程序类接口几乎是独立的,但是它们当然需要嵌入合适的工作环境中。为方便起见,该库还包含许多提供此类环境的其他类。与路径节点类接口不同,为了将这些支持类集成到全局照明应用程序中,可能需要进行一些调整。

A.3.1　针孔相机虚拟屏幕抽象:ScreenBuffer 类

EyeNode 类对象对应于虚拟屏幕上的像素。它们的实现需要对虚拟屏幕缓冲区进行抽象。该库为此提供了一个 ScreenBuffer 类。ScreenBuffer 类表示针孔相机的虚拟屏幕。它提供了成员函数 getDirection( )和 getPixelCoord( ),用于将像素坐标映射到相应的主光线方向,反之亦然。成员函数 setView( )以与 OpenGL 中 gluLookAt( )函数相同的方式初始化当前视点、焦点、向上方向点和视角域。getPixelCoord( )函数返回主光线方向是否指向屏幕。它用于光追踪和双向路径追踪,以便向屏幕显示路径贡献,如示例(详见 A.4.1节)所示。

ScreenBuffer 类还维护两个像素颜色值数组:其中一个数组是常见的低动态范围 RGB 三元组(即 RGB 3 个颜色值为一组)加透明度,可以使用诸如 glDrawPixels( )之类的 OpenGL 函数高效显示;另外一个数组包含 32 位打包的 RGBE 格式的高动态范围颜色值(详见参考文献[220])。ScreenBuffer 类提供的成员函数包括 clear( )、clearRGBA( )、clearHDR( )、setPixel( )、getRGBAPixel( )、getHDRPixel( )和 addPixel( )等,分别可用于清除、查询和修改低动态范围和高动态范围像素颜色值。

A.3.2　将高动态范围转换为低动态范围颜色值:ToneMapper 类

全局照明算法在 ScreenBuffer 中计算并存储高动态范围像素颜色值。ToneMapper 对象将高动态范围像素映射到 RGB 颜色三元组以供显示,如本书 8.2 节所述。不同的色调映射算法在基本 ToneMapper 类的子类中实现。这些类保持它们自己的一组所需参数,例如当前视图中的世界适应亮度(World Adaptation Luminance)。ScreenBuffer 类提供用于计算世界适应亮度的成员函数 adaptation_luminance( ),作为虚拟屏幕高动态范围像素颜色值的取幂平均对数亮度。ToneMapper 类提供的主要成员函数是 map( )函数,它可以将给定 ScreenBuffer 对象中的高动态范围颜色值转换为低动态范围颜色值进行显示。

A.3.3 集成到应用程序中：Browser 类和 Tracer 类

这里描述的库带有一个应用程序,其中已经实现了几个全局照明算法。本节描述了两个将路径节点和采样程序类集成到此应用程序中的其他类。

1. Browser 类

该库实现了一个 Browser 基类来分组和维护 PathNode 和 EmissionSampler 类运行的整个软件环境:

- 场景图。在我们的实现中,场景图是 VRML97 场景图,其具有多个扩展节点,用于表示基于物理的外观和高动态范围背景,以及计算机监视器的颜色校准参数,在该计算机监视器上已经设计了模型。
- 光线追踪引擎(Ray‐Tracing Engine)的接口,用于查找光线对象交叉点和执行可见性查询。
- EmissionSampler 的一个实例,包含 WeightedSurfaceEmissionSampler 和 BackgroundEmissionSampler,以及对未加权的 SurfaceEmissionSampler 的引用。
- ScreenBuffer 和 ToneMapper 对象。

Browser 基类不支持图形用户界面,也不执行任何全局照明计算。它需要通过继承来增强这些功能。Browser 基类提供了一个虚拟的 trace( )成员函数,需要在子类中实现,以便:

- 为当前视图初始化 ScreenBuffer。
- 为视图执行真实的全局照明计算。
- 调用 ToneMapper 以将计算出的高动态范围像素颜色映射到低动态范围 RGB 颜色三元组中进行显示。
- 在计算机屏幕上显示结果,或将其保存到文件中。

2. Tracer 类

该库引入了另一个名为 Tracer 的类,而不是将每个全局照明算法实现为单独的 Browser 子类,为全局照明算法提供了一个通用的软件接口。诸如路径追踪和光追踪(详见第 5 章)、双向路径追踪(详见 7.3 节)、即时辐射度算法的光线追踪版本(详见 7.7 节)和光子映射(详见 7.6 节)之类的算法是在 Tracer 基类的 PathTracer、LightTracer、BiDirTracer、InstantRadiosity 和 PhotonMapper 子类中实现的。这些类实现的主要函数是:

- init( )函数执行初始化,例如为要渲染的每个帧的大型数组分配存储。

- trace( )函数计算当前视图的图像。
- tonemap( )函数正确重新调整 ScreenBuffer 高动态范围像素,并使用当前 Browser 的 ToneMapper 对象转换为可显示的 RGB 颜色三元组。

该库的 Browser 子类对象根据用户的需要创建一个合适的 Tracer 对象,并在其 Browser∶∶trace( )处理程序中调用上面列出的 Tracer 函数。

除了上述函数之外,Tracer 类还提供了分布式计算的成员函数,例如,指示如何将图像分成若干子图像以便在不同的网络客户端上计算,以及在此后如何合并由每个客户端计算的结果像素值。

A.4　示例代码片段

本节将提供一些示例代码片段,演示如何在前面描述的路径节点和采样程序类之上实现全局照明算法。

A.4.1　光追踪程序

首先介绍的是 LightTracer 类的核心部分,它实现了光粒子追踪(详见 5.7 节):

```
//scrn 是一个指向当前 ScreenBuffer 对象的指针
//类 Vec3 和类 Spectrum 代表 3D 矢量和光谱
//lightsampler 是指向当前 EmissionSampler 对象的指针
int nrparticles;                    //追踪的粒子数量


//在屏幕上显示粒子
inline void LightTracer::splat(class PathNode * n)
{
  float dist;                       //eye 和 n 之间的距离
  const Vec3 eyedir = scrn->eye.dirto(n->pos(), &dist); //方向
  if (n->at_infinity()) dist = 1.; //不除以平方距离

  float i, j;                       //计算像素坐标(i,j)
  if (scrn->getPixelCoord(eyedir, &i, &j)) {
    class EyeNode e(i, j);          //eye 节点对应的像素
```

```
    if (visible(&e, n)) {              //n 未被眼睛遮挡
      float ncos, ecos;                //在 eye 和在 n 的余弦因子
      scrn->addPixel(i, j, e.scatter(eyedir, &ecos)
          * n->scatter(-eyedir, &ncos)
          * (ncos * ecos /(dist * dist * (float)nrparticles)));
    }
  }
}


inline void LightTracer::traceparticle(class PathNode *l)
{
  splat(l);                            //在屏幕上显示粒子
  class PathNode *n = l->expand();     //扩展路径
  if (n) traceparticle(n);             //递归
  delete n;
}


void LightTracer::trace(void)
{
  for (int i=0; i<nrparticles; i++) {
    class EmissionNode *l = lightsampler->sample(); //对光采样
    if (l) traceparticle(l);           //追踪光的路径
    delete l;
  }
}
```

为了实现光子映射,应修改 splat( )函数,以便在光子地图数据结构中存储 SurfaceNode 命中点 n->pos( )、入射方向 n->indir 和辐射通量 n->value/n->pdf。可以在 Jensen 的书中找到现成的光子地图数据结构实现(详见参考文献[83])。

A.4.2　路径追踪程序

下面的路径追踪程序的实现稍微复杂一些,以避免动态存储分配并轻松检查 PathNode :: expand( )和 EmissionSampler :: sample( )函数返回的路径节点类型。

```
//scrn 和 lightsampler 是当前 ScreenBuffer 和 EmissionSampler
//SurfaceNodes 的数组是为了避免动态存储分配的需要
//这样在 PathNode::expand( )中就不用分配动态存储
//Storage 在 setup( )中分配,在 cleanup( )中释放
class SurfaceNode * PathTracer::sbuf =0;


//光样本(阴影射线)在每个贴片表面命中的数量
int PathTracer::nrlightsamples = 1;


//计算和落在光源上的路径相关的分数
inline const Spectrum PathTracer::source(class ScatteringNode * s)
{
  class Spectrum score(0.);
  if (s ->depth( ) <= 1 || nrlightsamples == 0) {
    //计算光源贡献
    //排除散射的贡献
    score = s ->source_radiance( ) * s ->value /s ->pdf;
  } else {
    //计算光源贡献
    //排除光源采样的贡献
  }
  return score;
}


//进行光源采样
//以便计算在 SurfaceNode s 上的直接照明
inline const Spectrum PathTracer::tracelight(class SurfaceNode * s)
{
  //避免动态分配存储
  static class SurfaceEmissionNode sl;
  static class BackgroundEmissionNode bl;
  class EmissionNode *l = lightsampler ->sample(&sl, &bl);
  if (l) {
    //在光和在表面上的余弦 /距离
    float lcos, scos, dist;
    //从表面到光的方向 /距离
```

```
    const Vec3 dir = s ->dirto(l, &dist);
     //计算在光处的余弦
    l ->eval(-dir, 0, 0, 0, &lcos);
     //在光的后面或被遮挡的表面
    if (lcos <= 0 || ! visible(s, l))
      return Spectrum(0.);
    else
      return s ->scatter(dir, &scos) * l ->scatter(-dir)
         * (scos * lcos /(dist * dist));
  }
  return Spectrum(0.);
}


//在表面散射节点 s 处的光源采样
inline const Spectrum PathTracer::tracelights(class SurfaceNode * s)
{
  class Spectrum score(0.);
  if (nrlightsamples > 0) {
    for (int i = 0; i<nrlightsamples; i++) {  //发射阴影射线
      score += tracelight(s);
    }
    score /= (float)nrlightsamples;
  }
  return score;
}


//通过由 EyeNode e 表示的像素追踪路径
inline const Spectrum PathTracer::tracepixel(class EyeNode * e)
{
  static class BackgroundNode b;              //避免动态存储分配
  class SurfaceNode * s = sbuf;
   //采样+发射眼睛射线
  class ScatteringNode *n = e ->expand(s, &b);
  class Spectrum score(0.);
  while (n) {
    score += source(n);                       //自发射照明
```

```
    if (n == s)                              //直接照明：仅限表面节点
      score += tracelights(s);
    n = n->expand(++s, &b);                  //间接照明：扩展路径
  }


  return score;
}


void PathTracer::setup(void)
{
    sbuf = new SurfaceNode [PathNode::max_eye_path_depth];
}


void PathTracer::cleanup(void)
{
  delete [] sbuf;
}


//计算当前视图的图像
void PathTracer::trace(void)
{
    setup();
    for (int j=0; j<scrn->height; j++) {
      for (int i=0; i<scrn->width; i++) {
        class EyeNode e(i, j);
        scrn->addPixel(i, j, tracepixel(&e));
      }
    }
    cleanup();
}
```

A.4.3　多重重要性光源采样

　　当在路径撞击的表面上的光反射是高度镜面反射时，通过散射光而不是光源采样来计算直接照明通常要好得多。在这里展示了对上面路径追踪程序实现的修改，以便通过

多重重要性采样来计算路径节点的直接照明(详见参考文献[201])。这些修改说明了在更高级别的 PathNode ∷scatter( )函数达不到要求的情况下可以使用 PathNode ∷eval( )函数。在图 A.2 中显示了一些示例结果。

```cpp
//使用标志指示是否要使用双向加权
//以计算光源贡献
bool PathTracer∷bidir_weighting = true;

//计算和落在光源上的路径相关的分数
inline const Spectrum PathTracer∷source(class ScatteringNode * s)
{
  class Spectrum score(0.);
  if (s->depth() <= 1 || nrlightsamples == 0) {
    //计算光源贡献
    //排除散射的贡献
    score = s->source_radiance() * s->value /s->pdf;
  } else if (bidir_weighting) {
    //计算光源贡献
    //通过散射和光源的采样
    //计算光源辐射亮度的衰减
    //通过光源采样获得概率
    //而不是通过散射采样获得概率
    float w_scattering = s->pdf /s->parent()->pdf;
    float w_lsampling = s->source_pdf() * (float)nrlightsamples;
    float w = w_scattering /(w_scattering + w_lsampling);
    score = s->source_radiance() * s->value * (w /s->pdf);
  } else {
    //计算光源贡献
    //排除光源采样的贡献
  }
  return score;
}

//进行光源采样
```

```
//以便计算在 SurfaceNode s 上的直接照明
inline const Spectrum PathTracer::tracelight(class SurfaceNode * s)
{
    //避免动态分配存储
    static class SurfaceEmissionNode s1;
    static class BackgroundEmissionNode b1;
    class EmissionNode *l = lightsampler->sample(&s1, &b1);
    if (l) {
        //在光和在表面上的余弦 /距离
        float lcos, scos, dist;
        const Vec3 dir = s->dirto(l, &dist);
        //计算在光处的余弦
        l->eval(-dir, 0, 0, 0, &lcos);
        //在光的后面或被遮挡的表面
        if (lcos <= 0 || ! visible(s, l))
            return Spectrum(0.);

        if (! bidir_weighting) {
            //source()不会取得被命中表面的源辐射亮度
            return s->scatter(dir, &scos) * l->scatter(-dir)
                * (scos * lcos /(dist * dist));
        }

        else {
            //衰减直接照明
            //考虑光源被散射光线击中的概率
            float survpdf, scatpdf;                 //生存和散射概率分布函数
            class Spectrum fr, Le;                  //在 s 的 BRDF 和在 l 的 EDF
            s->eval( dir, &fr, &survpdf, &scatpdf, &scos);
            l->eval(-dir, &Le, 0, 0, 0);
            float g = lcos /(dist * dist);          //转移因子
            float w_scattering = survpdf * scatpdf * g;//散射加权
            float w_lsampling = l->pdf * (float)nrlightsamples;
            float w = w_lsampling /(w_lsampling + w_scattering);
            float G = scos * g;
```

```
        return (s ->value * fr * Le) * (G * w /(s ->pdf * l ->pdf));
    }
}
return Spectrum(0.);
}
```

//tracelights()、tracepixel()和 trace()函数和 A.4.2 节相同

A.4.4   双向路径追踪程序

双向路径追踪程序的代码如下：

```
//以下数组的目的是防止在 PathNode::expand()中动态分配存储并允许
//通过比较指针有效检查 PathNode 子类
class EyeNode eyenode;                        //眼睛路径的头部
class SurfaceEmissionNode senode;             //表面发射节点
class BackgroundEmissionNode benode;          //背景发射节点
//光路径的头部:指向 senode 或 benode 的指针
class EmissionNode * lightnode;
//表面散射节点
class SurfaceNode * eyesurfnodes, * lightsurfnodes;
class BackgroundNode eyebkgnode, lightbkgnode; //背景节点
//指向表面或背景散射节点的指针
class ScatteringNode * * eyescatnodes, * * lightscatnodes;

int eyepathlen, lightpathlen;                 //眼睛 /光路径长度
class PathNode * * eyepath, * * lightpath;    //指向路径节点的指标
float * erdpdf, * lrdpdf;                      //反转方向。选择概率
float * erspdf, * lrspdf;                      //在反转的路径方向中的生存概率
float * erhpdf, * lrhpdf;                      //在反转的路径方向中的命中密度
float nrparticles;                            //被追踪的光粒子的数量

//在将散射节点转换为发射节点时避免动态存储分配
class BackgroundEmissionNode eeb;
```

```
class SurfaceEmissionNode ees;
```

//最小和最大的光 /眼睛 /组合的路径长度
```
static int min_light_path_length=2,
    max_light_path_length=7,
    min_eye_path_length=2,
    max_eye_path_length=7,
    max_combined_path_length=7;
```

//通过扩展眼睛节点 e 追踪眼睛路径
//. 指向眼睛节点进入 eyepath[0] 的指针
//. 表面散射节点进入 eyesurfnodes[1] 等,以及
//指向 eyepath[1] 和 eyescatnode[1] 的指针等
//. 最终背景节点进入 eyebkgnode
//eyepath[.] 和 eyescatnode[.] 中指向 eyebkgnode 的指针
//返回眼睛路径的长度(段数 = 节点数 - 1)
```
int BiDirTracer::trace_eye_path(class EyeNode * e)
{
    eyepath[0] = e;                        //存储指向路径头部的指针

int i=1;
class ScatteringNode *n = e->expand(&eyesurfnodes[i], &eyebkgnode);
while (n) {
    eyescatnodes[i] = n;                   //存储 ScatteringNode 指针
    eyepath[i] = n;                        //存储 PathNode 指针
    i++;                                   //扩展路径
    n = n->expand(&eyesurfnodes[i], &eyebkgnode);
}

    return i-1;                            //路径长度(段数)
}
```

//和 trace_eye_path 相同,但是光的路径在发射节点 1 开始
//结果进入 lightpath[.]、lightscatnodes[.]、lightsurfnodes[.] 和 lightbkgnode
//返回光的路径的长度

```
int BiDirTracer::trace_light_path(class EmissionNode * 1)
{
    lightpath[0] = 1;

    int i=1;
    class ScatteringNode * n = 1 -> expand (&lightsurfnodes [ i ],
&lightbkgnode);
    while (n) {
        lightscatnodes[i] = n;
        lightpath[i] = n;
        i++;
        n = n->expand(&lightsurfnodes[i], &lightbkgnode);
    }

    return i-1;
}
```

//计算在反转方向上对眼睛路径采样的概率
//这个反转方向是指：在节点上交换入射和出射方向
//结果进入：
//.erdpdf[i]：在节点 i 反转方向的 _D_irection 采样概率分布函数
//.erspdf[i]：在节点 i 的不受限的 _S_urvival 概率
//　（即不考虑需要的最小和最大路径长度）
//.erhpdf[i]：余弦 /距离平方，从节点 i 到节点 i-1（_H_it pdf）
//数组名中的前导字母 'e' 代表 _E_ye 路径
//'r' 代表 _R_everse

```
void BiDirTracer::compute_reverse_eyepath_probs(void)
{
    erdpdf[0] = erspdf[0] = erhpdf[0] = 0.; //在 eye 上无反向追踪
    if (eyepathlen == 0)
        return;
    class ScatteringNode * next = eyescatnodes[1];
    erhpdf[1] = 0.;                          //针孔相机撞击眼睛点的概率为 0
    for (int i=1; i<eyepathlen; i++) {
        class ScatteringNode * cur = next;
```

```
        next = eyescatnodes[i+1];
        class Vec3 toprevdir(cur ->indir);
        class Vec3 tonextdir(-next ->indir);
        erspdf[i] = cur ->unconstrained_survival_probability(tonextdir);
        cur ->eval(tonextdir, toprevdir, 0, 0, &erdpdf[i], 0);

      cur ->eval(tonextdir, 0, 0, 0, &erhpdf[i+1]);
      if (! next ->at_infinity())
        erhpdf[i+1] /= cur ->position.sqdistance(next ->position);
    }
    erspdf[eyepathlen] = erdpdf[eyepathlen] = 1.; //不需要
}
//和光的路径是一样的
void BiDirTracer::compute_reverse_lightpath_probs(void)
{
    //在光源处无反向追踪
    lrdpdf[0] = lrspdf[0] = lrhpdf[0] = 0.;
    if (lightpathlen == 0)
        return;
    class ScatteringNode * next = lightscatnodes[1];
    lightnode ->eval(-next ->indir, 0, 0, 0, &lrhpdf[1]);
    if (! lightnode ->at_infinity() && ! next ->at_infinity())
        lrhpdf[1] /= lightnode ->pos().sqdistance(next ->position);
    for (int i=1; i<lightpathlen; i++) {
        class ScatteringNode * cur = next;
        next = lightscatnodes[i+1];
        class Vec3 toprevdir(cur ->indir);
        class Vec3 tonextdir(-next ->indir);
        lrspdf[i] = cur ->unconstrained_survival_probability(tonextdir);
        cur ->eval(tonextdir, toprevdir, 0, 0, &lrdpdf[i], 0);

        cur ->eval(tonextdir, 0, 0, 0, &lrhpdf[i+1]);
        if (! next ->at_infinity())
            lrhpdf[i+1] /= cur ->position.sqdistance(next ->position);
    }
```

```
    lrspdf[lightpathlen] = lrdpdf[lightpathlen] = 1.;     //不需要
}


//#define WEIGHT(w)(w)     //平衡启发式
#define WEIGHT(w)(w*w)     //平方启发式
//计算加权关联合并的眼睛次级路径直到 eyepath[e]
//并且计算光的次级路径直到 lightpath[l]
//需要 e>=0 和 l>=0。加权 e==-1 或 l==-1
//(空白次级路径)是特殊的,因为没有连接路径段(或者未经过可见性测试)
//参见 eyepath_on_light()和 lightpath_on_camera()
float BiDirTracer::weight(int e, int l,
  const Vec3& ltoedir, float ltoepdf, float etolpdf)
{

  class PathNode * en = eyepath[e];

  class PathNode * ln = lightpath[l];


  //与"this"策略的加权成比例的是:连接的眼睛的采样概率和光的次级路径的乘积
  //如果 e<=0,则处理纯粹的光的路径追踪
  //参见 join_lightpath_with_eye()
  //需要追踪的光的路径的总数量=像素的数量,因为每个像素追踪一条光的路径
  double lpdf = ln ->pdf * (e<=0 ? nrparticles : 1.);
  double epdf = en ->pdf;
  double thisw = WEIGHT(lpdf * epdf);


  //计算 lightpath[0]和 eyepath[0]之间导致相同路径的
  //更短 /更长的眼睛 /光的次级路径的所有可能组合
  //以及与这些组合相关联的加权和
  double sumw = thisw;          //加权和
  int i, j;


  //更短的眼睛次级路径 /更长的光的次级路径
  i = e; j = l;
  lpdf = ln ->pdf;              //延长的光的次级路径概率分布函数
  while (i>=0 && j<PathNode::max_light_path_depth) {
    double lxpdf = 0.;          //光的路径转移概率分布函数
```

```
if (j == 1) {
    //在 lightpath[1]的光的路径的转移概率
    //前往 eyepath[e]。概率给出为该函数的参数
    //i == e
    lxpdf = ltoepdf;
} else if (j == 1+1) {
    //评估光的路径从 lightpath[1]到达 eyepath[e]
    //并前往 eyepath[e-1]的转移概率
    //i == e-1
    class ScatteringNode * escat = eyescatnodes[e];
    float spdf = j < PathNode::min_light_path_depth   //生存 PDF
        ? 1.
        : escat ->unconstrained_survival_probability(-ltoedir);
    float dpdf;                   //直接选择概率分布函数
    escat ->eval(-ltoedir, escat ->indir, 0, 0, &dpdf, 0);
    lxpdf = spdf * dpdf * erhpdf[e]; //第 3 个因子是余弦/dist^2
} else {
    //光的路径从 eyepath[i+2]到达 eyepath[i+1]
    //并前往 eyepath[i]的转移概率
    //使用预先计算的反向眼睛路径的概率
    //i<e-1
    float spdf = j < PathNode::min_light_path_depth
        ? 1.
        : erspdf[i+1];
    lxpdf = spdf * erdpdf[i+1] * erhpdf[i+1];
}

lpdf *= lxpdf;
//光的次级路径现在结束于 eyepath[i]
//考虑连接眼睛的次级路径的末端 eyepath[i-1]
i--; j++;
double w = (i>=0) ? eyepath[i]->pdf * lpdf : lpdf;
if (i<=0) w *= nrparticles; //纯粹的光的路径追踪案例
sumw += WEIGHT(w);
}
```

```
//更短的光的次级路径 /更长的眼睛次级路径
i = e; j = 1;
epdf = en ->pdf;              //延长眼睛次级路径的概率分布函数
while (j>=0 && i<PathNode::max_eye_path_depth) {
  double expdf = 0.;          //眼睛路径转移概率分布函数
  if (i == e) {
    //眼睛路径在 eyepath[e]的转移概率
    //前往 lightpath[l]
    //j == l
    expdf = etolpdf;
  } else if (i == e+1) {
    //评估眼睛路径从 eyepath[e]到达 lightpath[l]
    //并前往 lightpath[l-1]的转移概率
    //j == l-1
    class ScatteringNode * lscat = lightscatnodes[l];
    float spdf = i < PathNode::min_eye_path_depth
      ? 1.
      : lscat ->unconstrained_survival_probability(ltoedir);
    float dpdf;
    lscat ->eval(ltoedir, lscat ->indir, 0, 0, &dpdf, 0);
    expdf = spdf * dpdf * lrhpdf[l];
  } else {
    //眼睛路径从 lightpath[j+2]到达 lightpath[j+1]
    //并前往 lightpath[j]的转移概率
    //使用预先计算的反向光路径的概率
    //j < l-1
    float spdf = i < PathNode::min_eye_path_depth
      ? 1.
      : lrspdf[j+1];
    expdf = spdf * lrdpdf[j+1] * lrhpdf[j+1];
  }
  epdf *= expdf;
  //眼睛的次级路径现在结束于 lightpath[j]
  //考虑连接光的次级路径的末端 lightpath[j-1]
  j --; i++;
```

```
        double w = (j>=0) ? lightpath[j]->pdf * epdf : epdf;
        sumw += WEIGHT(w);
    }


    return thisw / sumw;
}


//e==0 和 l==0：使用光源节点连接眼睛节点
//(将来自光源节点的自发射的辐射亮度添加到图像)
//该步骤由 eyepath_on_light()处理
//眼睛节点的深度为 1
const Spectrum BiDirTracer::join_light_eye(void)
{
    return Spectrum(0.);
}


const EmissionNode * BiDirTracer::convert_to_lightnode(int e)
{
    if (eyescatnodes[e] == &eyebkgnode) {
        //散射节点是背景节点
        //转换为背景发射节点
        eeb = BackgroundEmissionNode(eyebkgnode);
        return &eeb;
    } else {
        //散射节点是表面节点
        //转换为表面发射节点
        ees = SurfaceEmissionNode(eyesurfnodes[e]);
        return &ees;
    }
}


//e>0 && l==-1：眼睛路径到达光源
//也就是说,检查每个表面撞击,看它是不是光源
//如果是光源,则考虑其入射方向的自发射辐射亮度
const Spectrum BiDirTracer::eyepath_on_light(const int e)
```

```
  }

  class ScatteringNode * es = eyescatnodes[e];

  if (! es ->on_light_source()) {
    return Spectrum(0.);
  }

  if (e==1) {
    //这是 join_light_eye()的补充性的策略
    //但是 join_light_eye()并不执行任何操作,所以该策略获得完全加权
    return es ->source_radiance() * es ->value /es ->pdf;
  }

  //将散射节点转换到相应的发射节点中
  const EmissionNode * ee = convert_to_lightnode(e);
  class Spectrum Le;              //自发射辐射亮度
  float spdf, dpdf;              //光的路径生存和方向 s 概率分布函数
  ee ->eval(es ->indir, &Le, &spdf, &dpdf, 0);

  //计算该策略的加权
  double thisw = WEIGHT(es ->pdf);   //眼睛路径的概率分布函数

  //计算所有等效策略的加权和
  //这和其他的情形不同,因为这里没有连接的路径段
  //同样的原因,也没有对于该策略的额外的可见性测试
  double sumw = thisw;
  int i=e, j=0;
  double lpdf = ee ->pdf;         //使用发射采样的相同位置的概率分布函数
  while (i>=0 && j<PathNode::max_light_path_depth) {
    double lxpdf = 0.;
    if (j==0) {
      lxpdf = spdf * dpdf * erhpdf[e];
    } else {
      double spdf = j<PathNode::min_light_path_depth
        ? 1.
```

```
                        : erspdf[i];
                    lxpdf = spdf * erdpdf[i] * erhpdf[i];
                }
                i —; j++;
                double w = (i>=0) ? eyepath[i]->pdf * lpdf : lpdf;
                if (i<=0) w * = nrparticles;
                sumw += WEIGHT(w);
                lpdf * = lxpdf;
            }


        return Le * es ->value * (thisw /(es ->pdf * sumw));
    }


    //e>0,l==0:连接眼睛路径顶点 e>0 和光源节点
    //= 标准路径追踪
    const Spectrum BiDirTracer::join_eyepath_with_light(const int e)
    {
        if (eyescatnodes[e] == &eyebkgnode ||
            ! visible(eyescatnodes[e], lightnode))
            return Spectrum(0.);


        class SurfaceNode * en = &eyesurfnodes[e];
        class EmissionNode * ln = lightnode;
        float ecos, lcos, espdf, lspdf, edpdf, ldpdf, dist;
        class Spectrum efr, Le;
        const Vec3 ltoedir = ln ->dirto(en, &dist);
        en ->eval(-ltoedir, &efr, &espdf, &edpdf, &ecos);
        ln ->eval( ltoedir, &Le, &lspdf, &ldpdf, &lcos);
        double invdist2 = 1. /(dist * dist);
        float etolpdf = espdf * edpdf * lcos * invdist2;
        float ltoepdf = lspdf * ldpdf * ecos * invdist2;
        double G = ecos * lcos * invdist2;
        float w = weight(e, 0, ltoedir, ltoepdf, etolpdf);
        return en ->value * efr * Le * (G /(en ->pdf * ln ->pdf) * w);
    }
```

```
//e==-1,1>0:对应光的路径节点到达相机的表面
//因为这里使用的是针孔相机,所以这种情况不会发生
const Spectrum BiDirTracer::lightpath_on_camera(const int l)
{
  return Spectrum(0.);
}


//e==0,1>0:连接光的路径顶点和眼睛节点
// = 标准的光粒子追踪
//分数贡献给不同的像素
//即不是追踪的眼睛贴片所通过的那个像素
//因此,分数将直接添加给屏幕缓冲区,并且返回一个空的光谱
const Spectrum BiDirTracer::join_lightpath_with_eye(const int l)
{
  if (lightscatnodes[l] == &lightbkgnode)
    return Spectrum(0.);


  //找到像素,通过它可见光的路径节点
  class SurfaceNode * ln = &lightsurfnodes[l];
  double dist;
  class Vec3 ltoedir = ln->position.dirto(scrn->eye, &dist);


  float i, j;
  if (! scrn->getPixelCoord(-ltoedir, &i, &j) ||
      ! visible(&eyenode, ln))
    return Spectrum(0.);


  class EyeNode e(i, j);              //像素的 EyeNode
  class Spectrum We;                  //像素测量值
  float espdf, edpdf, ecos, lcos;     //路径生存/方向、概率分布函数和余弦
  e.eval(-ltoedir, &We, &espdf, &edpdf, &ecos);
  class Spectrum score = ln->scatter(ltoedir, &lcos);
  float invdist2 = 1./(dist*dist);    //反比平方距离
  score *= We * (ecos * lcos * invdist2);
  float etolpdf = espdf * edpdf * lcos * invdist2;
```

```
    float ltoepdf = 0.;                    //没机会命中眼睛点(因为是针孔相机)
    float w = weight(0, 1, ltoedir, ltoepdf, etolpdf);


    scrn->addPixel(i, j, score * (w /nrparticles));
    return Spectrum(0.);
}


//e>0,1>0:在中间节点连接眼睛和光的次级路径
const Spectrum BiDirTracer::join_intermediate(const int e, const int 1)
{
  if (eyescatnodes[e] == &eyebkgnode ||
    lightscatnodes[1] == &lightbkgnode ||
      ! visible(eyescatnodes[e], lightscatnodes[1]))
    return Spectrum(0.);

  class SurfaceNode * en = &eyesurfnodes[e];     //眼睛次级路径端点
  class SurfaceNode * ln = &lightsurfnodes[1];   //光的次级路径端点
  double dist;                                   //en /ln 之间的距离和方向
  class Vec3 ltoedir = (en->position - ln->position).normalized(&dist);
  float ecos, lcos, espdf, lspdf, edpdf, ldpdf;  //余弦,生存,pdf,方向,sel.pdf
  class Spectrum efr, lfr;                        //在眼睛 /光节点的双向散射分布函
数
  en->eval(en->indir, - ltoedir, &efr, &espdf, &edpdf, &ecos);
  ln->eval(ln->indir, ltoedir, &lfr, &lspdf, &ldpdf, &lcos);
  float invdist2 = 1. /(dist *6 dist);           //反比平方距离
  float G = ecos * lcos * invdist2;              //几何因子
  float etolpdf = espdf * edpdf * lcos * invdist2; //转移概率分布函数 en ->ln
  float ltoepdf = lspdf * ldpdf * ecos * invdist2; //转移概率分布函数 ln ->en

  float w = weight(e, 1, ltoedir, ltoepdf, etolpdf);
  return en->value * efr * lfr * ln->value * (G /(en->pdf * ln->pdf) * w);
}


//连接深度为 e 的眼睛次级路径顶点和光的次级路径
//深度为 1 的顶点。e 或 1 等于-1 意味着空的次级路径
```

```
const Spectrum BiDirTracer::joinat(const int e, const int l)
{
    class Spectrum score(0.);
    if (e==0 && l==0)
        score = join_light_eye();
    else if (e<=0 && l<=0)                    //在光或相机光节点上的眼睛点
        score = Spectrum(0.);                 //或者两个次级路径都是空的:这不
可能出现
    else if (e==-1)
        score = lightpath_on_camera(l);
    else if (l==-1)
        score = eyepath_on_light(e);
    else if (e==0)
        score = join_lightpath_with_eye(l);
    else if (l==0)
        score = join_eyepath_with_light(e);
    else
        score = join_intermediate(e, l);
    return score;
}


const Spectrum BiDirTracer::join(void)
{
    //预先计算对眼睛和光的路径(在反方向上)取样的概率
    compute_reverse_eyepath_probs();
    compute_reverse_lightpath_probs();

    class Spectrum score(0.);

    //t 是合并的路径总长
    //其计算方式为:眼睛次级路径的长度+光的次级路径的长度+1(连接线段的长度)
    //长度为"-1"表示空的路径(无节点)
    for (int t=1; t<=eyepathlen+lightpathlen+1
            && t<=max_combined_path_length; t++) {
        for (int e=-1; e<=eyepathlen; e++) {  //e是眼睛次级路径的长度
```

```
        int l=t－e－1; //l 是光的次级路径的长度
        if (l>=－1 && l<=lightpathlen)
          score += joinat(e, l);
      }
    }

    return score;
  }


const Spectrum BiDirTracer::tracepixel(const int i, const int j)
{
    //追踪眼睛的路径
    eyenode = EyeNode(i,j);
    eyepathlen = trace_eye_path(&eyenode);

    //对光源采样并追踪光的路径
    lightnode = 0;
    while (! lightnode) lightnode = lightsampler ->sample(&senode, &benode);
    lightpathlen = trace_light_path(lightnode);

    //连接眼睛和光的路径
    return join();
  }


  //预先计算常量
  //并给渲染帧所需要的数组分配内存
  void BiDirTracer::setup(int orgi, int orgj, int di, int dj)
  {
    PathNode::min_light_path_depth = min_light_path_length;
    PathNode::max_light_path_depth = max_light_path_length;
    PathNode::min_eye_path_depth = min_eye_path_length;
    PathNode::max_eye_path_depth = max_eye_path_length;

    eyesurfnodes = new class SurfaceNode [PathNode::max_eye_path_depth+1];
    lightsurfnodes = new class SurfaceNode [PathNode::max_light_path_depth+
1];
```

```
    eyescatnodes = new class ScatteringNode * [PathNode::max_eye_path_depth+
1];

    lightscatnodes = new class ScatteringNode * [PathNode::max_light_path_
depth+1];

    lightpath = new class PathNode * [PathNode::max_light_path_depth+1];
    eyepath = new class PathNode * [PathNode::max_eye_path_depth+1];
    erdpdf = new float [PathNode::max_eye_path_depth+1];
    lrdpdf = new float [PathNode::max_light_path_depth+1];
    erspdf = new float [PathNode::max_eye_path_depth+1];
    lrspdf = new float [PathNode::max_light_path_depth+1];
    erhpdf = new float [PathNode::max_eye_path_depth+1];
    lrhpdf = new float [PathNode::max_light_path_depth+1];

    int npixx = scrn->width;
    int npixy = scrn->height; nrparticles = npixx * npixy;
}


//撤销 setup()的效果
void BiDirTracer::cleanup(void)
{
  delete [] eyesurfnodes;
  delete [] lightsurfnodes;
  delete [] eyescatnodes;
  delete [] lightscatnodes;
  delete [] lightpath;
  delete [] eyepath;
  delete [] erdpdf;
  delete [] lrdpdf;
  delete [] erspdf;
  delete [] lrspdf;
  delete [] erhpdf;
  delete [] lrhpdf;
}


void BiDirTracer::trace(void)
{
```

```
setup();
for (int j=0; j<scrn->height; j++) {
    for (int i=0; i<scrn->width; i++) {
        scrn->addPixel(i, j, tracepixel(i, j));
    }
}
cleanup();
}
```

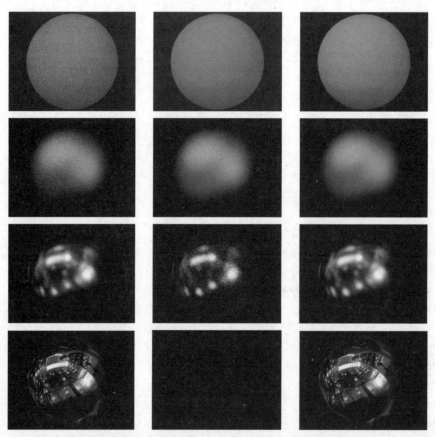

图 A.2　通过本节的实现获得的多重重要性光源采样的结果:顶部的球体是漫反射的,它们越向下则变得越来越像镜子。左侧列的图片仅使用双向散射分布函数采样生成。双向散射分布函数采样适用于类镜面曲面。中间栏则显示了仅使用光进行采样获得的结果。光采样最适合漫反射表面。右侧列则可以表明,将双向散射分布函数采样与使用多重重要性采样(详见参考文献[201])的光采样相结合可以产生更好的结果

附录 B 半 球 坐 标

B.1 半 球 坐 标

在照片级真实感渲染中,人们经常希望使用以半球(球体的一半)定义的函数,以表面点为中心。半球包含站在地面点时人们可以看到的所有方向:人们可以从地平线一直看到穹顶和环绕的四周。因此,半球是一个二维空间,半球上的每个点都定义了一个方向。球面坐标是参数化半球的实用方法。

在球面坐标系中,每个方向都有两个角度(见图 B.1)。第一个角度 φ 表示方位角,并且相对于位于 x 处的切平面中的任意轴进行测量;第二个角度 θ 给出从表面点 x 处的法向量 N_x 测量的高度。使用大写希腊字母书写方向,则可以将方向 Θ 表示为 (φ, θ) 对。

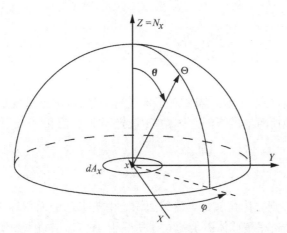

图 B.1 半球坐标

角度 φ 和 θ 的值属于间隔

$$\varphi \in [0, 2\pi]$$
$$\theta \in [0, \pi/2]$$

到目前为止,已经在半球上定义了方向(或点)。如果要指定空间中的每个三维点(不仅是半球上的点),则可以添加沿着方向 Θ 的距离 r。然后通过 3 个坐标(φ, θ, r)定义任何三维点。笛卡儿坐标和球面坐标之间的转换(在原点放置 x, N_x 平行于 Z 轴,在 X 轴,角度 $\varphi = 0$)直接使用了一些基本的三角函数:

$$x = r \cos \varphi \sin \theta$$
$$y = r \sin \varphi \sin \theta$$
$$z = r \cos \theta$$

或者还有:

$$r = \sqrt{x^2 + y^2 + z^2}$$
$$\tan\varphi = y/x$$
$$\tan\theta = \frac{\sqrt{x^2 + y^2}}{z}$$

在大多数渲染算法中,通常仅使用没有距离参数 r 的半球坐标。这是因为开发人员更有兴趣在给定表面点的入射方向上定义积分函数,而不是在完整的球面坐标中表示三维空间中的函数。

B.2　立　体　角

为了在半球上建立积分函数,需要对半球进行测量,这项测量就是立体角。

由半球上的区域所对应的有限立体角 Ω 被定义为总面积 A 除以半球的半径 r 的平方(见图 B.2)。

$$\Omega = \frac{A}{r^2}$$

如果半径 $r = 1$,则立体角就是半球的面积。由于半球的面积等于 $2\pi r^2$,整个半球所覆盖的立体角等于 2π,完整球体覆盖的立体角等于 4π。立体角是无量纲的,但以球面度(Steradians)(sr)表示。注意,立体角不依赖于表面 A 的形状,而是仅取决于总面积。

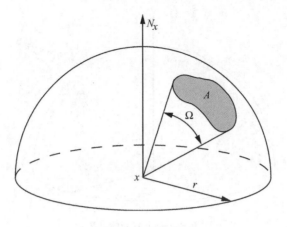

图 B.2　立体角

　　为了计算空间中任意表面或物体所对应的立体角,首先需要在半球上投影表面或物体,然后再计算投影的立体角(见图 B.3)。请注意,两个形状不同的对象仍然可以对齐相同的立体角。

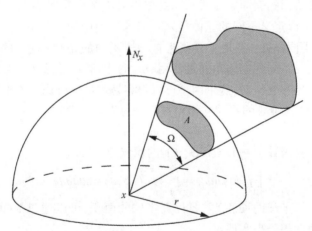

图 B.3　两个形状不同的对象仍然可以对齐相同的立体角

　　对于很小的表面,可以使用以下近似值来计算表面或对象所对应的立体角(见图 B.4):

$$\Omega = \frac{A\cos\alpha}{d^2}$$

其中,$\cos\alpha$ 就是投影表面积的近似值。

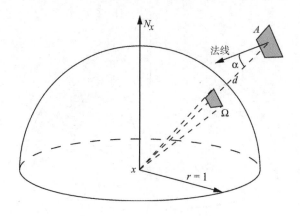

图 B.4　较小表面的立体角

B.3　在半球上的积分

正如可以定义不同的表面区域或不同的体积来建立笛卡儿 *XY* 或 *XYZ* 空间中的积分函数一样,人们也可以定义不同的立体角来在半球空间中建立积分函数。与笛卡儿空间相比,它存在一个不同之处:在地平线附近被一个不同的 $d\Theta$ "扫过" 的半球上的"面积"比在极点附近更大。不同的立体角通过使用 $\sin(\theta)$ 因子来考虑这一点(当应用从笛卡儿坐标到半球坐标的坐标变换时,这个因子可以很容易地从雅可比矩阵推导出来)。

于是,以方向 Θ 为中心的不同立体角可以编写为以下形式:

$$d\omega_\Theta = \sin\theta d\theta d\varphi$$

要在半球上建立函数 $f(\Theta) = f(\varphi,\theta)$ 的积分,则可以表示为

$$\int_\Omega f(\Theta)d\omega_\Theta = \int_0^{2\pi}\int_0^{\pi/2} f(\varphi,\theta)\sin\theta d\theta d\varphi$$

(1)示例1(计算半球的面积)。要计算半球的面积,可以通过简单地在整个积分域上建立不同立体角的积分来实现:

$$
\begin{aligned}
\int_\Omega d\omega_\Theta &= \int_0^{2\pi} d\varphi \int_0^{\pi/2} \sin\theta d\theta \\
&= \int_0^{2\pi} d\varphi \left[-\cos\theta\right]_0^{\pi/2} \\
&= \int_0^{2\pi} 1\cdot d\varphi \\
&= 2\pi
\end{aligned}
$$

（2）示例 2（积分余弦波）。在处理某些使用余弦波作为其基本构建块（例如，Phong 或 Lafortune 模型）的双向反射分布函数模型时，在半球上建立余弦波的积分是很实用的做法。以 N_x 为中心的余弦波与功率 N 可以通过直接方式集成：

$$\int_{\Omega} \cos^N(\Theta, N_x) \, d\omega_{\Theta} = \int_0^{2\pi} d\varphi \int_0^{\pi/2} \cos^N \theta \sin \theta d\theta$$

$$= \int_0^{2\pi} d\varphi \left[-\frac{\cos^{N+1}\theta}{N+1} \right]_0^{\pi/2}$$

$$= \int_0^{2\pi} \frac{1}{N+1} \cdot d\varphi$$

$$= \frac{2\pi}{N+1}$$

B.4　半球区域转换

在渲染算法中，有时更方便的做法是：在半球上表示一个积分作为从 x 可见的表面上的积分。例如，如果想要计算由于远距离光源而在某个点处产生的所有入射光，则可以在光源所对应的立体角内的所有方向上进行积分，或者也可以在光源的实际区域上进行积分。要将半球形积分转换为区域积分，必须使用不同表面和不同立体角之间的关系：

$$d\omega_{\Theta} = \frac{\cos\Theta_y \, dA_y}{r_{xy}^2}$$

围绕方向 Θ 的不同立体角 $d\omega_{\Theta}$ 可以被转换为表面点 y 处的不同表面 dA_y（见图 B.5）。因此，半球上的任何积分也可以写成每个方向 Θ 上的每个可见的不同表面 dA_y 上的积分：

$$\int_{\Omega} f(\Theta) \, d\omega_{\Theta} = \int_A f(y) \frac{\cos\theta_y}{r_{xy}^2} dA_y$$

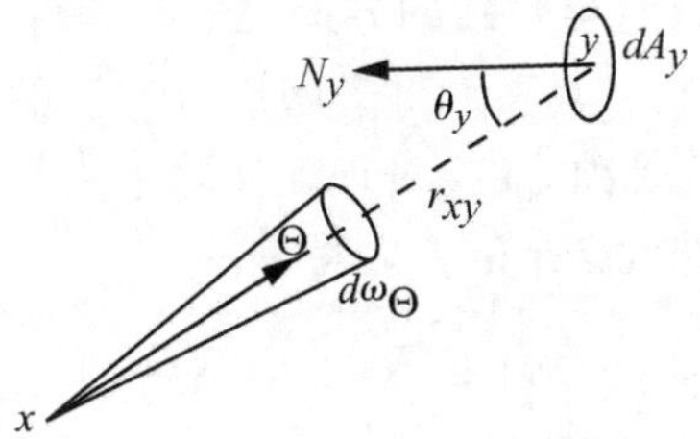

图 B.5　区域和立体角之间的转换

附录 C 随机松弛辐射度算法的理论分析

本附录将展示如何分析本书 6.3 节中介绍的增量发射迭代算法的方差,并演示如何从中推导出许多实际结果。其他算法的分析非常相似,推荐感兴趣的读者自行练习。

现在可以从推导增量发射迭代算法的方差开始。首先要指出的是,结果辐射度是在若干次迭代步骤中计算出的增量之和。这里将先推导出单次迭代的方差,然后展示收敛结果的方差是如何由单次迭代方差组成的。

(1) 单次增量发射迭代的方差。单个增量发射迭代的方差可以通过直接应用蒙特卡罗求和方差的定义推导出:

$$S = \sum_{i=1}^{n} a_i \quad 要计算的和(n \text{ 个项目})$$

$$S \approx \frac{a_{i_s}}{p_{i_s}} \quad 单个采样估计$$

$$V[\hat{S}] = \sum_{i=1}^{n} \frac{a_i^2}{p_i} - S^2 \quad 单个采样方差$$

对于 N 个样本来说,其方差为 $V[\hat{S}]/N$。

这里要估计的总和将在式(6.11)中给出。从总和中挑选项的概率 p 可以在式(6.12)中计算获得。得到的第 k 个增量发射迭代的单样本方差如下:

$$V[\Delta \hat{P}_i^{(k+1)}] = \rho_i \Delta P_T^{(k)} \Delta P_i^{(k+1)} - (\Delta P_i^{(k+1)})^2 \tag{C.1}$$

与前一项相比,后一项通常可以忽略不计($\Delta P_i^{(k+1)} \geqslant \Delta P_T^{(k)}$)。

(2) 一系列增量发射迭代直至收敛的方差。最终获得的求解结果 P_i 实际上是在每个迭代步骤中计算的增量 $\Delta P_i^{(k)}$ 之和。每个增量 $\Delta P_i^{(k)}$ 的单样本方差可以通过上面的式(C.1)给出。假设后续迭代是独立的(表现在实际上则是良好的逼近),并且在第 k 次迭代中使用 N_k 独立样本,K 迭代结果的方差将是:

$$V[\hat{P}_i] = \sum_{k=1}^{K} \frac{1}{N_k} V[\Delta \hat{P}_i^{(k)}]$$

如果 $1/N_k$ 与 $V[\Delta \hat{P}_i^{(k)}]$ 成反比,则获得在单独迭代中 $N = \sum_{k=1}^{K} N_k$ 样本的最佳分配

(详见本书 3.6.5 节)。对于所有贴片 i，$V[\Delta\hat{P}_i^{(k)}]$(见式(C.1))与 $P_T^{(k-1)}$ 大致成比例，这表明在第 k 次迭代中选择的样本数与该迭代中传播的总的未发射功率 $\Delta P_T^{(k-1)}$ 成比例：

$$N_k \approx N\frac{\Delta P_T^{(k-1)}}{P_T}$$

当 N_k 降至很小的阈值以下时，已达到收敛。结合上述所有结果，可以证明收敛后辐射度 B_i 的方差是由下式给出的良好近似值(Good Approximation)：

$$V[\hat{B}_i] \approx \frac{P_T}{N}\frac{\rho_i(B_i - B_i^e)}{A_i} \tag{C.2}$$

(3) 时间复杂性。现在转向另一个问题，即如何根据贴片数量 n 来改变样本 N 的数量，以便计算所有的辐射度 B_i 达到规定的精度 ε，并且具有 99.7% 的可信度。根据中心极限定理(详见本书 3.4.4 节)，应选择样本数 N 使得针对所有的 i 下式成立：

$$3\sqrt{\frac{V[\hat{B}_i]}{N}} \leqslant \varepsilon$$

填入方程式(C.2)即可得出下式：

$$N \geqslant \frac{9P_T}{\varepsilon^2}\cdot\max_i\frac{\rho_i(B_i - B_i^e)}{A_i} \tag{C.3}$$

这个公式允许开发人员测试，当要渲染的场景"变大"时，必须如何增加要发射的光线数量。但是，场景"变大"的方式有多种的可能方案，例如，可以添加新的物体，也可以在不添加新物体的情况下切换到场景中的表面，进行更精致的表面镶嵌布置(Tessellation)。如果场景中的所有贴片都被分成两部分，则为了获得给定的精度，光线数量自然也需要加倍，因为(渐近式)划分贴片对反射率和辐射度是没有影响的。发射光线的成本通常被假设为多边形数量的对数。虽然事实上要复杂得多，但人们普遍认为蒙特卡罗辐射度算法具有对数线性复杂度。无论如何，它们的复杂性远低于二次方。该结果不仅适用于增量随机发射功率，而且适用于基于发射的其他蒙特卡罗辐射度算法(详见参考文献[169]、[162]、[15])。

(4) 用于选择样本数 N 的启发式算法。前文已经证明，每次增量发射迭代中的样本数量的选择应与在该迭代中分布的功率总量成比例。换句话说，每一条要发射的射线应该传播相同的光能"量子"。当然，前文还没有回答量子数量应该有多大的问题，换言之，就是完整的增量发射迭代序列需要选择多少条射线 N 才能收敛。这就是接下来要讨论的重点。

式(C.3)可以帮助开发人员推导出答案。假设有人想选择 N，那么在 99.7% 的可信度下,任何贴片 i 上的误差 ε 都将小于场景中的平均辐射度 $B^{av} = P_T / A_T$。然后可以用 $A_T \varepsilon$ 代替式(C.3)中的总功率 P_T。一般来说,对于场景中的大多数贴片,$B_i^e = 0$。可以使用平均辐射度来近似 $B_i - B_i^e$,然后通过 ε 可以得到

$$N \approx 9 \cdot \max_i \frac{\rho_i A_T}{A_i} \qquad\qquad (C.4)$$

在实践中,使用最大比率 ρ_i / A_i 跳过场景中10%的贴片是很有意义的。请注意,对于数量 N 可执行粗略的启发式算法:通过对若干次独立运行算法之后获得的结果值进行平均,总是可以获得更高的精度。

参考文献

［1］ Sameer Agarwal, Ravi Ramamoorthi, Serge Belongie, and Henrik Wann Jensen. "Structured Importance Sampling of Environment Maps." ACM Transactions on Graphics 22: 3(2003), 605 – 612.

［2］ L. Alonso, F. Cuny, S. Petit Jean, J.‑C. Paul, S. Lazard, and E. Wies. "The Virtual Mesh: A Geometric Abstraction for Efficiently Computing Radiosity." ACM Transactions on Graphics 3:20 (2001), 169 – 201.

［3］ Thomas Annen, Jan Kautz, Frdo Durand, and Hans – Peter Seidel. "Spherical Harmonic Gradients for Mid – Range Illumination." In Rendering Techniques 2004 Eurographics Symposium on Rendering, pp. 331 – 336, 2004.

［4］ A. Appel. "Some Techniques for Shading Machine Renderings of Solids." In AFIPS 1968 Spring Joint Computer Conference, 32, 32, 1968.

［5］ J. Arvo. "Backward Ray Tracing." In SIGGRAPH 1986 Developments in Ray Tracing course notes, 1986.

［6］ J. Arvo. "Stratified Sampling of Spherical Triangles." In Computer Graphics Proceedings, Annual Conference Series, 1995 (ACM SIG – GRAPH '95 Proceedings), pp. 437 – 438, 1995.

［7］ Kavita Bala, Julie Dorsey, and Seth Teller. "Interactive Ray – Traced Scene Editing Using Ray Segment Trees." In Tenth Eurographics Workshop on Rendering, pp. 39 – 52, 1999.

［8］ Kavita Bala, Julie Dorsey, and Seth Teller. "Radiance Interpolants for Accelerated Bounded – Error Ray Tracing." ACM Transactions on Graphics 18:3 (1999), 213 – 256.

［9］ Kavita Bala, Bruce Walter, and Donald P. Greenberg. "Combin – ing Edges and Points for High – Quality Interactive Rendering." ACM Transactions on Graphics 23:3 (SIGGRAPH 2003), 631 – 640.

［10］ Kavita Bala. "Radiance Interpolants for Interactive Scene Editing and Ray Tracing." Ph. D. thesis, Massachusetts Institute of Technology, 1999.

[11] Ph. Bekaert and H. - P. Seidel. "A Theoretical Comparison of Monte Carlo Radiosity Algorithms." In Proc. 6th Fall Workshop on Vision, Modeling and Visualisation 2001 (VMV01), Stuttgart, Germany, pp. 257 - 264, 2001.

[12] Ph. Bekaert, L. Neumann, A. Neumann, M. Sbert, and Y. D. Willems. "Hierarchical Monte Carlo Radiosity." In Proceedings of the 9th. Eu - rographics Workshop on Rendering, Vienna, Austria, 1998.

[13] Ph. Bekaert, M. Sbert, and Y. Willems. "The Computation of Higher - Order Radiosity Approximations with a Stochastic Jacobi Iterative Method." In 16th Spring Conference on Computer Graphics, Comenius University, Bratislava, Slovakia, 2000. 212 - 221.

[14] Ph. Bekaert, M. Sbert, and Y. Willems. "Weighted Importance Sampling Techniques for Monte Carlo Radiosity." In Rendering Techniques '2000 (Proceedings of the 11th Eurographics Workshop on Rendering, Brno, Czech Rep.), p. 35 - 46. Springer Computer Science, 2000.

[15] Ph. Bekaert. "Hierarchical and Stochastic Algorithms for Radiosity." Ph. D. thesis, K. U. Leuven, Department of Computer Science, 1999.

[16] Gary Bishop, Henry Fuchs, Leonard McMillan, and Ellen J. Scher Zagier. "Frameless Rendering: Double Buffering Considered Harmful." Computer Graphics 28: Annual Conference Series (1994), 175 - 176.

[17] Ph. Blasi, B. Le Saec, and C. Schlick. "A Rendering Algorithm for Discrete Volume Density Objects." Computer Graphics Forum 12:3 (1993), 201 - 210.

[18] K. Bouatouch, S. N. Pattanaik, and E. Zeghers. "Computation of Higher Order Illumination with a Non - Deterministic Approach." Computer Graphics Forum 15:3 (1996), 327 - 338.

[19] P. Bratley, B. L. Fox, and H. Niederreiter. "Implementation and Tests of Low-Discrepancy Sequences." ACM Transactions on Modelling and Computer Simulation 2:3 (1992), 195 - 213.

[20] M. Bunnell. "Dynamic Ambient Occlusion and Indirect Lighting." In GPU Gems 2: Programming Techniques for High - Performance Graphics and General - Purpose Computation, edited by M. Pharr, pp. 223 - 233. Reading, MA: Addison - Wesley, 2005.

[21] David Burke, Abhijeet Ghosh, and Wolfgang Heidrich. "Bidirectional Importance Sampling for Direct Illumination." In Rendering Techniques 2005: 16th Eurographics Workshop on Rendering, pp. 147 - 156, 2005.

[22] S. Chandrasekhar. Radiative Transfer. Oxford: Oxford University Press, 1950.

[23] S. Chattopadhyay and A. Fujimoto. "Bi - directional Ray Tracing." In Computer Graphics 1987 (Proceedings of CG International 1987), edited by Tosiyasu Kunii, pp. 335 - 43. Tokyo: Springer - Verlag, 1987.

[24] S. E. Chen, H. E. Rushmeier, G. Miller, and D. Turner. "A Progressive Multi - Pass Method for Global Illumination." In Computer Graphics (SIGGRAPH' 91 Proceedings), pp. 165 - 174, 1991.

[25] P. H. Christensen, D. H. Salesin, and T. D. DeRose. "A Continuous Adjoint Formulation for Radiance Transport." In Fourth Eurographics Workshop on Rendering, pp. 95 - 104, 1993.

[26] P. H. Christensen, E. J. Stollnitz, and D. H. Salesin. "Global Illumination of Glossy Environments Using Wavelets and Importance." ACM Transactions on Graphics 15:1 (1996), 37 - 71.

[27] Petrik Clarberg, Wojciech Jarosz, Tomas Akenine - M"oller, and Hen - rik Wann Jensen. "Wavelet Importance Sampling: Efficiently Evaluat - ing Products of Complex Functions." ACM Transactions on Graphics 24:3 (2005), 1166 - 1175.

[28] M. F. Cohen and D. P. Greenberg. "The Hemi - Cube: A Radiosity So - lution for Complex Environments." Computer Graphics (SIGGRAPH ' 85 Proceedings) 19:3 (1985), 31 - 40.

[29] M. F. Cohen and J. R. Wallace. Radiosity and Realistic Image Synthesis. Boston, MA: Academic Press Professional, 1993.

[30] M. F. Cohen, D. P. Greenberg, D. S. Immel, and P. J. Brock. "An Efficient Radiosity Approach for Realistic Image Synthesis." IEEE Computer Graphics and Applications 6:3 (1986), 26 - 35.

[31] M. F. Cohen, S. E. Chen, J. R. Wallace, and D. P. Greenberg. "A Progressive Refinement Approach to Fast Radiosity Image Generation." In Computer Graphics (SIGGRAPH' 88 Proceedings), pp. 75 - 84, 1988.

[32] S. Collins. "Adaptive Splatting for Specular to Diffuse Light Transport." In Fifth Eurographics Workshop on Rendering, pp. 119 - 135, 1994.

[33] R. Cook and K. Torrance. "A Reflectance Model for Computer Graphics." ACM Transactions on Graphics 1:1 (1982), 7 - 24.

[34] R. L. Cook, T. Porter, and L. Carpenter. "Distributed Ray Tracing." Computer Graphics 18:3 (1984), 137 - 145.

[35] S. Daly. "Engineering Observations from Spatio - Velocity and Spatiotemporal Vis-

ual Models. ” IST/SPIE Conference on Human Vision and Electronic Imaging III, SPIE 3299
(1998), 180 - 191.

[36] L. M. Delves and J. L. Mohamed. Computational Methods for Integral Equations.
Cambridge, UK: Cambridge University Press, 1985.

[37] K. Devlin, A. Chalmers, A. Wilkie, and W. Purgathofer. "Tone Reproduction
and Physically Based Spectral Rendering. ” In Eurographics 2002: State of the Art Reports,
pp. 101 - 123. Aire - la - Ville, Switzerland: Eurographics Association, 2002.

[38] Kirill Dmitriev, Stefan Brabec, Karol Myszkowski, and Hans - Peter Seidel. "In-
teractive Global Illumination using Selective Photon Tracing. ” In Thirteenth Eurographics
Workshop on Rendering, 2002.

[39] George Drettakis and Francois X. Sillion. "Interactive Update of Global Illumina-
tion Using a Line - Space Hierarchy. ” In Computer Graphics (SIGGRAPH 1997 Proceed-
ings), pp. 57 - 64, 1997.

[40] Reynald Dumont, Fabio Pellacini, and James A. Ferwerda. "Perceptually - Driven
Decision Theory for Interactive Realistic Rendering. ” ACM Transactions on Graphics 22:2
(2003), 152 - 181.

[41] Ph. Dutré and Y. D. Willems. "Importance - Driven Monte Carlo Light Tracing. ”
In Fifth Eurographics Workshop on Rendering, pp. 185 - 194. Darmstadt, Germany, 1994.

[42] Ph. Dutré and Y. D. Willems. "Potential - Driven Monte Carlo Particle Tracing
for Diffuse Environments with Adaptive Probability Density Functions. ” In Eurographics Ren-
dering Workshop 1995, 1995.

[43] S. M. Ermakow. Die Monte - Carlo - Methode und verwandte Fragen. Berlin: V.
E. B. Deutscher Verlag der Wissenschaften, 1975.

[44] M. Feda. "A Monte Carlo Approach for Galerkin Radiosity. ” The Visual Computer
12:8 (1996), 390 - 405.

[45] S. Fernandez, K. Bala, and D. Greenberg. "Local Illumination Environments for
Direct Lighting Acceleration. ” Eurographics Workshop on Rendering 2002, pp. 7 - 14, 2002.

[46] Randima Fernando. GPU Gems: Programming Techniques, Tips, and Tricks for
Real - Time Graphics. Reading, MA: Addison - Wesley Professional, 2004.

[47] J. Ferwerda, S. Pattanaik, P. Shirley, and D. Greenberg. "A model of Visual
Adaptation for Realistic Image Synthesis. ” In SIGGRAPH 96 Conference Proceedings,
pp. 249 - 258, 1996.

[48] James A. Ferwerda, Stephen H. Westin, Randall C. Smith, and Richard Pawlicki.

"Effects of Rendering on Shape Perception in Automobile Design." In APGV 2004, pp. 107 – 114, 2004.

[49] R. P. Feynman. QED. Princeton: Princeton University Press, 1988.

[50] G. E. Forsythe and R. A. Leibler. "Matrix Inversion by a Monte Carlo Method." Math. Tabl. Aids. Comput. 4 (1950), 127 – 129.

[51] C. Piatko G. Ward, H. Rushmeier. "A Visibility Matching Tone Reproduction Operator for High Dynamic Range Scenes." IEEE Transactions on Visualization and Computer Graphics 3:4 (1997), 291 – 306.

[52] A. S. Glassner, editor. An Introduction to Ray Tracing. London: Academic Press, 1989.

[53] A. S. Glassner. "A Model for Fluorescence and Phosphorescence." In Proceedings of the Fifth Eurographics Workshop on Rendering, pp. 57 – 68, 1994.

[54] A. S. Glassner. Principles of Digital Image Synthesis. San Francisco, CA: Morgan Kaufmann Publishers, Inc. , 1995.

[55] J. S. Gondek, G. W. Meyer, and J. G. Newman. "Wavelength Dependent Reflectance Functions." In Proceedings of SIGGRAPH'94, pp. 213 – 220, 1994.

[56] C. M. Goral, K. E. Torrance, D. P. Greenberg, and B. Battaile. "Modeling the Interaction of Light Between Diffuse Surfaces." In SIGGRAPH '84 Conference Proceedings, pp. 213 – 222, 1984.

[57] Steven Gortler, Radek Grzeszczuk, Richard Szeliski, and Michael Cohen. "The Lumigraph." In Computer Graphics (SIGGRAPH 1996 Proceedings), pp. 43 – 54, 1996.

[58] H. Gouraud. "Continuous Shading of Curved Surfaces." IEEE Transactions on Computers 20:6 (1971), 623 – 629.

[59] D. Greenberg, K. Torrance, P. Shirley, J. Arvo, J. Ferwerda, S. Pattanaik, E. Lafortune, B. Walter, S. Foo, and B. Trumbore. "A Framework for Realistic Image Synthesis." In Proceedings of ACM SIG GRAPH, pp. 44 – 53, 1997.

[60] E. A. Haines and D. P. Greenberg. "The Light Buffer: a Shadow Testing Accelerator." IEEE Computer Graphics & Applications 6:9 (1986), 6 – 16.

[61] J. H. Halton. "A Restrospective and Prospective Survey of the Monte Carlo Method." SIAM Review 12:1 (1970), 1 – 63.

[62] J. M. Hammersley and D. C. Handscomb. Monte Carlo Methods. London: Methuen /Chapman and Hall, 1964.

[63] P. Hanrahan and W. Krueger. "Reflection from Layered Surfaces Due to Subsur-

face Scattering. " In Proceedings of SIGGRAPH 93, pp. 165 – 174, 1993.

[64] P. Hanrahan, D. Salzman, and L. Aupperle. "A Rapid Hierarchical Radiosity Algorithm. " In Computer Graphics (SIGGRAPH '91 Proceedings), pp. 197 – 206, 1991.

[65] D. Hart, Ph. Dutré, and D. P. Greenberg. "Direct Illumination With Lazy Visibility Evaluation. " In Proceedings of SIGGRAPH '99, Computer Graphics Proceedings, Annual Conference Series, pp. 147 – 154, 1999.

[66] Milos Hasan, Fabio Pellacini, and Kavita Bala. "Direct – to – Indirect Transfer for Cinematic Relighting. " To appear in SIGGRAPH: ACM Trans. Graph. , 2006.

[67] X. D. He, K. E. Torrance, F. X. Sillion, and D. P. Greenberg. "A Comprehensive Physical Model for Light Reflection. " In Computer Graphics (SIGGRAPH 1991 Proceedings), pp. 175 – 86, 1991.

[68] E. Hecht and A. Zajac. Optics. Reading, MA: Addison – Wesley Publishing Company, 1979.

[69] P. S. Heckbert and J. Winget. "Finite Element Methods for Global Illumination. " Technical Report UCB/CSD 91/643, Computer Science Division (EECS), University of California, Berkeley, California, USA, 1991.

[70] P. S. Heckbert. "Adaptive Radiosity Textures for Bidirectional Ray Tracing. " Computer Graphics (SIGGRAPH '90 Proceedings) 24:4 (1990), 145 – 154.

[71] P. S. Heckbert. "Discontinuity Meshing for Radiosity. " Third Eurographics Workshop on Rendering, pp. 203 – 226.

[72] Wolfgang Heidrich and Hans – Peter Seidel. "Realistic, Hardware – Accelerated Shading and Lighting. " In Proceedings of SIGGRAPH 99, Computer Graphics Proceedings, Annual Conference Series, pp. 171 – 178, 1999.

[73] D. Hockney. Secret Knowledge. London: Thames and Hudson, 2001.

[74] Piti Irawan, James A. Ferwerda, and Stephen R. Marschner. "Perceptually Based Tone Mapping of High Dynamic Range Image Streams. " In 16th Eurographics Workshop on Rendering, pp. 231 – 242, 2005.

[75] A. Ishimaru. Wave Propagation and Scattering in Random Media, Volume 1: Single Scattering and Transport Theory. New York: Academic Press, 1978.

[76] H. W. Jensen and J. Buhler. "A Rapid Hierarchical Rendering Technique for Translucent Materials. " ACM Transactions on Graphics 21:3 (2002), 576 – 581.

[77] H. W. Jensen and N. J. Christensen. "Photon Maps in Bidirectional Monte Carlo Ray Tracing of Complex Objects. " Computers & Graphics 19:2 (1995), 215 – 224.

[78] H. W. Jensen and P. H. Christensen. "Efficient Simulation of Light Transport in Scenes with Participating Media using Photon Maps." In Proceedings of SIGGRAPH'98, pp. 311－320, 1998.

[79] H. W. Jensen, J. Arvo, M. Fajardo, P. Hanrahan, D. Mitchell, M. Pharr, and P. Shirley. "State of the Art in Monte Carlo Ray Tracing for Realistic Image Synthesis." In SIGGRAPH 2001 Course Notes (Course 29), 2001.

[80] H. W. Jensen, S. R. Marschner, M. Levoy, and P. Hanrahan. "A Practical Model for Subsurface Light Transport." In Proceedings of ACM SIGGRAPH 2001, Computer Graphics Proceedings, Annual Conference Series, pp. 511－518, 2001.

[81] H. W. Jensen. "Global Illumination using Photon Maps." In Eurographics Rendering Workshop 1996, pp. 21－30. Eurographics, 1996.

[82] H. W. Jensen. "Rendering Caustics on Non－Lambertian Surfaces." In Proceedings of Graphics Interface 1992, pp. 116－121. Canadian Information Processing Society, 1996.

[83] H. W. Jensen. Realistic Image Synthesis Using Photon Mapping. Wellesley, MA: A K Peters, 2001.

[84] T. Tawara K. Myszkowski, P. Rokita. "Preceptually－Informed Accelrated Rendering of High Quality Walkthrough Sequences." Proceedings of the 10th Eurographics Workshop on Rendering, pp. 5－18.

[85] J. T. Kajiya. "The Rendering Equation." Computer Graphics (SIGGRAPH '86 Proceedings) 20:4 (1986), 143－150.

[86] M. H. Kalos and P. Whitlock. The Monte Carlo method. Volume 1: Basics. J. Wiley and Sons, 1986.

[87] Jan Kautz, Peter－Pike Sloan, and John Snyder. "Fast, Arbitrary BRDF Shading for Low－Frequency Lighting using Spherical Harmonics." In Eurographgics Rendering Workshop '02, pp. 291－296, 2002.

[88] Jan Kautz, J. Lehtinen, and T. Aila. "Hemispherical Rasterization for Self－Shadowing of Dynamic Objects." In Eurographics Symposium on Rendering, pp. 179－184, 2004.

[89] A. Keller. "The Fast Calculation of Form Factors Using Low Discrepancy Sequences." In Proceedings of the Spring Conference on Computer Graphics (SCCG '96), pp. 195－204, 1996.

[90] A. Keller. "Quasi－Monte Carlo Radiosity." In Eurographics Rendering Workshop 1996, pp. 101－110, 1996.

［91］A. Keller. "Instant Radiosity." In SIGGRAPH 97 Conference Proceedings, pp. 49 - 56, 1997.

［92］A. Keller. "Quasi - Monte Carlo methods for photorealistic image syn - thesis." Ph. D. thesis, Universitat Kaiserslautern, Germany, 1997.

［93］A. J. F. Kok and F. W. Jansen. "Sampling Pattern Coherence for Sampling Area Light Sources." In Third Eurographics Workshop on Rendering, p. 283, 1992.

［94］A. J. F. Kok. "Ray Tracing and Radiosity Algorithms for Photorealistic Images Synthesis." Ph. D. thesis, Technische Universiteit Delft, The Netherlands, 1994.

［95］C. Kolb, D. Mitchell, and P. Hanrahan. "A Realistic Camera Model for Computer Graphics." In Computer Graphics Proceedings, Annual Conference Series, 1995 (SIGGRAPH 1995), pp. 317 - 324, 1995.

［96］T. Kollig and A. Keller. "Efficient Multidimensional Sampling." Computer Graphics Forum 21:3 (2002), 557 - 564.

［97］Thomas Kollig and Alexander Keller. "Efficient Illumination by High Dynamic Range Images." In Eurographics Symposium on Rendering: 14th Eurographics Workshop on Rendering, pp. 45 - 51, 2003.

［98］R. Kress. Linear Integral Equations. New York: Springer Verlag, 1989.

［99］Frank Suykens - De Laet. "On Robust Monte Carlo Algorithms for Multi - Pass Global Illumination." Ph. D. thesis, Dept. of Computer Science, Katholieke Universiteit Leuven, 2002.

［100］E. P. Lafortune and Y. D. Willems. "Bi - Directional Path Tracing." In Proceedings of Third International Conference on Computational Graphics and Visualization Techniques (Compugraphics '93), pp. 145 - 153, 1993.

［101］E. P. Lafortune and Y. D. Willems. "The Ambient Term as a Variance Reducing Technique for Monte Carlo Ray Tracing." In Fifth Eu - rographics Workshop on Rendering, pp. 163 - 171. New York: Springer Verlag, 1994.

［102］E. P. Lafortune and Y. D. Willems. "A Theoretical Framework for Physically Based Rendering." Computer Graphics Forum 13:2 (1994), 97 - 107.

［103］E. P. Lafortune and Y. D. Willems. "A 5D Tree to Reduce the Vari - ance of Monte Carlo Ray Tracing." In Rendering Techniques '95 (Proceedings of the Eurographics Workshop on Rendering, Dublin, Ireland, pp. 11 - 20, 1995.

［104］E. P. Lafortune and Y. D. Willems. "Rendering Participating Media with Bidirectional Path Tracing." In Eurographics Rendering Workshop 1996, pp. 91 - 100, 1996.

［105］E. P. Lafortune, Sing – Choong Foo, K. Torrance, and D. Greenberg. "Non – Linear Approximation of Reflectance Functions." In Computer Graphics (SIGGRAPH '97 Proceedings), Annual Conference Series, pp. 117 – 126, 1997.

［106］E. Languenou, K. Bouatouch, and P. Tellier. "An Adaptive Discretization Method for Radiosity." Computer Graphics Forum 11:3 (1992), C205 – C216.

［107］Greg Ward Larson and Rob Shakespeare. Rendering with Radiance: The Art and Science of Lighting Visualization. San Fransisco, CA: Morgan Kaufmann Books, 1998.

［108］Patrick Ledda, Alan Chalmers, Tom Troscianko, and Helge Seetzen. "Evaluation of Tone Mapping Operators using a High Dynamic Range Display." ACM Transactions on Graphics 24:3 (2005), 640 – 648.

［109］H. P. A. Lensch, M. Goesele, Ph. Bekaert, J. Kautz, M. A. Magnor, J. Lang, and Hans – Peter Seidel. "Interactive Rendering of Translucent Objects." In Proceedings of Pacific Graphics, pp. 214 – 224, 2002.

［110］Mark Levoy and Pat Hanrahan. "Light Field Rendering." In Computer Graphics (SIGGRAPH 1996 Proceedings), pp. 31 – 42, 1996.

［111］D. Lischinski, F. Tampieri, and D. P. Greenberg. "Discontinuity Meshing for Accurate Radiosity." IEEE Computer Graphics and Applications 12:6 (1992), 25 – 39.

［112］D. Lischinski, B. Smits, and D. P. Greenberg. "Bounds and Error Estimates for Radiosity." In Proceedings of SIGGRAPH '94, pp. 67 – 74, 1994.

［113］Xinguo Liu, Peter – Pike Sloan, Heung – Yeung Shum, and John Snyder. "All-Frequency Precomputed Radiance Transfer for Glossy Objects." In Rendering Techniques 2004 Eurographics Symposium on Rendering, 2004.

［114］Thurstone L. L. "The Method of Paired Comparisons for Social Values." Journal of Abnormal and Social Psychology :21 (1927), 384 – 400.

［115］G. Meyer M. Bolin. "A Perceptually Based Adaptive Sampling Algorithm." SIGGRAPH 98 Conference Proceedings, pp. 299 – 310.

［116］D. Greenberg M. Ramasubramanian, S. Pattanaik. "A Perceptually Based Physical Error Metric for Realistic Image Synthesis." SIGGRAPH 99 Conference Proceedings, pp. 73 – 82.

［117］Yang J. N. Maloney L. T. "Maximum Likelihood Difference Scaling." Journal of Vision 3:8 (2003), 573 – 585.

［118］Vincent Masselus. "A Practical Framework for Fixed Viewpoint Image – based Relighting." Ph. D. thesis, Dept. of Computer Science, Katholieke Universiteit

Leuven, 2004.

[119] N. Metropolis, A. W. Rosenbluth, M. N. Rosenbluth, H. Teller, and E. Teller. "Equations of State Calculations by Fast Computing Machines." Journal of Chemical Physics 21:6 (1953), 1087 – 1092.

[120] Tomas M"oller and Eric Haines. Real – Time Rendering. Natcik, MA: A K Peters, 1999.

[121] K. Myszkowski. "Lighting Reconstruction Using Fast and Adaptive Density Estimation Techniques." In Eurographics Rendering Workshop 1997, pp. 251 – 262, 1997.

[122] K. Myszkowski. "The Visible Differences Predictor: Applications to Global Illumination Problems." Proceedings of the Ninth Eurographics Workshop on Rendering, pp. 223 – 236.

[123] L. Neumann, M. Feda, M. Kopp, and W. Purgathofer. "A New Stochastic Radiosity Method for Highly Complex Scenes." In Fifth Eurographics Workshop on Rendering, pp. 195 – 206. Darmstadt, Germany, 1994.

[124] L. Neumann, W. Purgathofer, R. Tobler, A. Neumann, P. Elias, M. Feda, and X. Pueyo. "The Stochastic Ray Method for Radiosity." In Rendering Techniques '95 (Proceedings of the Sixth Eurographics Workshop on Rendering), 1995.

[125] L. Neumann, R. F. Tobler, and P. Elias. "The Constant Radiosity Step." In Rendering Techniques '95 (Proceedings of the Sixth Eurographics Workshop on Rendering), pp. 336 – 344, 1995.

[126] A. Neumann, L. Neumann, Ph. Bekaert, Y. D. Willems, and W. Purgathofer. "Importance – Driven Stochastic Ray Radiosity." In Eurographics Rendering Workshop 1996, pp. 111 – 122, 1996.

[127] L. Neumann, A. Neumann, and Ph. Bekaert. "Radiosity with Well Distributed Ray Sets." Computer Graphics Forum 16:3.

[128] L. Neumann. "Monte Carlo Radiosity." Computing 55:1 (1995), 23 – 42.

[129] Ren Ng, Ravi Ramamoorthi, and Pat Hanrahan. "All – Frequency Shadows using Non – Linear Wavelet Lighting Approximation." ACM Transactions on Graphics 22:3 (2003), 376 – 381.

[130] Ren Ng, Ravi Ramamoorthi, and Pat Hanrahan. "Triple Product Wavelet Integrals for All – Frequency Relighting." ACM Transactions on Graphics 23: 3 (2004), 477 – 487.

[131] F. E. Nicodemus, J. C. Richmond, J. J. Hsia, I. W. Ginsberg, and T. Limp-

eris. "Geometric Considerations and Nomenclature for Reflectance." In Monograph 161. National Bureau of Standards (US), 1977.

[132] H. Niederreiter. Random Number Generation and Quasi – Monte Carlo Methods, CBMS–NSF regional conference series in Appl. Math., 63. Philadelphia: SIAM, 1992.

[133] T. Nishita and E. Nakamae. "Continuous Tone Representation of 3 – D Objects Taking Account of Shadows and Interreflection." Computer Graphics (SIGGRAPH '85 Proceedings) 19:3 (1985), 23 – 30.

[134] Marc Olano, John C. Hart, Wolfgang Heidrich, and Michael McCool. Real–Time Shading. Natick, MA: A K Peters, 2001.

[135] Guilford J. P. Psychometric Methods. New York: McGraw – Hill, 1954.

[136] E. Paquette, P. Poulin, and G. Drettakis. "A Light Hierarchy for Fast Rendering of Scenes with Many Lights." Eurographics 98 17:3 (1998), pp. 63 – 74.

[137] Steven Parker, William Martin, Peter – Pike Sloan, Peter Shirley, Brian Smits, and Chuck Hansen. "Interactive Ray Tracing." In Interactive 3D Graphics (I3D), pp. 119 – 126, 1999.

[138] S. N. Pattanaik and S. P. Mudur. "Computation of Global Illumination by Monte Carlo Simulation of the Particle Model of Light." Third Eurographics Workshop on Rendering, pp. 71 – 83.

[139] S. N. Pattanaik and S. P. Mudur. "The Potential Equation and Importance in Illumination Computations." Computer Graphics Forum 12:2 (1993), 131 – 136.

[140] S. N. Pattanaik and S. P. Mudur. "Adjoint Equations and Random Walks for Illumination Computation." ACM Transactions on Graphics 14:1 (1995), 77 – 102.

[141] S. Pattanaik, J. Tumblin, H. Yee, and D. Greenberg. "Time – Dependent Visual Adaption for Fast Realistic Image Display." Proceedings of SIGGRAPH 2000, pp. 47 – 54.

[142] M. Pellegrini. "Monte Carlo Approximation of Form Factors with Error Bounded A Priori." In Proc. of the 11th. annual symposium on Computational Geometry, pp. 287 – 296. New York: ACM Press, 1995.

[143] F. Perez – Cazorla, X. Pueyo, and F. Sillion. "Global Illumination Techniques for the Simulation of Participating Media." In Proceedings of the Eighth Eurographics Workshop on Rendering. Saint Etienne, France, 1997.

[144] Matt Pharr and Randima Fernando. GPU Gems 2: Programming Techniques for High – Performance Graphics and General – Purpose Computation. Reading, MA: Addison – Wesley Professional, 2005.

[145] M. Pharr and P. M. Hanrahan. "Monte Carlo Evaluation Of Non – Linear Scattering Equations For Subsurface Reflection." In Proceedings of ACM SIGGRAPH 2000, Computer Graphics Proceedings, Annual Conference Series, pp. 75 – 84, 2000.

[146] Matt Pharr, Craig Kolb, Reid Gershbein, and Pat Hanrahan. "Rendering Complex Scenes with Memory – Coherent Ray Tracing." In Computer Graphics (SIGGRAPH 1997 Proceedings), pp. 101 – 108, 1997.

[147] Bui – T. Phong and F. C. Crow. "Improved Rendition of Polygonal Models of Curved Surfaces." In Proceedings of the 2nd USA – Japan Computer Conference, 1975.

[148] A. J. Preetham, P. Shirley, and B. Smits. "A Practical Analytic Model for Daylight." In SIGGRAPH 99 Conference Proceedings, Annual Conference Series, pp. 91 – 100, 1999.

[149] W. H. Press, S. A. Teukolsky, W. T. Vetterling, and B. P. Flannery. Numerical Recipes in FORTRAN, Second edition. Cambridge, UK: Cambridge University Press, 1992.

[150] Paul Rademacher, Jed Lengyel, Ed Cutrell, and Turner Whitted. "Measuring the Perception of Visual Realism in Images." In Rendering Techniques 2001: 12th Eurographics Workshop on Rendering, pp. 235 – 248, 2001.

[151] Ravi Ramamoorthi and Pat Hanrahan. "An Efficient Representation for Irradiance Environment Maps." In SIGGRAPH '01: Proceedings of the 28th annual conference on Computer graphics and interactive techniques, pp. 497 – 500, 2001.

[152] Alexander Reshetov, Alexei Soupikov, and Jim Hurley. "Multi – Level Ray Tracing Algorithm." SIGGRAPH: ACM Trans. Graph. 24:3 (2005), 1176 – 1185.

[153] R. Y. Rubinstein. Simulation and the Monte Carlo method. New York: J. Wiley and Sons, 1981.

[154] H. E. Rushmeier and K. E. Torrance. "The Zonal Method for Calculating Light Intensities in the Presence of a Participating Medium." In Computer Graphics (Proceedings of SIGGRAPH 87), pp. 293 – 302, 1987.

[155] L. Santaló. Integral Geometry and Geometric Probability. Reading, Mass: Addison – Welsey, 1976.

[156] Mirko Sattler, Ralf Sarlette, Thomas Mücken, and Reinhard Klein. "Exploitation of Human Shadow Perception for Fast Shadow Rendering." In APGV 2005, pp. 131 – 134, 2005.

[157] M. Sbert, X. Pueyo, L. Neumann, and W. Purgathofer. "Global Multipath

Monte Carlo Algorithms for Radiosity. " The Visual Computer 12:2 (1996), 47 - 61.

[158] M. Sbert, A. Brusi, R. Tobler, and W. Purgathofer. "Random Walk Radiosity with Generalized Transition Probabilities. " Technical Report IIiA - 98 - 07 - RR, Institut d'Informática i Aplicacions, Universitat de Girona, 1998.

[159] M. Sbert, A. Brusi, and Ph. Bekaert. "Gathering for Free in Random Walk Radiosity. " In Rendering Techniques ' 99 (Proceedings of the 10th Eurographics Workshop on Rendering, Granada, Spain), pp. 97 - 102. Springer Computer Science, 1999.

[160] M. Sbert. "An Integral Geometry Based Method for Fast Form - Factor Computation. " Computer Graphics Forum 12:3 (1993), C409 - C420.

[161] M. Sbert. "The Use of Global Random Directions to Compute Radiosity—Global Monte Carlo Techniques. " Ph. D. thesis, Universitat Politècnica de Catalunya, Barcelona, Spain, 1996.

[162] M. Sbert. "Error and Complexity of Random Walk Monte Carlo Radiosity. " IEEE Transactions on Visualization and Computer Graphics 3:1 (1997), 23 - 38.

[163] M. Sbert. "Optimal Source Selection in Shooting Random Walk Monte Carlo Radiosity. " Computer Graphics Forum 16:3 (1997), 301 - 308.

[164] P. Schröder. "Numerical Integration for Radiosity in the Presence of Singularities. " In 4th Eurographics Workshop on Rendering, Paris, France, pp. 177 - 184, 1993.

[165] Peter Shirley and Kenneth Chiu. " A Low Distortion Map Between Disk and Square. " Journal of Graphics Tools 2:3 (1997), 45 - 52.

[166] P. Shirley, B. Wade, Ph. M. Hubbard, D. Zareski, B. Walter, and Donald P. Greenberg. "Global Illumination via Density Estimation. " In Rendering Techniques ' 95 (Proceedings of the Sixth Eurographics Workshop on Rendering), pp. 219 - 230, 1995.

[167] P. Shirley. "A Ray Tracing Method for Illumination Calculation in Diffuse - Specular Scenes. " In Graphics Interface ' 90, pp. 205 - 212, 1990.

[168] P. Shirley. "Radiosity via Ray Tracing. " In Graphics Gems II, edited by J. Arvo, pp. 306 - 310. Boston: Academic Press, 1991.

[169] P. Shirley. "Time Complexity of Monte Carlo Radiosity. " In Eurographics ' 91, pp. 459 - 465, 1991.

[170] P. Shirley. Realistic Ray Tracing. Natick, MA: A K Peters, 2000.

[171] F. Sillion and C. Puech. "A General Two - Pass Method Integrating Specular and Diffuse Reflection. " In Computer Graphics (SIGGRAPH ' 89 Proceedings), pp. 335 - 344, 1989.

[172] F. Sillion and C. Puech. Radiosity and Global Illumination. San Francisco: Morgan Kaufmann, 1994.

[173] F. Sillion, J. Arvo, S. Westin, and D. Greenberg. "A Global Illumination Solution for General Reflectance Distributions." Computer Graphics (SIGGRAPH '91 Proceedings) 25:4 (1991), 187 – 196.

[174] F. Sillion. "A Unified Hierarchical Algorithm for Global Illumination with Scattering Volumes and Object Clusters." IEEE Transactions on Visualization and Computer Graphics 1:3 (1995), 240 – 254.

[175] B. W. Silverman. Density Estimation for Statistics and Data Analysis. London: Chapman and Hall, 1986.

[176] Maryann Simmons and Carlo H. Séquin. "Tapestry: A Dynamic Meshbased Display Representation for Interactive Rendering." In Eleventh Eurographics Workshop on Rendering, pp. 329 – 340, 2000.

[177] Peter – Pike Sloan, Jan Kautz, and John Snyder. "Precomputed Radiance Transfer for Real – Time Rendering in Dynamic, Low – Frequency Lighting Environments." In SIGGRAPH '02, pp. 527 – 536, 2002.

[178] Peter – Pike Sloan, Jesse Hall, John Hart, and John Snyder. "Clustered Principal Components for Precomputed Radiance Transfer." ACM Transactions on Graphics 22: 3 (2003), 382 – 391.

[179] Peter – Pike Sloan, Xinguo Liu, Heung – Yeung Shum, and John Snyder. "Bi-Scale Radiance Transfer." ACM Trans. Graph. 22:3 (2003), 370 – 375.

[180] Peter – Pike Sloan, Ben Luna, and John Snyder. "Local, Deformable Precomputed Radiance Transfer." ACM Trans. Graph. 24:3 (2005), 1216 – 1224.

[181] B. Smits, J. Arvo, and D. Salesin. "An Importance – Driven Radiosity Algorithm." In Computer Graphics (SIGGRAPH '92 Proceedings), pp. 273 – 282, 1992.

[182] B. Smits, J. Arvo, and D. Greenberg. "A Clustering Algorithm for Radiosity in Complex Environments." In SIGGRAPH '94 Proceedings, pp. 435 – 442, 1994.

[183] J. Spanier and E. M. Gelbard. Monte Carlo Principles and Neutron Transport Problems. Reading, MA: Addison – Wesley, 1969.

[184] J. Stam and E. Languenou. "Ray Tracing in Non – Constant Media." In Proceedings of the 7th Eurographics Workshop on Rendering, pp. 225 – 234, 1996.

[185] J. Stam. "Multiple Scattering as a Diffusion Process." In Proceedings of the 6th Eurographics Workshop on Rendering, pp. 51 – 58, 1995.

[186] J. Stam. "Diffraction Shaders." In SIGGRAPH 99 Conference Proceedings, Annual Conference Series, pp. 101 – 110, 1999.

[187] William A. Stokes, James A. Ferwerda, Bruce Walter, and Donald P. Greenberg. "Perceptual Illumination Components: A New Approach to Efficient, High Quality Global Illumination Rendering." ACM Transactions on Graphics 23:3 (2004), 742 – 749.

[188] I. E. Sutherland. "Sketchpad—A Man – Machine Graphical Communication System." Technical Report 296, MIT Lincoln Laboratory, 1963.

[189] L. Szirmay – Kalos and W. Purgathofer. "Global Ray – bundle Tracing with Hardware Acceleration." In Ninth Eurographics Workshop on Rendering. Vienna, Austria, 1998.

[190] L. Szirmay – Kalos and W. Purgathofer. "Analysis of the Quasi – Monte Carlo Integration of the Rendering Equation." In WSCG '99 (Seventh International Conference in Central Europe on Computer Graphics, Visualization and Interactive Digital Media), pp. 281 – 288, 1999.

[191] L. Szirmay – Kalos, T. Foris, L. Neumann, and C. Balasz. "An Analysis of Quasi – Monte Carlo Integration Applied to the Transillumination Radiosity Method." Computer Graphics Forum (Eurographics '97 Proceedings) 16:3. 271 – 281.

[192] L. Szirmay – Kalos, C. Balasz, and W. Purgathofer. "Importance – Driven Quasi – Random Walk Solution of the Rendering Equation." Computers and Graphics 23:2 (1999), 203 – 211.

[193] L. Szirmay – Kalos. "Stochastic Iteration for Non – Diffuse Global Illumination." Computer Graphics Forum 18:3 (1999), 233 – 244.

[194] Whitted T. "An Improved Illumination Model for Shaded Display." Communications of the ACM 23:6 (1980), 343 – 349.

[195] Justin Talbot, David Cline, and Parris Egbert. "Importance Resampling for Global Illumination." In Rendering Techniques 2005: 16th Eurographics Workshop on Rendering, pp. 139 – 146, 2005.

[196] Seth Teller, Kavita Bala, and Julie Dorsey. "Conservative Radiance Interpolants for Ray Tracing." In Seventh Eurographics Workshop on Rendering, pp. 258 – 269, 1996.

[197] R. Tobler, A. Wilkie, M. Feda, and W. Purgathofer. "A Hierarchical Subdivision Algorithm for Stochastic Radiosity Methods." In Eurographics Rendering Workshop 1997, pp. 193 – 204, 1997.

[198] Parag Tole, Fabio Pellacini, Bruce Walter, and Donald Greenberg. "Interactive Global Illumination." In Computer Graphics (SIGGRAPH 2002 Proceedings), 2002.

[199] J. Tumblin and H. E. Rushmeier. "Tone Reproduction for Realistic Images." IEEE Computer Graphics and Applications 13:6 (1993), 42 – 48.

[200] E. Veach and L. J. Guibas. "Bidirectional Estimators for Light Transport." In Fifth Eurographics Workshop on Rendering, pp. 147 – 162. Darmstadt, Germany, 1994.

[201] E. Veach and L. J. Guibas. "Optimally Combining Sampling Techniques for Monte Carlo Rendering." In SIGGRAPH 95 Conference Proceedings, pp. 419 – 428, 1995.

[202] Eric Veach and Leonidas J. Guibas. "Metropolis Light Transport." In Computer Graphics Proceedings, Annual Conference Series, 1997 (SIGGRAPH 1997), 1997.

[203] E. Veach. "Non – Symmetric Scattering in Light Transport Algorithms." In Eurographics Rendering Workshop 1996, pp. 81 – 90, 1996.

[204] E. Veach. "Robust Monte Carlo Methods for Light Transport Simulation." Ph. D. thesis, Stanford university, Department of Computer Science, 1997.

[205] Edgar Velzquez – Armendriz, Eugene Lee, Bruce Walter, and Kavita Bala. "Implementing the Render Cache and the Edge – and – Point Image on Graphics Hardware." Graphics Interface, 2006.

[206] V. Volevich, K. Myszkowski, A. Khodulev, and E. A. Kopylov. "Using the Visual Differences Predictor to Improve Performance of Progressive Global Illumination Computations." ACM Transactions on Graphics 19:2 (2000), 122 – 161.

[207] Ingo Wald and Philipp Slusallek. "State of the Art in Interactive Ray Tracing." In State of the Art Reports, EUROGRAPHICS 2001, pp. 21 – 42, 2001.

[208] Ingo Wald, Carsten Benthin, Markus Wagner, and Philipp Slusallek. "Interactive Rendering with Coherent Ray Tracing." In Proc. of Eurographics, pp. 153 – 164, 2001.

[209] J. R. Wallace, M. F. Cohen, and D. P. Greenberg. "A Two – Pass Solution to the Rendering Equation: A Synthesis of Ray Tracing and Radiosity Methods." Computer Graphics (SIGGRAPH '87 Proceedings) 21:4 (1987), 311 – 320.

[210] B. Walter, Ph. M. Hubbard, P. Shirley, and D. F. Greenberg. "Global Illumination Using Local Linear Density Estimation." ACM Transactions on Graphics 16:3 (1997), 217 – 259.

[211] Bruce Walter, George Drettakis, and Steven Parker. "Interactive Rendering using the Render Cache." In Tenth Eurographics Workshop on Rendering, pp. 19 – 30, 1999.

[212] Bruce Walter, George Drettakis, and Donald Greenberg. "Enhancing and Optimizing the Render Cache." In Thirteenth Eurographics Workshop on Rendering, pp. 37 – 42, 2002.

［213］Bruce Walter, Sebastian Fernandez, Adam Arbree, Kavita Bala, Michael Donikian, and Donald P. Greenberg. "Lightcuts: A Scalable Approach to Illumination." SIGGRAPH: ACM Trans. Graph. 24:3 (2005), 1098 – 1107.

［214］Bruce Walter, Adam Arbree, Kavita Bala, and Donald P. Greenberg. "Multidimensional Lightcuts." To appear in SIGGRAPH: ACM Trans. Graph. , 2006.

［215］Rui Wang, John Tran, and David Luebke. "All – Frequency Relighting of Non-Diffuse Objects Using Separable BRDF Approximation." In Rendering Techniques 2004 Eurographics Symposium on Rendering, pp. 345 – 354, 2004.

［216］Rui Wang, John Tran, and David Luebke. "All – Frequency Interactive Relighting of Translucent Objects with single and multiple scattering." ACM Trans. Graph. 24: 3 (2005), 1202 – 1207.

［217］G. J. Ward and P. Heckbert. "Irradiance Gradients." In Rendering in Computer Graphics (Proceedings of the Third Eurographics Workshop on Rendering), pp. 85 – 98, 1992.

［218］Greg Ward and Maryann Simmons. "The Holodeck Ray Cache: An Interactive Rendering System for Global Illumination." ACM Transactions on Graphics 18: 4 (1999), 361 – 398.

［219］G. J. Ward, F. M. Rubinstein, and R. D. Clear. "A Ray Tracing Solution for Diffuse Interreflection." In Computer Graphics (SIGGRAPH 1988 Proceedings), pp. 85 – 92, 1988.

［220］G. J. Ward. "Real Pixels." In Graphics Gems II, edited by James Arvo, pp. 80 – 83. Boston: Academic Press, 1991.

［221］G. J. Ward. "Measuring and modeling anisotropic reflection." In Computer Graphics (SIGGRAPH 1992 Proceedings), pp. 265 – 272, 1992.

［222］G. Ward. "A Contrast Based Scalefactor for Luminance Display." In Graphics Gems 4, edited by Paul S. Heckbert, pp. 415 – 421. Boston: Academic Press, 1994.

［223］G. J. Ward. "Adaptive Shadow Testing for Ray Tracing." In Photorealistic Rendering in Computer Graphics (Proceedings of the Second Eurographics Workshop on Rendering), pp. 11 – 20, 1994.

［224］W. Wasow. "A Comment on the Inversion of Matrices by Random Walks." Math. Tabl. Aids. Comput. 6 (1952), 78 – 81.

［225］M. Watt. "Light – Water Interaction using Backward Beam Tracing." In Computer Graphics (SIGGRAPH 1990 Proceedings), pp. 377 – 85, 1990.

[226] A Wilkie, R. Tobler, and W Purgathofer. "Combined Rendering of Polarization and Fluorescence Effects." In Proceedings of Eurographics Workshop on Rendering 2001, pp. 11 - 20, 2001.

[227] Hector Yee, Sumanta Pattanaik, and Donald P. Greenberg. "Spatiotemporal Sensitivity and Visual Attention for Efficient Rendering of Dynamic Environments." ACM Transactions on Graphics 20:1 (2001), pp. 39 - 65.

[228] H. R. Zatz. "Galerkin Radiosity: A Higher Order Solution Method for Global Illumination." In Computer Graphics Proceedings, Annual Conference Series, 1993, pp. 213 - 220, 1993.

[229] Kun Zhou, Yaohua Hu, Stephen Lin, Baining Guo, and Heung - Yeung Shum. "Precomputed Shadow Fields for Dynamic Scenes." ACM Trans. Graph. 24:3 (2005), 1196 - 1201.

[230] K. Zimmerman and P. Shirley. "A Two - Pass Realistic Image Synthe - sis Method for Complex Scenes." In Rendering Techniques 1995 (Proceedings of the Sixth Eurographics Workshop on Rendering), pp. 284 - 295. New York: Springer - Verlag, 1995.